1. 江苏省重点科技研发计划：基于大数据的城市安全智慧管理平台
   科技示范（BE2023799）

2. 教育部"铸牢中华民族共同体意识研究基地"重大项目：中华民族
   共同体视觉形象要素图谱体系构建研究（21JJDM004）

国家出版基金项目
NATIONAL PUBLICATION FOUNDATION

全国高校出版社主题出版

城市设计研究 /1
数字·智能城市研究

杨俊宴 主编

实施：
城市设计数字化管控平台研究

杨俊宴　章　飙　著

东南大學出版社 · 南京

· 作者简介 ·

AUTHOR INTRODUCTION

杨俊宴

　　国家级人才特聘教授，东南大学首席教授、东南大学智慧城市研究院副院长，国际城市与区域规划师学会（ISOCARP）学术委员会委员，中国建筑学会高层建筑与人居环境学术委员会副主任，中国城市规划学会流域空间规划学术委员会副主任，中国城市科学研究会城市更新专业委员会副主任，住建部城市设计专业委员会委员，自然资源部高层次科技领军人才。中国首届科学探索奖获得者，*Frontiers of Architectural Research* 期刊编委，研究重点为智能化城市设计。主持7项国家自然科学基金（含重点项目和重大项目课题），发表论文200余篇，出版学术著作12部，获得美国、欧盟和中国发明专利授权57项，主持和合作完成的项目先后获奖52项。牵头获得ISOCARP卓越设计金奖、江苏省科学技术一等奖、住建部华夏科技一等奖和全国优秀规划设计一等奖等。

章　飙

　　东南大学中华民族视觉形象研究基地助理研究员，高级城市规划师，国家注册城乡规划师，研究方向为城市设计管控、数字化平台。近年来，深入研究城市设计数字化平台理论、技术方法和应用实践。作为平台研究板块负责人，先后参与威海、深圳、重庆、南京和潍坊等城市数字化平台工程实践，主持国家自然科学基金项目和"十四五"重点研发计划子课题2项，获得地理信息科技进步一等奖1项、ISOCARP卓越设计金奖1项、省部级以上优秀工程设计及勘察设计奖一等奖3项。

·序言·

PREAMBLE

今天，随着全球城市化率的逐年提高，城市已经成为世界上大多数人的工作场所和生活家园。在数字化时代，由于网络数字媒体的日益普及，人们的生活世界和社会关系正在发生深刻的变化，近在咫尺的人们实际可能毫不相关，而千里之外的人们却可能在赛博空间畅通交流、亲密无间。这种不确定性使得现代城市充满了生活的张力和无限的魅力，越来越呈现出即时性、多维度和多样化的数据属性。

以大数据、5G、云计算、万物互联（IoT）等数字基础设施所支撑的社会将会呈现泛在、智能、精细等主要特征。人类正在经历从一个空间尺度可确定感知的连续性时代发展到界域认知模糊的不确定性的时代的转变。在城市设计方面，通过多源数据的挖掘、治理、整合和交叉验证，以及针对特定设计要求的数据信息颗粒精度的人为设置，人们已可初步看到城市物理形态"一果多因"背后的建构机理及各种成因互动的底层逻辑。随着虚拟现实（VR）、增强现实（AR）和混合现实（MR）的出现，人机之间的"主从关系"已经边界模糊。例如，传统的图解静力学在近年"万物皆数"的时代中，由于算法工具和可视化技术得到了质的飞跃，其方法体系中原来受到限制的部分——"维度"与"效率"得到重要突破。对于城市这个复杂巨系统，调适和引导的"人工干预"能力和有效性也有了重大提升。

"数字·智能城市研究"丛书基于东南大学杨俊宴教授团队在城市研究、城市设计实践等方向多年的产学研成果和经验积累，以国家层面大战略需求和科技创新要求为目标导向，系统阐述了数字化背景下的城市规划设计理论与方法研究，探索了智能城市设计、建设与规划管控新技术路径。丛书将作者团队累积十余年的城市空间理论研究成果、数智技术研发成果和工程实践应用成果进行了系统性整理，包含了《形构：城市形态类型的大尺度建模解析》《洞察：城市阴影区时空演化模式与机制》《感知：城市意象的形成机理与智能解析》《关联：城市形态复杂性的测度模型与建构机理》

和《实施：城市设计数字化管控平台研究》五本分册。从城市空间数智化研究的理论、方法和实践三个方面，详细介绍了具有自主知识产权的创新成果、前沿技术和代表性应用，为城市规划研究与实践提供了新技术、新理论与新方法，是第四代数字化城市设计理论中的重要学术创新成果，对于从"数据科学"的视角，客观精细地研究城市复杂空间，洞察城市运行规律，进而智能高效地进行规划设计介入，提升城市规划设计的深度、精度、效度具有重要的专业指导意义，也为城市规划研究及实践提供了有力支持，促进了高质量、可持续的城市建设。

今天的数字化城市设计融合了建筑学、城乡规划学、地理学、传媒学、社会学、交通和建筑物理等多元学科专业，已经可以对跨领域、多尺度、超出个体认知和识别能力的城市设计客体，做出越来越接近真实和规律性的描述和认识概括。同时，大模型与 AIGC 技术也将可能引发城市规划与设计的技术范式变革。面向未来，城市设计的科学属性正在被重新定义和揭示，城市设计学科和专业也会因此实现跨越式的重要拓展，该丛书在这方面已进行了卓有成效的探索，希望作者团队围绕智能城市设计领域不断推出新的原创成果。

中国工程院院士
东南大学建筑学院教授

·前 言·

PREFACE

在信息化、数据化的大浪潮中，各种新技术方法层出不穷且日益完善，得益于数据采集手段的提升、计算机数据处理与存储能力的飞跃，使得城市地理与空间信息的数字化成为可能，由倾斜摄影、激光雷达点云数据、地形 DEM[①]、建筑二三维数据与空间模型、BIM[②] 等共同构成的多维数字沙盘成为城市数字化分析与管理的重要基础。数字化技术的应用为城市设计运作全流程带来发展机遇，从分析到设计、管理到评估等都面临着数字革新。城市设计管控作为整体运作流程的重要环节，承担着管控意图从宏观到微观、从设计到管理、从方案到实施的传导与转译，对于有效落实城市设计意图、塑造高品质城市空间环境具有重要意义。

城市设计管控呈现出多层级、多要素、多视角、多维度的特征，传统的管控机制与方法难以满足当前精细化、动态化管理需求，而数字化技术的出现能够在一定程度上匹配新的需求。总体来说，数字化技术具有容量大、速度快、全样本、可编辑、能预测等特点，能够有效应对城市设计管控中遇到的痛点与难点。数字化技术不仅能够在设计阶段提供有力的技术支撑，使城市设计逐步由静态设计蓝图向动态弹性引导、由经验决策向科学决策模式、由单一空间设计到贯穿"规划—建设—管理"全过程转型；也能够为城市建设与管理的数字化、信息化助力，有效缝合规划管理与城市设计之间的传导机制缺失，最大限度地提升与满足城市三维空间形态设计、管控、引导的制度化、品质化、精细化发展诉求。

数字化是将许多复杂多变的信息转变为可以度量的数字、数据，再以这些数字、数据建立起适当的数字化模型，把它们转变为一系列二进制代码，引入计算机内部，

---

① DEM（Digital Elevation Model）指数字高程模型。
② BIM（Building Information Modeling）指建筑信息模型。

进行统一处理[①]。数字化之后的城市地理与空间信息能够通过计算机加以处理、分析、运算，城市空间形态的管控成为新技术应用的首要受益者。计算机强大的运算能力将使得城市设计的全样本要素、精细化管控成为可能，运用层级化编码逻辑赋予全样本要素以独特 ID，再经由管控意图的数字化转译，将数字化管控意图与全样本要素的 ID 进行链接，进而实现全样本要素的个性化、精细化管控。上述流程基本构成了数字化管控方法层面的整体逻辑思路，再通过管控机制层面的完善优化，最终形成完整的城市设计数字化管控体系。

技术创新在推动城市设计管控方法革新的同时，也会对相应的管控机制产生深远影响。城市设计管控中的数字化技术应用能够实现设计意图的无损与精确传导，提高日常管理工作效率与精准度，为多元主体的协同决策提供平台，推动城市空间治理的发展进程。决策理论框架为重新认知城市设计管控提供了新视角，有限理性说、过程决策说以及计算机辅助应用等特点对于理解管控意图的层级传导、语言转译具有指导价值。计算机的应用不仅能够体现"工具"与"平台"效用，同时还能促进城市设计管控机制的变革与优化。在梳理现行管控主体与客体、机制与方法优缺点的基础上，从数字化技术方法应用的角度出发，讨论数字化技术支撑下的城市设计管控机制与方法，如传导、转译、反馈、监测、协同机制等。以点带面，通过多元应用场景的构建，明确数字化平台在城市设计管控中所扮演的角色、承担的任务，寻求城市设计管理路径与方法创新，实现既定的城市设计管控目标。因此，本书的研究内容主要包括以下几方面：

一、建构数字化技术支撑下的城市设计管控机制。基于数字化技术的城市设计管控新机制是本书研究的重点内容之一，在简要梳理传统逻辑的基础上，讨论数字化技术对传统逻辑的优化可能性。归根结底，城市设计管控可认为是保障城市设计意图有效传导、落实的过程，诸多方法的应用目的也在于此。面对传统机制下的意图丢失、削减等现象，讨论基于数字化技术的设计意图传导机制、转译机制、管理机制以及反馈与监测机制等，明确数字化管控全流程，构建数字化城市设计管控的理论内核。

二、完善城市设计管控数字化技术方法。现行的管控方法为本书的讨论打下了坚实基础，通过数字化技术的应用，寻求并完善与新机制相匹配的数字化管控技术方法。与传导机制、转译机制、管理机制等相对应的方法主要包括数据采集与数字沙盘建构、

---

① 维克托·迈尔－舍恩伯格，肯尼思·库克耶．大数据时代：生活、工作与思维的大变革[M].盛杨燕，周涛，译．杭州：浙江人民出版社，2013.

城市设计管控谱系建构、城市设计管控要素编码逻辑、城市设计管控智能规则编写等内容，详细阐述基于数字化平台基础的城市设计管控数字化技术方法集群及其内在逻辑。

三、数字化平台建构步骤与流程。在管控机制与方法研究的基础上，对数字化平台的建构步骤与流程进行阐述，明确虚拟环境下所需的数据类型、数据来源，以及数据集成、空间分析、城市设计意图数字化等相应的需求与技术方法。重点对平台建构中所遇到的问题与难点，以及可能的解决途径展开探讨，并对未来平台的发展、优化方向提出展望。

四、基于数字化平台的城市设计管理及应用场景谋划。管控机制与方法是本书研究的重点内容，但平台建设的最终目标还是匹配实际管理工作需要，优化既有管理流程、提升管理工作效率，同时引导行政管理的新机制变革，毕竟数字化平台只是管控工具，管控的核心落脚点仍然为实际的城市设计管理工作。重点研究如何在实际的管理工作中，依托数字化平台构建高效、协同、智能的管控应用场景，有效促进多元主体间的协同决策，推动自下而上的公众参与，通过技术方法的革新来促进城市设计管理的优化。

数字化平台的建构逻辑是建立在对现状问题、实际需求以及未来发展等因素的综合评估基础上，通过对既有管控逻辑与方法的传承延续与优化革新，以适应数字化管控需求。基于数字化平台的城市三维空间精细化管控，从设计到控制，再到管理阶段，需要经过设计意图编制、传导、转译、应用等过程。设计意图的数字化应用需要通过谱系化、规则化、代码化以及智能化等操作方法加以实现，即本书中平台建构的核心内容，从而最终利用数字化平台实现对城市地块及管控要素构件的精细化、特色化管控。日常管理中可借助平台辅助，推动多主体与部门协同决策、全流程公众参与、城市设计评估与监测等工作开展，成为现有方法的有效补充，也能够完善城市设计管控整体框架。

本书的创新点主要包括以下三方面：

一、明确数字化技术支撑下的城市设计管控机制优化内涵。依托数字化平台，完善城市设计管控运作机制，实现管控从传统"单通道"向数字化"双通道"机制的优化提升。在技术方法层面，通过自下而上管控要素归集机制的建立，与自上而下管控意图传导、转译机制共同形成城市设计管控的"双通道"运行逻辑。在管理应用层面，以数字化平台为支撑，通过数字化公众参与、多主体协同决策等途径，能够加强对市民公众与利害相关人等的诉求采集与分析，缓解行政权力的单向管控弊端，完善管理应用的"双通道"机制。

二、总结归纳出城市设计数字化平台的建构逻辑与流程。在落实借助计算机以辅助决策的前提下，探索出城市设计数字化平台的建构逻辑、流程与方法。明确建构过程中需要重点应对的难点与要点，并试图对相应的解决方法进行尝试性探究，最终完成数字化平台的完整建构。从数字化沙盘建构到多源大数据间的耦合分析，再到智能规则编写，从设计意图转译到计算机测度辅助决策，再到最终融入日常管控程序的应用场景，都为城市设计管控的数字化变革带来创新。

三、明确城市设计管控意图的数字化应用路径：谱系化、规则化、代码化、智能化。基于"构件法则"的城市设计要素数字化管控逻辑是实现城市设计管控意图有效传导与转译的核心脉络，也是本书数字化平台建构的主干骨架。由管控要素谱系化、规则化、代码化、智能化，进而实现计算机对管控意图的读取、识别与空间测度，从而奠定实际应用场景谋划基础。明确整条数字化应用路径，能够实现城市设计管控意图的数字化应用，并在街区与地块层面落实精细化管控意图，是本书数字化平台有别于传统三维空间可视化平台、多源数据集成平台的重要创新。

本书主要的研究逻辑是探讨数字化技术支撑下的城市设计管控机制与方法，研究内容涉及城市设计、行政管理、城市治理、智慧城市、管理学、计算机科学等多个学科范畴。研究内核聚焦城市设计意图在多尺度层级间的传导机制，设计意图向管理语言、计算机语言转化的转译机制，基于数字化平台的多元主体协同决策与公众参与机制，以及数字化管理的反馈与监测机制等。数字化技术能否真正、有效解决当前城市设计管控中遇到的问题与痛点？为何运用数字化技术能够实现对城市空间形态的精细化管控？这些问题与疑问都将成为本书需要讨论的核心内容。

· 目 录 ·

CONTENTS

序 言 / 6
前 言 / 8

1 城市设计管控的历史溯源与方法演变 / 001

1.1 城市设计管控的内涵与对象 ………………………………………… 002
　　1.1.1 城市设计的政策管理属性 ………………………………… 002
　　1.1.2 城市设计管控的概念与内涵 ……………………………… 004
　　1.1.3 城市设计管控的主体与客体 ……………………………… 009
1.2 历史视野下的城市设计管控发展 ……………………………… 013
　　1.2.1 古典时期的城市设计管控 ………………………………… 014
　　1.2.2 近现代西方国家的城市设计管控 ………………………… 015
　　1.2.2 当代我国的城市设计管控 ………………………………… 025
　　1.2.4 历史视野下的城市设计管控思考 ………………………… 033
1.3 新时期城市设计管控需求与方法 ……………………………… 036
　　1.3.1 城市设计精细化管控与管控边界 ………………………… 036
　　1.3.2 城市设计导则与图则 ……………………………………… 038
　　1.3.3 国内外城市设计数字化管控平台发展 …………………… 041

2 城市设计管控的理论思辨 / 053

2.1 城市设计管控的价值取向 ……………………………………… 054
　　2.1.1 城市设计实施的空间弱管控 ……………………………… 055
　　2.1.2 城市设计实施的空间强管控 ……………………………… 055
　　2.1.3 城市设计实施的多视角综合管控 ………………………… 060

2.2 城市设计管控的本质属性 ………………………………… 063

　2.2.1 城市设计管控的过程间接性 ………………………… 063

　2.2.2 城市设计管控的空间直接性 ………………………… 066

　2.2.3 城市设计管控的空间多元属性 ……………………… 070

2.3 城市设计管控思辨与未来展望 …………………………… 072

　2.3.1 城市设计管控问题思考 ……………………………… 072

　2.3.2 城市设计管控未来展望 ……………………………… 073

3 决策理论视角下的城市设计数字化管控机制 / 079

3.1 决策理论视角下的城市设计管控逻辑 …………………… 080

　3.1.1 决策理论与城市设计管控 …………………………… 080

　3.1.2 城市设计管控的"有限理性说" ……………………… 083

　3.1.3 城市设计管控的"过程决策说" ……………………… 086

　3.1.4 城市空间信息决策系统辅助决策 …………………… 089

3.2 基于数字化平台的城市设计管控技术机制 ……………… 094

　3.2.1 城市设计意图传导反馈机制 ………………………… 095

　3.2.2 城市设计意图转译机制 ……………………………… 100

　3.2.3 计算机空间测度与模拟预测机制 …………………… 103

3.3 基于数字化平台的城市设计管理机制 …………………… 105

　3.3.1 数字治理理论与数字化平台的治理属性 …………… 106

　3.3.2 基于人机交互的数字化城市设计管理机制 ………… 109

　3.3.3 基于数字化平台的城市设计管控多主体、多部门协同 … 112

　3.3.4 基于数字化平台的全流程公众参与 ………………… 115

　3.3.5 基于数字化平台的城市设计管控实施评估、监测与反馈 … 118

4 数字化平台建构逻辑下的城市设计管控技术方法 / 125

4.1 城市设计数字化平台建构逻辑与流程 …………………… 126

　4.1.1 数字化平台建构逻辑 ………………………………… 126

　4.1.2 数字化平台建构流程与框架 ………………………… 127

4.2 数字化平台基础数字沙盘建构 …………………………… 130

4.2.1 城市设计管控运作数据需求 …………………………………… 130

4.2.2 数据采集类型与数据标准 ……………………………………… 131

4.2.3 数据集成与基础数字沙盘建构 ………………………………… 134

4.3 城市设计管控意图的数字化传导、转译路径与方法 ……………… 136

4.3.1 城市设计管控全要素谱系化建构 ……………………………… 137

4.3.2 地块与管控要素编码逻辑与方法 ……………………………… 140

4.3.3 规则化：管控规则编写逻辑与方法 …………………………… 142

4.3.4 城市设计管控规则代码化 ……………………………………… 145

4.3.5 基于数字化平台的管控规则智能化应用 ……………………… 148

4.4 数字化平台智能化技术应用 ………………………………………… 154

4.4.1 基于数字化平台的空间分析与计算 …………………………… 154

4.4.2 多源大数据耦合分析与预测 …………………………………… 159

4.4.3 机器学习与人工智能的应用 …………………………………… 161

5 数字化平台辅助决策下的城市设计管控优化 / 167

5.1 基于数字化平台的城市设计管控与优化逻辑 ……………………… 168

5.1.1 城市设计管控路径与流程 ……………………………………… 168

5.1.2 基于数字化平台的管控优化逻辑 ……………………………… 170

5.2 城市设计管控痛点与问题 …………………………………………… 172

5.2.1 多专业统筹合作缺乏统一平台与成果标准 …………………… 172

5.2.2 中微观设计繁多传导联动缺乏有效途径 ……………………… 173

5.2.3 空间多要素管控降维为碎片化的单薄指标 …………………… 174

5.2.4 多主体建设运营要求脱离规划编制过程与成果 ……………… 176

5.2.5 多频次治理问题需要系统性的实时体检 ……………………… 176

5.3 城市设计数字化平台的应对之道 …………………………………… 178

5.3.1 数字化平台整体架构 …………………………………………… 178

5.3.2 一体四元的功能场景谋划 ……………………………………… 179

5.3.3 数字化平台智慧运行的技术支撑 ……………………………… 183

5.4 新技术支撑下数字化平台智能应用扩展 …………………………… 186

5.4.1 人群行为智能模拟与空间优化 ………………………………… 186

5.4.2 人工智能规划设计方案生成 …………………………………… 189

5.4.3 AIGC 智能设计 ………………………………………………… 190

  5.4.4 虚拟现实和混合现实交互技术 ……………………………………… 192

  5.4.5 数字交互公众参与 …………………………………… 194

6 威海城市设计数字化平台实践探索 / 199

6.1 威海城市设计数字化平台建构需求与框架 ………………………………… 200

  6.1.1 威海城市设计数字化平台建构需求 ………………………… 200

  6.1.2 威海城市设计数字化平台框架 ……………………………… 201

6.2 威海数字化城市设计"三部曲" ………………………………… 203

  6.2.1 设计阶段：管控意图制定 ………………………………… 203

  6.2.2 控制阶段：管控意图转译 ………………………………… 207

  6.2.3 管理阶段：管控规则应用 ………………………………… 213

6.3 威海城市设计管理应用场景 …………………………………………… 216

  6.3.1 设计管控的分级可视 ……………………………………… 218

  6.3.2 控规调整的辅助审查 ……………………………………… 219

  6.3.3 离线数据的一键提取 ……………………………………… 220

  6.3.4 规划要点的智能生成 ……………………………………… 220

  6.3.5 设计方案的精细审查 ……………………………………… 221

  6.3.6 多个方案的智能比选 ……………………………………… 222

  6.3.7 管理应用场景总结 ………………………………………… 223

结　语 / 228

7.1 概要回顾 / 229

7.2 研究结论 / 232

附录 / 237

  附录 A 典型城市设计管控要素与分类标准梳理 ……………………………… 238

  附录 B 管控要素谱系化 ……………………………………………… 242

  附录 C 城市设计管控规则配置示例 ……………………………………… 246

  附录 D 城市设计管理办法 ……………………………………………… 247

  附录 E 住房和城乡建设部、国家发展改革委关于进一步加强城市与建筑风貌
     管理的通知 ……………………………………………… 250

城市设计活动的目的在于发展一种指导空间形态设计的政策框架。它是在城市肌理的层面上处理其主要元素之间关系的设计。城市设计既与空间有关，又与时间有关，因为它的构成元素不但在空间中分布，而且在不同的时间由不同的人建造完成。从这个意义上，城市设计是对城市形态发展的管理。这种管理是困难的，因为它有多个甲方，发展计划不是那么明确，控制只能是不彻底的，而且没有明确的完成状态。城市设计的对象既包含城市人工环境，也包含城市发展中涉及的自然环境[1]。

——《城市设计评论》（*Urban Design Review*）创刊号

城市设计管控的历史溯源与方法演变

·1·

1.1　城市设计管控的内涵与对象

1.1.1　城市设计的政策管理属性

《城市设计评论》（*Urban Design Review*）创刊号中的定义较为全面地阐述了城市设计的目的、对象、内涵与属性特征等内容，城市设计具有明显的丰富内涵与多元属性，其是空间设计的指导政策框架，是时空行为的过程累加，同时还是多元主客体的协同管理结果，展现出鲜明的时空管理与程序——过程属性。就其内容维度而言，可归纳为形态（Morphological）、认知（Perceptual）、社会（Social）、视觉（Visual）、功能（Functional）、时间（Temporal）等六个方面（图1.1）[2]。城市设计的最终目标是设计并管理、落实城市形态发展意图，为人们提供舒适、宜人的人居空间环境，在其发展过程中具备跨学科视野。对于跨学科途径的强调，使得城市设计学科在发展中不断吸收、借鉴外部相关学科的理论与方法，也自然而然有效地拓展了学科的研究范畴，但其内核仍然是对城市空间形态的设计与管理，通过政策框架的制定以协调多元主体需求，对城市中相关的客体对象进行渐进式的时空管理，并最终实现营造良好人居空间环境的目标。

作为政策管理框架的城市设计在城市建设中发挥着重要作用，也是本书所要重点讨论的属性特征。城市设计是一门理论与实践并重的学科，在实践层面它已经成为塑造城市形象、推动新区建设与旧城更新[3]、整合片区资源并突显特色的有效手段。随着城市设计实践的发展，在充分发挥自身优势与特色的基础上，城市设计在空间管理方面的属性得到进一步加强。世界各国结合本国的规划编制体系、实际管理需要以及政策配套制定等内容，发展出与之相匹配的城市设计管控框架，典型的如美国的法规性控制、英国的自由量裁式规划许可等[4]，均在城市空间形态设计与管理中扮演着重要角色。实践中的城市设计已然超越了单纯的技术、工程特征，而是与规划管理、政策法规、社会公平等紧密联系，具有对空间形态干预的政策管理属性。

城市设计不同于城市规划，它更多的关注点在于城市三维空间形态；它也不同于建筑设计，毕竟城市设计并不具体设计城市中的任何物质实体，而是对具体的设计提出控制引导，呈现出"二次订单"属性[5]（图1.2）。作为城市规划与建筑设计、景观设计"中间环节"的城市设计，能够满足二维指标控制与三维形态管理间的衔接需求，并有效指导后续具体设计与实施，现已成为城市三维空间管理的重要手段。城市设计的管理牵涉内容广泛，不仅包含多元化的主体需求，所面对的客体对象也是纷繁复杂，而且在时间与空间、物质与非物质层面跨度较大，管理落实难度可见一斑。

例如，在空间尺度方面，城市设计具有明显的层级性，从宏观尺度的总体、分区城市设计，到中观尺度的片区城市设计，再到微观尺度的地段、街区级城市设计，各层级所关注的设计重点也存在一定差异，整体呈现出宏观重结构、中观重衔接、微观重落实的体系特征。在城市设计管控中如何有效衔接不同尺度间的设计意图，使得意图能在各层级间有效传导、落实、反馈，是管理工作需要重点应对的内容。在社会属性方面，城市空间的存在并不仅仅表现为冰冷的

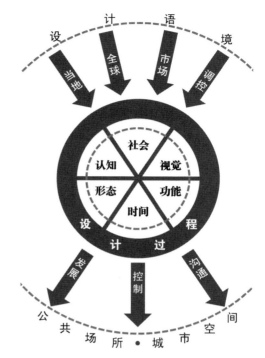

图1.1 城市设计的"六大维度"、出发点与落脚点
资料来源：作者参照［英］卡莫纳.城市设计的维度：公共场所——城市空间[M].冯江，袁粤，万谦，等译.南京：江苏科学技术出版社，2005.重新绘制

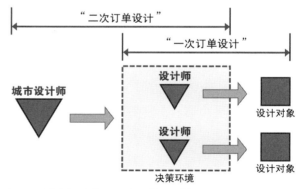

图1.2 城市设计的"二次订单"属性
资料来源：金广君.图说：如何搭建中国特色的"城市设计之桥"？[J].城市设计，2016(2)：14-29.

三维实体，也正是因为人的存在赋予了空间以人性化的温度，塑造了城市中丰富多彩的空间场所与功能。城市设计的社会属性是需要在关注空间本身的基础上，更加深入地去探究人的实际需求，以联动视角去综合分析人与空间的关联与互动，人的需求决定最终的空间

设计，反之空间设计也可以引导人的行为活动。从街道空间的设计优化，到绿地、广场、慢行游憩步道、城市景观的组织，以及历史文化资源的串联与展示等方面，均能够彰显城市空间的社会属性。在城市设计的管理中，也需要充分重视对人本需求的关注，塑造人本视角的空间管理机制。归根结底，作为政策管理的城市设计，需要充分协调多元主体需求，从多维时空视角对城市空间形态进行控制引导，以实现设计意图的有效落地，并最终营造高品质、舒适的人居空间环境。

在当下时点来讨论城市设计问题，城市设计管控与实施、数字化、生态绿色、人本需求等内容成为绕不过去的议题。数字化时代的来临为城市设计的发展提供了无限可能，不仅会解构城市空间，也会对城市中的人群活动进行重组，两者之间是相互联系的，毕竟城市空间的存在是为了服务于其中生活的人，需求塑造城市空间，反之空间亦可引导需求。法国学者亨利·列斐伏尔（Henri Lefebvre）认为，空间（包括城市公共空间）是一个社会生产的过程，它随着生产关系的重组和社会秩序的重构而发生变化[6]。在人类历史上每一个特定的时代，其特定的生产关系都会赋予空间不同的意义和特征。

城市外部公共空间可看作是政府提供的公共产品，需要以相对系统、整体的视角来对空间供给进行统筹安排，如何保证空间供给的质量、数量与体系化运行，这也就是城市设计管控所关注的重点内容之一。城市设计为什么需要管控？应该如何管控？谁来管？管什么？面对上述问题的讨论，需要涉及管控主体、客体、方法、机制等全方位内容，也只有通过讨论才能给予城市设计管控以整体全貌。

1.1.2 城市设计管控的概念与内涵

（1）城市设计管控概念解析

优美的城市环境、高品质的城市空间是人们建造城市的重要目标，人们对于城市发展与建设的干预是自身诉求的物化表现。通过对城市二三维空间的规划设计，来实现对城市发展建设的管控与引导。城市设计管控具有明显的过程性、连续性与整体性特征，也需要借助法律法规的刚性以保证管控实施的有效性。所谓城市设计管控，即为实现既定的城市空间形态建设目标，而采取多样化的技术方法，并通过一系列的法律制度安排来实现城市设计管控意图的传导、落实、审查，并最终用以指导城市建设（图1.3）。

其间涉及的管控目标与对象多元、庞杂，不仅包括物质实体空间，同样涵盖了社会、文化、生态、心理等多方面内容，城市设计管控的关注议题已从传统美学、功能、空间形态层面扩展到社会、文化、人本、品质等层面，城市设计管控要素与机制呈现出多元化、市场化与动态化特征。因此，城市设计管控可看作是政府与管理部门为了保证城市空间形态与公共空间建设的合理性、公平性、包容性、场所性，而对城市空间环境所进行的公共干预。

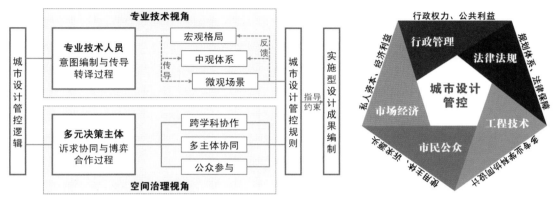

图1.3 城市设计管控逻辑图解　　　　　　　　　图1.4 城市设计管控的"五位一体"内涵

（2）城市设计管控内涵特征

城市设计管控内涵丰富，不仅具有城市设计学科的工程技术、美学内涵，还涉及政府部门行政管理职能、城市设计与城市规划体系的法律与规章制度，并与公众参与、市场经济环境等多方面因素紧密相连。总结起来，城市设计管控是由法律法规、工程技术、行政管理、市场经济、市民公众等内涵所构成的"五位一体"共同体（图1.4），最终的城市空间形态是不同的利益共同体所达成的空间契约[7]。规划学科所代表的技术理性、城市政府所代表的公共理性、商业机构所代表的市场理性、普通市民所代表的个体理性、被缺位代言的生态自然理性等，它们都应当是未来城市价值计算的合法因子[8]。

法律法规内涵。 纵观国内外城市设计管控的开展，法律法规是保证城市设计管控有效实施的最有力保障，典型的如美国的区划法和德国的B-Plan（Bebauungsplan，建造规划）。我国现行的城市规划体系并未赋予城市设计以法律地位，因此需要通过与法定的城市总体规划、详细规划、土地出让条件相结合的方式以取得法律效力。部分具有地方立法权的省市也可根据自身需要进行城市设计立法，但立法的内容因主体不同、需求不一而缺乏统一的形制。近年来，顶层制度的变革初见端倪，国家层面的重要文件出台也体现出对城市设计管理与实施工作的重视。2016年发布的《中共中央 国务院关于进一步加强城市规划建设管理工作的若干意见》，明确提出完善城市设计管理法规与技术导则的指导意见。2017年《城市设计管理办法》出台，城市设计的法定设计地位在顶层设计的层面得到了初步的保障[9]。法律法规能够将城市设计技术文件从单纯的技术指引转变为需要严格遵守的法规条文，并通过行政权力加以引导落实，对于有效推动城市设计管控具有重要价值，针对城市设计成果法定化的探讨也是未来研究的重点方向。

工程技术内涵。城市设计管控最为明显的特征即为其工程技术内涵，在管控运作过程中，从设计到管理等各个阶段，其间不仅涉及城市规划、城市设计、建筑学等学科技术方法，同时还需要纳入交通规划、市政管线、消防、绿化生态以及新兴的大数据分析等多方面的专业知识与技术支撑。可以认为，高品质的城市空间环境建设是多专业协同决策的结果，而城市设计管控在其中扮演着"中转站"与"协调人"的角色。通过城市设计的协调，为多专业协同决策提供交流平台，有助于在技术层面优化城市空间环境的营造与设计。城市设计管控通过搭建控制与引导框架，为后续的深化设计提供约束及方向指引。基于城市设计师的主导，可在组织方式上由"单兵作战"转向"团队作战"，多元化的设计团队能够与管理部门、开发建设主体进行全面的协调对话，形成联合决策机制，能够有效保障项目的有效实施[10]。

行政管理内涵。城市设计管理是以政府部门为主体所开展的日常管理工作，根据其内容差异可分为两大部分：城市高层领导的设计决策，以及规划管理部门的日常管理。城市设计的行政管理充分体现了政府部门行使行政权力干预城市发展建设的行为特征。总体来说，我国的政府部门仍然具有"大政府"特征，在城市建设事务中处于中心地位，而城市设计管理的实质是将明确后的管控规则法定化，借助于法律手段、行政权力的保障，将设计意图最终落实到城市建设之中。

整个的管理工作涉及纷繁复杂的主体与客体对象，也是循环往复、漫长的渐进过程。在城市设计管控中，政府部门是公共群体利益的代言人，是城市空间形态塑造的最终决策者，是公共空间高品质的缔造者与维护者。城市设计管控的主要内容，如城市整体空间形态控制、各开发地块之间的协调、公共空间的品质建设等，都是政府部门需要决策、协调和管理的工作内容，因此其在城市空间形态塑造中扮演着重要角色。

市场经济内涵。与政府部门承担的公共角色不同，私人资本也积极参与到城市建设中，促成了城市设计管控的市场经济内涵。城市土地开发机制的市场化使得城市建设形成了以地块为基本单元的发展模式。私人资本、开发商的关注重点是自身所在地块，关注的核心是市场化的经济利益，从而导致市场对公共利益的漠视。城市整体空间形态的塑造并非简单地将地块建设进行拼合，地块间的关系如何协调？相互间如何构建体系化、整体化的要素系统？上述内容都是城市设计管控需要统筹考虑的。公共利益与私人利益之间存在相互促进、相互平行，甚至相互抵触的可能性，如何实现两者之间的相互协调，从而实现城市整体视角的利益最大化，也是城市设计管控的职责所在。私人资本在城市建设中发挥着越来越重要的作用，城市设计管控的激励机制有助于动态适应市场需求，积极引导私人资本的正向价值发挥，促进城市空间形态的优化提升。

市民公众内涵。人是城市空间使用的主体，人的需求是空间形态塑造的根本动机。市民对于城市公共空间的设计与组织有着自我认知，而城市建设应该以满足市民的诉求为出发点。公众参与活动的开展，更多的是获取、搜集、分析广大市民对于城市建设的想法与诉求，并通过专业技术的支撑以最终落实到城市建设之中。广大市民才是城市公共空间环境的最庞大使用群体，城市设计的最终目标也是发现需求、满足需求、引导需求。在当前的城市设计管控中，更多的是以自上而下的"精英决策"逻辑加以控制，过程中并未能真实有效地发现与匹配市民需求，多数的公众参与流于形式而效果不佳，市民参与到城市设计管控中的整体程度较低。这种现象的出现，有制度管理原因，也有技术方法原因，使得如何更加有效地开展公众参与，成为未来城市设计管控工作中需要重点突破的方向。

（3）相关概念辨析

新技术的应用带来了多学科间交叉应用的需求，需要对引入的相关概念作简要的阐述，有助于理清文章的整体框架与论述内涵。城市设计管控本身就涉及多学科内涵，包括城市设计、行政管理、法律制度、人群行为、空间美学等，数字化技术的应用则更加强化了此学科交叉的态势。

城市设计管控相关概念。纵观国内外关于城市设计政策管理属性等方面的研究，其间涉及诸多的相关概念，尤其以国内为甚。国外的"设计控制"（Design Control）概念相对稳定，而国内出现诸如城市设计运作、城市设计管控、城市设计实施、城市设计评估、城市设计管理、城市设计实践等近似用语（表1.1）。诸多相关概念在内涵方面存在着多多少少的差异，需要对其进行一定的探讨。本书的论述边界在于讨论数字化技术支撑下的城市设计意图传导、转译与管理应用等相关内容，主要的关注点还是落位于城市设计管控。

管控即强调管理与控制，是为达到某一预期目标，对所需的各种资源进行正确而有效地组织、计划、协调，并建立起一系列正常的工作秩序和管理制度的活动。它是管理功能的组成部分，同时也表现为一个连续的过程。城市设计管控是城市建设管理的重要环节，涉及基础数据、规划设计、流程管理、工程施工、验收与反馈、监督监测、公众参与等多方面内容，尤其是在行业全流程逐步数字化的背景下，需要对整条管控体系中的管控主体、管控对象、管控流程、管控方法、监督反馈机制等内容进行梳理与重构，以构建高效、顺畅的管控路径。城市设计管控涉及多元主体、多方利益，需要在管控过程中确定管理控制的分工与底线，明确区分管控的刚性意图并加以强制执行，同时也需要综合考虑并协调各

表 1.1 城市设计管控相关概念比对

概念名称	城市设计管控	城市设计运作	城市设计管理	城市设计评估	城市设计实施	城市设计实践
内涵定义	城市设计管控的关注重点在于"设计后、实施前"阶段，讨论的是将设计意图从既定方案传导落实至工程建设阶段的整个过程，其间包含着传导、转译、反馈与审查等机制与方法	从设计编制、评价决策、实施操作乃至监督执行和信息反馈的完整过程[11]，其中还涵盖了管理政策与法律保障等。该概念强调的是城市设计的全流程	城市设计管理更多的是从管理者视角来看待城市设计的相关工作，主要包括设计组织、设计审查、设计审批等城市设计日常管理工作	城市设计评估的着眼点在于事后评价，或针对已经建成的地区实施建设评估，或针对下位规划设计的落实以评估上位城市设计的合理性，具有典型的事后反馈特征	城市设计实施的落脚点在于设计意图的最终建设实施，强调与工程建设阶段的衔接，将城市设计意图最终落实到后续的城市建设之中	城市设计实践应当包括从策划到维护的所有内容，可分为四大阶段：总体策划、设计组织、实施执行、运作维护阶段[12]。城市设计实践涵盖的内容较广，与城市设计理论研究相并列
概念特征属性	强调意图传导、反馈、审查	强调全流程	管理者视角	实施后评价	强调意图落地	强调内容广

方利益，积极落实管控要求。

数字化平台。平台本身的含义包含环境或条件之意，数字化平台是建立在虚拟数字技术基础上的空间环境。同时，呈现出集成化、开放化、动态化等特点。因此可将数字化平台理解为集成了多源数据类型、服务于多元主体、提供多样化功能的动态生长虚拟数字环境，其在企业、管理、工程、建设等方面均有应用。

本书所谈及的城市设计数字化平台，是指用于城市三维空间形态设计、测度与管理，以城市地理空间数据为基础集成沙盘，包括如城市倾斜摄影数据、地形 DEM（Digital Elevation Model，数字高程模型）、现状与规划三维模型、激光雷达点云数据等类型，同时录入手机信令数据、LBS（Location-Based Service，基于位置的服务）动态大数据、城市设计智能管控规则等多源大数据类型，进而实现精细化、动态化、数字化、人本化、智能化城市设计管控的虚拟数字平台。

归纳起来，本书的研究对象可以分为两个层级：第一个层级即为直接对象，主要为城市物质空间层面的要素集合，即在城市空间形态中，能够通过城市设计手法加以管控的实体物质空间要素集；从微观视角来看，要素是构成整体空间形态的最小元素，通过对要素的管理与组织，能够实现管控空间形态的目标。同时，人的行为也是直接对象的一部分内容，包括人群动态活动、多元主体协同决策、日常管理行为等。第二个层级即为间接对象，主要为所研究的物质空间要素集的管控机制，探讨在实际的城市建设管理中，如何有效、高效地运用数字化技术方法对上述要素进行精细化管控，并形成制度化的管控机制。良好的机制与方法是实现城市设计有效管控的手段，不仅涉及技术方法，还与制度保障、法律法规等有着紧密联系。

1.1.3 城市设计管控的主体与客体

从哲学层面看，城市设计其实是人和城市环境之间的一种互动：人作为主体，人类生活的环境是客体；人类通过（城市设计）活动改变环境，反之环境同时也影响着人类和其活动。因此，可认为城市设计包涵了三方面要素：人（主体）、环境（客体）、（人和环境之间的）相互作用（过程）[13]。西方城市设计理论研究对象的演进，总体呈现出始于客体物质环境研究，而后逐步扩展至主体及主客体间相互关系研究的发展脉络，也从侧面印证了城市设计的多学科交叉属性（表 1.2）。尽管如此，物质空间环境的营造仍然在城市设计研究与实践中占据着重要位置。作为程序—过程领域的研究内容，城市设计管控涉及内容丰富、层级多变、视角庞杂，需要从管控主体与客体两方面进行统筹考虑，建构主客体相辅相成、相互配合的管控机制，以促进城市设计管控意图的传导、落地。

表 1.2 不同领域的当代西方城市设计理论的研究对象

不同领域的 城市设计理论	研究对象		
	人（主体）	环境（客体）	（人和环境之间的）相互作用过程
景观—视觉领域		■	
认知—意向领域	■		
环境—行为领域	■	■	
社会领域	■	■	■
功能领域	■	■	■
程序—过程领域			■
类型—形态领域	■	■	

资料来源：张剑涛 . 简析当代西方城市设计理论 [J]. 城市规划学刊，2005(2): 6–12.

（1）城市设计管控主体

城市建设可看作是多元主体间经过协同决策所达成的"空间契约"。城市设计管控牵涉的主体众多，所谓城市设计管控主体是指可能与管控与实施发生利害关系的人或组织机构，其中最为主要的主体包括政府部门、技术专家、开发商、市民公众、设计师、其他利害相关人等。不同主体在进行管控决策时所秉承的价值导向不尽相同，包含综合价值导向、

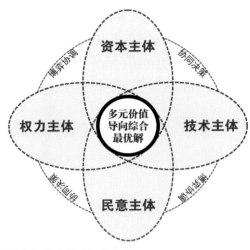

图 1.5 城市设计管控主体

空间美学导向、经济利益导向、使用需求导向、公共价值导向等。价值导向的差异化会带来不同主体间认知、关注点与诉求的差异，甚至出现相互间不吻合、相矛盾的情况。因此，从价值导向角度看，城市设计管控的实质是多元主体在坚持不同价值观、不同诉求的基础上，进行利益博弈、协同决策的过程。

依据管控主体的特征差异，可将其分为以下四类：权力主体、资本主体、技术主体，以及民意主体（图 1.5）。不同的管控主体有着差异化的决策逻辑，需要针对不同主体展开特征分析，以明确各主体在城市设计管控中所承担的角色和发挥的作用，并由此提出相应的改善途径。不同主体间的相互博弈是谋求自身利益最大化的过程，而最终的协同决策结果则体现出多元价值导向下的综合最优解。

城市设计管控的多元主体传递着多元价值，最终的城市设计实施也是多元价值的综合体现。尤其是在新型城镇化转型背景下，城市设计的市场需求与导向发生了类型与价值转变，以城市更新实践为代表的多主体、针灸式探索成为重要类型，针对既有建成环境的城

表 1.3 城市设计管控主体特征及改进方向

主体类型	主体典型群体	主体内涵特征	改进方向
权力主体	城市高层领导班子	决策方向把控，明确空间发展框架	以综合视角开展规划设计决策，避免权力过度中心化带来的决策失误
	规划管理部门	领导决策意图落实，城市设计运作组织管理	明确规则并有效监督实施；搭建协同决策平台，协调多方利益诉求；提升规划管理专业水平
资本主体	开发商	动态变化市场下的经济利益最大化目标导向	坚守刚性规则，充分优化地块设计，在实现自我价值的同时，为城市创造更多公共价值
技术主体	城市设计专家	专业技术咨询决策参考	坚守专业素养与技术底线，坚持理性决策，避免过多牵涉外部因素影响而干扰技术评判
	设计师	为其他主体需求提供专业技术服务	提高自身专业技术水平，在设计决策中坚守专业技术底线，为城市提供优质的设计作品
民意主体	市民公众、其他社会组织	城市空间环境的主要使用者与诉求提供群体	通过合理、有效途径积极参与到城市设计运作之中，借助于专业技术咨询，向社会发出声音

市更新涉及多方利益，城市设计的管控已然超越单纯的空间范畴，而需要秉承多元、综合价值。只有在协同多方利益的基础上，达成城市开发建设共识，才能有效推动城市设计管控实施。通过对管控主体特征及改进方向（表 1.3）的归纳总结，能够以更加完整的视角重新审视城市设计管控主体对象，为管控意图的落地实施、多元综合价值的实现提供帮助。

（2）城市设计管控客体

管控要素是为保证城市设计管控意图有效落实而需要控制引导的物质要素，以形式要素、功能要素为主导，凝练逻辑更加强调管控中的可操作性与可控制性。对管控要素的凝练是设计意图向实施管理转译的重要方法，通过提取可量化、可管理、可控制的设计要素，将城市设计意图融入多样化管控要素之中，能够为"二次订单"的空间管理提供具有可操作性的设计规则与要点，实现城市设计方案向规划管理工具的转变。管控要素的梳理能够实现对城市设计成果的标准化、精细化管理，逐步形成要素清晰、管控合理、成果表达规范及与法定规划衔接到位的城市设计编制制度，推动城市设计部分成果的法定化进程，建立具有可操作性的城市设计实施机制与公众参与途径[14]。

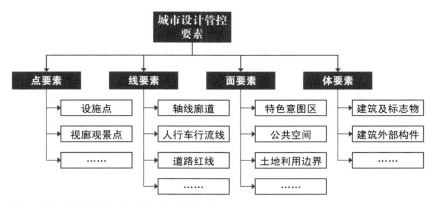

图 1.6 城市设计管控要素的数据形态特征

根据要素类型差异，可将其按照类型学标准划分为建筑形态及组合关系、公共空间、步行流线、小品设施、地下空间等；按照要素空间数据形态划分，可分为点、线、面、体要素等（图 1.6）[15]。要素划分是后续开展要素管理的实际需要，面对城市范围内海量的、多类型要素，借助计算机进行识别、计算、管理已经成为必要手段。点、线、面、体要素基本能够覆盖绝大多数的管控要素，对要素的识别成为计算要素间相互空间关系的前置条件。通过对管控要素的分类、细分，将各类型要素尽可能向下拆分至基本的点、线、面、体单元，类似于形成管控要素构件法则，便能够实现基于计算机的要素属性识别、空间测度与计算，为实现运用计算机辅助城市设计管控决策奠定基础。

通过建立城市设计管控要素集群以落实城市空间形态控制与引导意图的方法已经具有广泛应用，各城市与地区根据自身需求来确定要素类型与范围。如新加坡市区重建局将管控领域大致确定为以下 7 个方面内容：城市肌理、步行网络、车行出入、街道景观、开放空间、建筑形式，以及屋顶景观[16]。《武汉城市设计核心管控要素查询手册》确定核心管控要素包括 7 大类（共 87 项），分为 A 土地利用类、B 公共空间类、C 景观环境类、D 交通类、E 建筑类、F 设施类和 G 可持续性类等（图表详见附录一）[14]。随着管控边界的拓展、要素类型的精细化，整套分类体系仍有加大、加深的趋势。

通过对既有管控要素分类成果与方法的研究借鉴，本书将管控要素分成两大类：核心管控要素门类与扩展管控要素门类。核心管控要素门类以空间形态管控为主线，重点落实对物质形态要素的控制与引导，同时考虑基于点、线、面、体要素计算机识别的标准要求，将其划分为以下 8 大类：A 建筑形态及其组合、B 城市公共空间、C 土地使用、D 交通与停车、E 地下空间、F 步行流线组织、G 地标与视廊、H 设施小品与绿化植被等（表 1.4）。核心管控要素的分类是当前相对成熟分类结果的延续，仅对部分细分要素进行了调整。扩展管控要素门类是为适应城市设计管控边界的拓展而预留的弹性接口，可纳入生态、社会、文化等方面的管控要素。

表 1.4 城市设计核心管控要素梳理

要素分类	管控强度	要素细分
建筑形态及其组合	刚性管控 + 弹性引导	建筑长度、宽度、高度（裙房高度、塔楼高度、檐口高度等）、面积（标准层面积、建筑基底面积等）、色彩（墙体颜色、屋顶颜色、玻璃颜色等）、材质、业态功能、户外广告与招牌（体量、色彩、材质）等
城市公共空间	刚性管控 + 弹性引导	空间的边界、形状、面积、尺度、高宽比、出入口、软硬地比例、人群活动等
土地使用	刚性管控 + 弹性引导	用地功能与兼容性、用地规模指标、特色业态与人群活动等
交通与停车	刚性管控 + 弹性引导	机动车交通出入口、主要道路沿线景观、地面停车空间引导等
地下空间	刚性管控 + 弹性引导	地块开发边界、各地下空间之间的联系通道、与轨道交通站点的有效衔接、地下空间功能业态等
步行流线组织	刚性管控 + 弹性引导	垂直交通设施的位置与类型、步行设施尺寸、流线走向、相互间线路衔接等
地标与视廊	刚性管控 + 弹性引导	观景点、地标、视廊、视角、视域、眺望类型等
设施小品与绿化植被	以弹性引导为主	风格、体量、色彩、功能等 体量高度、乔灌类型、植物色相、树冠尺寸等

通过对城市设计管控的主客体进行讨论，可认为：从主体视角来看，城市设计管控是各主体间利益博弈、渐进协同决策的过程；从客体视角看，城市设计管控是对管控要素及其所围合的空间进行设计组合、调整优化、控制引导的过程；从主客体相结合的视角看，城市设计管控是将主体协同决策意图落实到对客体要素与空间形态的控制引导之中的渐进过程，其间不仅涉及意图的传导、反馈，同时也包含多元主体间的博弈与协同决策，以及管控要素的控制引导，是管控主体对客体作用、反馈、优化的循环过程。我国现行的城市规划体系决定了城市设计体系的地位与运作方式，也塑造出管控机制的特征。

城市设计的实施最终并非仅关注技术层面的内容，还与法律保障层面脱不开关系，也只有建立在法律保障基础上的管控实施才能够保证最终成效，尤其针对管控刚性要点。因此对于城市设计管控中刚性与弹性要点的把握，成为管控决策的重要环节。刚性控制守住底线，弹性引导明确方向且保有操作空间，并借助法律保障为管控实施提供助力。城市设计获取法律保障的实质是技术成果法定化而成为制度性成果，在此基础上，城市设计与控制性详细规划就不仅仅是一种技术性的操作体系，而是一套基于技术性工作基础的法律化制度[17]。

1.2 历史视野下的城市设计管控发展

自城市设计被赋予城市公共空间干预的政策属性以来，其在城市三维空间形态管控方面发挥着重要作用。欧美国家在设计控制（Design Control）①方面进行了长时间的探索，迄今为止已经形成较为成熟、有效的控制体系与方法，以美国为代表的"结果控制"和以英国为代表的"过程控制"[18]，均展现出各自特有的独特属性。设计控制提倡在现有规划体系的基础上加入适当的政府干预和政策导引，通过相应的制度建设和程序管控来强化城市设计在环境塑造中的核心地位[19]。我国的城市设计从 20 世纪 80 年代左右开始起步，在借鉴欧美国家先进经验的基础上进而开展本土化的城市设计探索，并呈现出蓬勃发展之势，从理论思辨到工程实践都获得了巨大的拓展。城市设计能够赋予我国政府部门以更多的管控对象与资源，并依托总体规划、控制性详细规划、土地出让条件等法定路径，将政府部门的管控"触角"从二维平面拓展到三维空间，进而完成对城市空间形态的干预。同时，城市设计能够在新区建设、旧城更新、环境营造、城市宣传，乃至促进经济发展、彰

① 设计控制（Design Control）在欧美国家已经成为相对固定的专用词组。

显文化特色[20]等诸多方面发挥积极作用。上述原因都是促进城市设计在我国如火如荼开展的诱因。

但由于多种因素的影响，包括设计、管理、政策、制度等的限制，城市设计的管控与实施成为我国城市空间形态管理的痛点与难点，这也引起了学界、业界的反思。城市设计在我国蓬勃开展，不同尺度、不同类型的方案层出不穷，但最终建成的空间形态为何依旧品质低下、尺度失真？为何最初费尽心血确定的优秀城市设计方案，并不能最终落实到建设之中？关于城市设计的管控，国内外学者都做出了较为深入的探讨，与之相关的概念还包括设计控制、设计管理、设计运作等，其最终目标都是探讨城市三维空间形态的管理与实施问题。当然，城市设计管控已经超越了单纯的技术内涵，而将政府管理与决策、行政法规、人文关怀、利益博弈等内涵纳入其中，成为综合的技术型管理决策手段。

1.2.1 古典时期的城市设计管控

古典时期的城市设计与建筑设计尚未分离，古典城市设计的主要特征是依据建筑学视觉有序的价值取向和古典美学的原则，对较大版图范围内的城市形态进行三维形体和几何法则的控制，这是被历史一再证明，为公众广为接受且行之有效的城市设计范型，至今仍是城市设计实施的重要手段。从时间维度看，19世纪末之前的城市设计基本可以被纳为古典时期的城市设计。这一时期的城市设计多体现为统治阶级自上而下的意图，因此其落实的方式主要通过当时的长官或帝王意志，强制性地加以实施管控[21]。古典时期欧洲的城市设计工作则更多地由建筑师负责，从建筑关系到图底形态再到空间量化。在追求几何美学的过程中，早期设计师通过建筑间的联系来组织城市空间，并在后续技术发展中逐渐认识到城市空间不仅包括单个建筑，还包括广阔的建筑外部空间。此后设计师创造性地利用图底关系法，综合考虑城市空间形态关系。到19世纪末，欧洲城市设计学科逐渐建立起来。古典城市设计主要通过物质空间和建筑安排设计来进行城市设计，场所也较多以比例、尺度、材质、色彩、建筑组合和基于美学的植物配置等方式表达出视觉审美的目标要求，与农业支持体系相关的紧凑型稳态空间格局是其基本特征。

中国传统城市设计主要是基于建筑群体组合模式尺度的设计管控原理，如春秋战国时期的《考工记》中就有明确的都城建设尺度规制要求，汉代在城市和建筑设计中则有了比例尺概念，三国时期至唐代的里坊制度也是等级化尺度在城市空间布局上的表达。中国古代都城城市规划乃至州府县城规划、北京紫禁城建筑群设计以及各类别的建筑等都不同程度上受到中国古代城市设计传统和形态尺度规制的影响。中国建筑和城市设计的最基本观念可概括为空间和权力成序列地相互作用[22]。对于空间的控制具体地说包括三个方面：

① 空间——建筑和城市设计的根本。中国传统建筑和城市设计的实质就是把各种空间组织成一个理想的体系，以满足社会不同层次的要求，因此空间的设计和组织是中国传统建筑和城市设计的最根本内容。② 势——建筑空间构图的发生力。中国传统建筑和城市设计中，空间组合的最基本原理是利用建筑物潜在的作用力作为组织空间构图和组织建筑群体空间内的运动的依据，达到变幻无穷的空间艺术效果。③ 序列——空间的时间效应。中国传统建筑和城市设计不是让人一览无余，而往往是必须通过在空间中一段时间的运动的序列才能加以细细体味和理解[23]。

作为中国传统管理体制中的一个分支，城市建筑事务管理是从属于整个国家管理体系的，采用的是类似示范性为主的管理机制。封建社会皇权为中心的等级制度的存在，决定了官方建筑和民间建筑必然会有两种不同的管理思路。官方相关体制的城市建筑活动，是一种正统的体现国家理念的典范，影响着民间的相关城市建筑活动。同时城市建筑活动作为 "体制" 而存在的认知，还进一步限定了只有中央政府才有权力和能力来进行城市建筑事务的管理和计划，地方政府在这一领域中并无过多的话语权和作为。中国传统古代社会中，实施的是城乡统一的管理机制，围绕着中央政府的构架设立而展开[24]。

总体来说，古典时期的城市设计管控，不论中外都是为统治阶级服务的，通过自上而下的刚性措施加以实施落实，在设计中重点强调比例、尺度、材质、色彩、建筑组合等美学要素和关系的影响。整体布局和功能组织受到权力的深刻影响，呈现出城市设计管控的刚性与权威性。

1.2.2 近现代西方国家的城市设计管控

纵观全球各国的城市设计管控，实质上都是通过将技术内容进行法定化的方法加以实现的，可细分为条文约定型与程序保障型两种方式[25]。各个国家根据自身的管理需求与法律体系特点等进行统筹安排与选择。总的来看，西方发达国家在城市设计管控中均取得了较为显著的成效，各西方国家已经根据自身需求与特点，形成了较为成熟、有效的设计控制体系与方法，在城市三维空间形态管控方面发挥着积极的作用。

在管控实践开展的同时，理论与方法层面的总结凝练也相应展开，从而逐步形成具有明显 "实用主义" 风格的城市设计理论与方法。相关的重要设计师与著作包括：乔纳森·巴奈特（Jonathan Barnett）的《城市设计概论》（*An Introduction to Urban Design*）和《作为公共政策的城市设计》（*Urban Design as Public Policy*）；哈米德·胥瓦尼（Hamid Shirvani）的《城市设计程序》（*The Urban Design Process*）；乔·朗（Jon Lang）的《城市设计：美国的经验》（*Urban Design: The American Experience*）以及约翰·彭特（John Punter）的《美国城市设计指南：西海岸五城市的设计政策与指导》（*Design Guidelines in American Cities: A Review of Design Policies and Guidance in Five West Coast Cities*）等。上述理论著作的总结，对于推广有效的城市设计管控体系与方法起到了积极作用，也在很大程度上影响了发展中国家的管控进程。城市设计管控起源于欧洲，但在美国得以发扬光大，逐渐形成稳定而行之有效的管控体系。英美两国的设计控制是上述两种方式的典型代表，通过对两者间的比对分析，以进一步明晰各自的管控特点。

美国作为联邦制地方分权国家，其城市设计管控方法呈现自下而上的特征。根据其宪法，地方政府具有土地的开发控制权，真正的城市规划和开发控制始于地方政府。美国的规划编制首先从地方规划开始，其次是展开区域规划或者州规划，最后才会进行全国层面的规划。虽然联邦政府多次尝试编制全国层面的空间规划，然而都未成功。联邦政府的规划管控主要限于国家公园、国家纪念物、历史古迹、自然保育区等区域的土地使用以及建筑的控制。州的城市设计管控也取决于各个州政府，各州自主决定是否进行州层面的空间规划。

美国的地方规划主要包括综合规划和分区规划（图1.7），两者均作为重要的地方规划而在全国范围内被倡导，其中综合规划并非强制性要求，所以大部分州的诸多城市在没有编制综合规划的情况下仅编制了执行层面的分区规划。以分区规划为法定工具的城市设计管控方法在美国成为主流。同时，在美国也并非所有城市都采用分区规划的体系，例如休斯敦是以契约限制作为对城市土地利用加以管理的重要工具。

分区规划是地方规划管理部门根据地价水平、交通组织、地理环境等条件将所辖区的土地在地图上划分为不同地块，并为每个地块制定相关的规定，确定其土地性质、建设强度等。区划文本和区划图则是分区规划的主要组成部分。分区文本的主要内容包含了发展目标、土地边界以及各项具体规则等。分区图则辅助区划文本，以图示语言表达了分区的边界和编码。类比我国，美国的分区规划相当于控制性详细规划，但其前提是没有城市总体规划或者总体规划相对滞后。不同的是，我国的土地所有权归国家或集体。而在美国，土地所有权属于私人，土地使用权受到了政府管控。分区规划的作用就是在市场经济条件下使得一定区域内的土地使用价值尽量均衡，同时通过控制土地性质和建筑开发等来保障公共卫生安全和福利。土地所有者可以根据分区规划在区划图则上找到自己所拥有的土地并按照相关的建设规定进行开发。分区规划这种以管控为导向、化繁为简的手段无法适应城市的多元性和动态性。因此，分区规划在实践中衍生出一些弹性控制的策略，同时土地细分法、城市设计导则、经济性策略、社会性法令、重大项目设计审议等开发控制手段逐步发展，并与分区规划相结合。

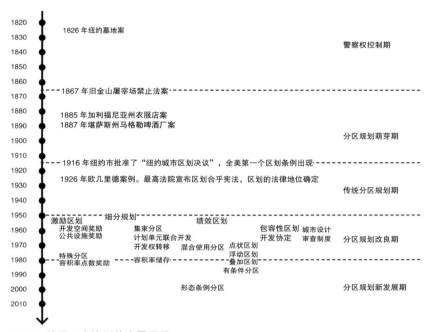

图 1.7 美国开发控制的发展历程

资料来源：胡雪倩 ."管控导向"下的国际弹性控制方法研究及在我国的应用初探 [D].
南京：东南大学，2018.

总体来看，美国的城市设计管控是以纽约为代表，采用区划法（Zoning Ordinance,
Zoning Act 或 Zoning Law）加城市设计导则的管理方式，形成基于"结果控制"的管控逻
辑。管控的最大特点就在于城市设计意图与区划法的有机结合。两者之间的相互配合不仅
赋予了城市设计以法定地位，使得设计意图得以落实到城市建设之中；同时，城市设计意
图的嵌入有效拓展了区划的管控范围，也使其变得更加灵活、弹性。美国作为联邦制国家，
主要由地方政府负责当地的城市建设与管理工作，区划法是地方政府进行土地利用规划、
规划控制与管理的法规与技术手段。1916 年，纽约为了控制摩天大楼的无序增长而制定
了第一部区划法，随后作为成功经验而逐渐被美国其他城市相继采用。纽约的区划法历经
发展而经过不断的调整优化，以适应城市动态发展与管理需要，如 1962 年引入"容积率"
的概念，1974 年增加容积率奖励等内容，并在发展中不断拓展管控内涵，逐步增加土地
混合使用条例、滨水区区划条例、开发权转移等内容。相关市场机制的引入增强了区划的
灵活性，并在城市管理中发挥着愈发重要的作用。

激励区划可理解为市场导向下的刺激措施，通过容积率奖励的手段来鼓励开发商或土
地所有者提供服务于公众的环境或设施，实现双赢局面；其内涵是政府行使了非强制的土
地征用权，并结合市场化的激励机制进行城市的建设管控，常见的有开发空间奖励、公共

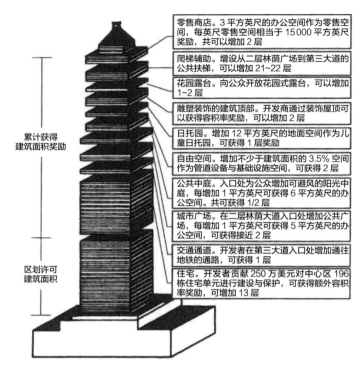

累计获得
建筑面积奖励

区划许可
建筑面积

零售商店。3 平方英尺的办公空间作为零售空间，每英尺零售空间相当于 15 000 平方英尺奖励，共可以增加 2 层

爬梯辅助。增设从二层林荫广场到第三大道的公共扶梯，可以增加 21~22 层

花园露台。向公众开放花园式露台，可以增加 1~2 层

雕塑装饰的建筑顶部。开发商通过装饰屋顶可以获得容积率奖励，可以增加 2 层

日托园。增加 12 平方英尺的地面空间作为儿童日托园，可获得 1 层奖励

自由空间。增加不少于建筑面积的 3.5% 空间作为管道设备与基础设施空间，可获得 2 层

公共中庭。入口处为公众增加可避风的阳光中庭，每增加 1 平方英尺可获得 6 平方英尺的办公空间。共可获得 1/2 层

城市广场。在二层林荫大道入口处增加公共广场，每增加 1 平方英尺可获得 5 平方英尺的办公空间，可获得接近 2 层

交通通道。开发者在第三大道入口处增加通往地铁的通路，可获得 1 层

住宅。开发者贡献 250 万美元对中心区 196 栋住宅单元进行建设与保护，可获得额外容积率奖励，可以增加 13 层

图 1.8 西雅图华盛顿互助储蓄银行容积率奖励示意
资料来源：戴铜，路郑冉. 美国容积率调控技术的体系化演变研究 [M]. 北京：中国建筑工业出版社，2016.
注：1 平方英尺约 0.09 ㎡。

设施奖励，以及以剧场奖励为代表的特殊分区等。激励区划起源于 20 世纪 60 年代的纽约，当时纽约中心商务区的高地价致使开发商采取了高强度、高密度的建设方式。纽约市政府从城市整体和人本需求角度出发，希望能为市民谋求足够的公共活动空间。1961 年纽约区划修订条例出台，其中规定如果在高密度的住宅或商业区增加公共开放空间，开发商可获得额外的容积率奖励。该奖励制度得到了开发商的欢迎，曾一度被标榜为最佳的管控方法。此奖励制度在旧金山市得到进一步发展，将奖励范围扩大到公共设施领域，包括停车场、公交站台、人行通道奖励等。总之，随着激励区划的发展，内容与形式逐渐多样，从城市广场到日间照料中心，从职业培训到艺术设施，从停车场到步行通道，从屋顶花园到地铁甬道等，均成为其管控内容，也有效地完善了城市各项服务功能（图 1.8）。

美国整套城市设计运作体系的形成与国家的政治、经济、制度等特点紧密相关。联邦制、土地与财产私有制、发达的市场经济以及对公民权益的重视等因素的影响，都在城市设计运作体系中打下烙印，最终形成"以设计审查制度为核心，以设计导则为方向与依据，以区划法为依托"的管控与运作模式[4]。通过以区划法为核心的法律层面内容，城市设计审议程序为手段的行政层面内容，彰显自下而上组织模式的公众参与，以及激励机制与抑制策略等为主的经济层面内容（图 1.9）之间的相互配合，构建具有如下两方面特征的管控实施体系：①强制性，充分运用法律工具，依托审议程序的强制性城市设计实施；②诱致性，以私人资本与公众力量为主导的诱致性城市设计实施[26]。

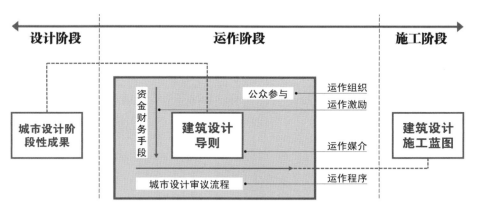

图 1.9 美国现代城市设计运作体系图解

资料来源：高源 . 美国现代城市设计运作研究 [M]. 南京：东南大学出版社，2006.

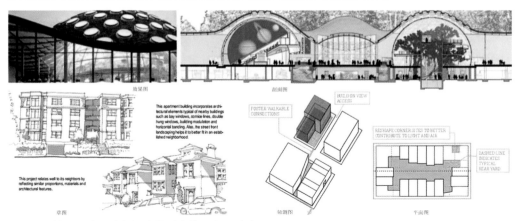

图 1.10 美国西雅图城市设计导则中草图表现形式

资料来源：西雅图城市设计导则（Seattle Design Guidelines）

整套体系兼顾了市场与行政、刚性与弹性、公众与私人等多方关系的协调，不仅有利于城市设计意图的最终落地，且也能够适应动态的城市发展与市场经济需要。在刚性管控层面，城市设计内容的法定化，可通过区划管理条例、土地细分规则、城市设计导则（图1.10）等方式强制执行，保证了设计意图的有效落地；在弹性引导层面，借助于市场化的激励机制，有效促进私人资本、公众参与到城市设计管控之中，对于完善管控机制与体系、增强适应性与可操作性具有积极意义。美国城市设计运作激励的主要内容包括以下几个方面，即资金策略（如经费援助、赋税/租地价减免、信贷支持等）、开发权转移（Transfer of Development Right，TDR）、连带开发［如强制性连带、选择性连带、协商性连带等，也称为开发协定（Development Agreements）］[27]。可认为，美国的城市设计管控体系已经形成较为完善、运行通畅、刚柔并济的有效系统，以纽约、费城和旧金山为代表的城市设计审议程序和实施体制研究较为领先，并影响了日本等国家和地区[28]。

与美国分权式的组织方式不同，英国的城市规划体系展现出强烈的中央集权特征。历史地区的保护与开发控制有效地促进了英国的城市设计管控，并最终将管控视野拓展到整个城市层面，管控内容也超越了单纯的景观美学，而向更加综合的社会性视角发展。英国整个的设计控制历史可描述为从高度控制（约1909至1932年），到美学控制（约1933至1991年），到城市设计控制（约1991至2006年），以及近年来的可持续城市设计的发展[29]。英国的开发控制呈现出自由量裁特征，通过程序法规的控制引导，给予设计管控以更大的弹性，具有明显的"过程控制"特点。鉴于英国的开发控制实行许可制度（Permission System），地方法定规划通常采用原则性控制为主，导致具体的开发项目需要在满足地方法定规划的前提下，同时落实依申请规划许可中明确提出的规划要点（Planning Brief）。因此，对建立在自由裁量原则下的规划许可内容进行个性化审查，成为保证设计意图有效实施的主要手段，管控审查体系的建立是城市设计管理的重要制度保障。

城市设计政策与导则逐步融入法定规划体系，如国家层面的"规划政策指引"（Planning Policy Guidance，PPG），以及地方规划（Local Plan）、补充性规划（Supplementary Plan）等，并最终成为规划许可的审查要求。基于地方规划的城市设计政策（Design Policy）在管控中扮演着重要角色，其基本目标是确保开发活动与既有建成区之间的协调关系，而建立在地域特征分析与公众调查基础上确定的城市设计政策，不仅要重点关注建设活动对于城市景观与公共空间的影响，还应当涉及开发项目的设计过程，并对政策实施及最终效果进行检验与评价[30]。英国切姆斯福德（Chelmsford）小镇的发展历程，证明了高质量的城市设计与管控能够为地区的可持续性发展提供推动力[31]。

美国与英国的设计控制体系与思路代表着西方国家两种典型的管控路径：一是在牺牲一定设计弹性的基础上，通过对结果的刚性控制保证最终结果的有效性，采用城市设计导则与法定的区划相结合的方式，从侧面赋予城市设计导则以法定地位，也进一步强化管控意图的可实施性。英国的管控路径赋予了设计师以更大的弹性，但在规划管理中需要对规划决策作出个性化的判断，不仅对决策人员的水平提出了更高的要求，同时也会在一定程度上牺牲决策的效率。两者均形成了较为稳定且各有特色的设计管控体系，通过中、美、英三国间的运作特点与制度环境比较（表1.5），也能从中获得对我国城市设计管控优化的借鉴与新思路。

表 1.5 中、美、英三国城市设计运作特点及制度环境比较

对比要素	中国	美国	英国
国家、政治体制	社会主义共和制 人民代表大会制	联邦制 民主共和制	单一制 君主立宪制
法律体系	大陆法系 法律条文和法律规范是法庭判决的根本依据；法律推理主要是演绎推理	判例法系 已有的法庭判决将影响和决定未来案件的判决；法律推理主要是类比推理	判例法系 已有的法庭判决将影响和决定未来案件的判决；法律推理主要是类比推理
经济环境	从计划经济向市场经济过渡的转型时期	市场经济；新自由主义思想盛行，反对政府对市场的过度干预	市场经济；反对政府对市场的过度干预
行政管理结构	中央集权与地方分权相结合；行政管理主要分三级：中央政府—省政府—市政府	地方政府具有处理地方事务的主要权力；行政管理主要分三级：联邦政府—州政府—市政府	中央集权的规划行政体制，地方拥有具体规划管理权；行政管理主要分三级：中央政府—郡政府—区政府
土地开发利用	土地所有权国家、集体所有，使用权可通过不同途径转让为个体私有	土地所有权、使用权个体私有	土地开发权国家所有，所有权个体私有
城市规划体系	在遵循国家、区域规划要求的情况下，由地方具体开展城市规划的编制和管理工作，实现城市规划从中央到地方的管理	城市规划活动由联邦、州、市等几个层次构成，但主要由州和自治市负责。城市规划的行政体制和职能在各个州，甚至州内各个自治市均不相同	由中央统一管理的城市规划体制，城市建设要遵循法定规划及其他补充规划，地方管理服从中央要求
城市规划编制	城市规划分为两个阶段： ①城市总体规划（部分城市还需编制分区规划）； ②详细规划（控制性详细规划、修建性详细规划）	以区划为核心，主要包括： ①综合规划（Comprehensive Plan）； ②区划条例（Zoning）； ③土地细分（Subdivision）； ④场地布置（Site Planning）	法定规划（Development Plan）的二级体系： ①战略性的结构规划（Structure Plan）； ②实践性的地方规划（Local Plan）
城市设计管理	城市设计管理非常薄弱；主要依靠法定规划和"一书两证"的设计审查来实现	法规性控制；以区划审查形式为主，土地细分、场地布置审查为辅；结合区划的城市设计审查	自由量裁式的规划许可；主要通过开发许可中的有条件许可实现，基于个案的设计审查程序
公众参与情况	尚处在起步阶段，城市设计的公众参与未有法律程序保证	注重公众参与及民主决策的法定程序要求	注重公众参与及民主决策的程序要求

资料来源：唐燕. 城市设计运作的制度与制度环境 [M]. 北京：中国建筑工业出版社，2012. 作者局部有调整.

欧洲国家的城市设计管控体系具有诸多相似性，基本形成以法定管控要求控制下的设计审议为主体内容。根据各国家的特点，相互间也存在一定的差异化内容，通过欧洲各国与美国间的运作比较而可见一斑（表 1.6）。在城市不同地区特色定位下，城市设计管控呈现出明显的双重标准特征，不论是在管控内容、管控精细度、管控严格程度乃至审议流程复杂度等方面，对历史保护区的管控要求大大异于城市一般地区。历史保护地区的管控内容从色彩到材质、从位置到高度、从入口到阳台等，几乎包含了所有建筑细部的设计引导，且多为刚性管控要求，体现出政府对于保护区内城市空间形态与景观的重视程度。而在城市一般地区，管控要求较为松散，只需满足相关法定规划管控要求。部分国家也会编制非法定的设计导则以引导地块开发，但更多的是设计建议，而非必须遵守的管控要求。

法定规划在城市设计管控中扮演着重要角色，在其他欧洲国家，法定规划确定的控制要求是规划审查的核心标准，在满足要求的基础上通常就能够获得规划许可。大部分欧洲发达国家，开发控制与设计控制是一体化的，作为规划控制依据的法定规划包含了开发控制与设计控制两方面的内容[32]，典型的如德国的 B-Plan。德国的城市规划主要由两个阶段组成，即预备性土地利用规划和建造规划。预备性土地利用规划主要关注市域范围内的土地利用类型与空间安排，近似于我国的总体规划；建造规划更加接近于我国的详细规划，主要针对特定的规划区域，确定相关的土地利用与建筑控制法定指标。在 B-Plan 中，除却通常的区划控制指标外，还会涉及特定的设计控制要求，如建筑物组合形式与位置、屋顶形式、墙体色彩与材质、绿地与开放空间控制指标等。

第二次世界大战以后，亚洲地区部分国家、地区的经济快速发展，城市建设进入跨越期，对于城市设计管控的需求与关注与日俱增，从最初的日本，到后续的"亚洲四小龙"韩国、中国香港地区、新加坡、中国台湾地区等。欧美相对成熟的城市设计管控体系，对其发展产生了深远影响。日本在借鉴美国模式的基础上，逐步建立以导则制定与审议制度相结合的城市设计运作体系，并形成独具特色的"协定制度"[33]，促进了民间团体参与城市设计管控的发展进程。因日本所有土地都归私人所有，城市内的土地开发建设多以小规模开发为主，由此产生了整体控制需求。建筑协定制度强调需联合一定区域范围内的土地和建筑所有者商议达成共识。该共识以书面形式记录在案，成为具有民事效力的建筑协商文件，管控内容主要包括区域内的建筑用地、位置、结构、使用性质、形态、色彩、屋顶形式、广告牌等要素。建筑协定制度与政府制定的区划相比，控制内容多样，控制深度更加精细，因此被认为是一项能够有效提高公众参与度的举措，积极推动了市民主动参与城市发展建设和社区生活营建的热情。同时，因其属民事协定，如出现违反情况，往往只能根据协定本身的处罚办法处理，政府无权介入。

表 1.6 欧美现代城市设计运作比较

国家		城市设计主要依附法令	设计运作主体架构		公众参与	特色内容
			保护地区	非保护性地区		
欧洲	综述	地方规划	以导则制定与设计审议为主体；实践中具有明显的双重标准特性，保护区内实施全面详细的设计控制，其他地区则采取较为放任的态度		社会参与意识薄弱；将公众参与纳入立法，但在参与深度及有效性方面不及美国	—
	德国	建造规划（B-Plan）	制定详细的设计导则，减少建筑设计过程中的弹性变更，并采用烦琐复杂的审议程序，只有与导则规定相符方可获得建设许可	B-Plan 提供部分设计规定，且另制定相关设计导则，但不作法律要求，设计审议以协商方式进行	法定内容，且开展较为完善，但未达到直接赋予公众城市设计决策权的水平	将项目竞赛与设计控制联系起来，利用多方案探讨为导则制定提供良好的作业平台；同时亦借助竞赛契机扩大设计影响，引发社会讨论，培养市民参与热情
	英国	地方发展规划、地块规划要点		规划要点提供部分设计规定，审议过程主要依据个案情况实施量裁审议	法定内容，但不要求进行民意调查，设计决策缺乏公众认同度	
	荷兰	地方建造法规		要求全面制定设计导则，实际上只部分地区制定；审议建议权与决策权分离，审议委员会仅有建议权，决策权由市长与议会掌握	不详	
	法国	土地利用分区规划（Plan d'occupation des sols, POS）		POS 中提供部分设计规定，且另行制定相关设计导则，但不作法律要求，设计审议以协商方式进行	法定内容，且体现为设计政策或个案裁决出台后的上诉形式，但不允许在决策出台前进行自由查阅	
	意大利	地方规划		除建筑高度、密度等基本开发指标纳入规划管制范畴以外，其余设计事项基本不作约束	非法定内容，设计运作过程中几乎没有公众参与活动，相关内容均由专业人员承担	
	西班牙	市镇规划		制定设计导则，审议过程宽松，允许开发商与当局就既定规则进行协商	法定内容；主要体现为对自然环境与地方文化的保护	
美国		区划条例与城市设计方案	以导则制定与设计审议为主体内容；导则从管控广度与深度两方面入手，形成有限理性的弹性控制；审议过程则以导则为评判依据，遵循申请—审查—审议—裁定的步骤对建筑个案进行审查，达成城市设计目标		将公众组织到设计运作基本架构中去，参与导则制定与设计审议全过程，并在一定程度上赋予公众城市设计决策权	以多种激励措施引导私人开发与社会综合发展目标的同步，促进公私双赢

资料来源：高源. 美国现代城市设计运作研究 [M]. 南京：东南大学出版社，2006.

中国香港地区为了改善城市建成环境品质并引导开发，制定了城市设计导则，重点对城市景观、高度控制与天际线、开放空间与步行环境、滨水地段发展等内容进行管控与引导，对城市的空间形态设计与管理发挥着积极作用。在开发控制方面，新加坡创新地引入开发费制度，并形成了灵活的"白色地段"策略。开发费是指在规划管理部门的允许下，开发商变更原有规划条件时需缴纳的费用。此举不仅增加了政府收入，也提升了开发控制的灵活性。"白色地段"不仅预留发展用地，也在土地开发中植入"白色成分"。开发商可根据市场需求，及时调整部分土地用途和开发强度，这意味着"白色地段"的最终开发结果可伴随着实际市场需求而不断动态调整。从本质上说，"白色地段"是一种适应市场需求不断变化的土地混合使用策略。

随着计算机处理速度、数据存储能力的提高，以及成本的降低，建模、模拟与虚拟现实等技术应用于城市规划与设计中的可行性与实用性变得更加清晰、明朗。从技术方法层面看，城市设计管控重点关注设计审查以及多元主体间的信息有效传播与交流，其效率、精确度与有效性的提高，有助于管控工作的顺利开展。借助于计算机技术能够有效增强信息的有效传播，提升主体间的交流与互动，并提高多元主体在交互式规划参与过程中达成有效共识的潜在机会。在计算机技术应用层面，对于借助计算机进行辅助设计控制方面也有学者作出讨论，从最初的计算机可视化（Computer Visualization）以辅助多元主体便捷交流[34]，到 3D GIS（Geographic Information System，地理信息系统）、VR（Virtual Reality，虚拟现实）、游戏引擎（图 1.11）、城市建模[35]、环境模拟、交互仿真等方法的应用以提高相关主体参与到城市设计管控活动之中的便捷性，都为新方法的实际应用进行了探索。一个集成了虚拟现实、空间建模和地理信息系统的实时城市模拟系统，会成为从根本上改进城市规划理论与实践过程的重大机遇[36]。

图 1.11 基于游戏媒介的虚拟空间场景漫游与互动体验
资料来源：迈克尔·巴蒂，安德鲁·哈德逊－史密斯，陈宇琳.城市设计中的可视化分析、智慧城市与大数据[J].城市设计，2016(3): 6-15.

1.2.2 当代我国的城市设计管控

自 20 世纪 80 年代初，周干峙院士发表了《发展综合性的城市设计工作》一文，并第一次将城市设计介绍给国内的设计师以来，40 多年间国内的城市设计经历了"过山车"式的发展历程[37]。从最初国外经验的引入到逐步形成具有自身特色的城市设计理论体系与实践方法，其间也经历过"野蛮生长""闭门反思"以及"重新出发"的螺旋式上升过程。时至今日，我国的城市设计总体上看正在逐步摆脱"中看不中用"的境况，并在城市发展中发挥着十分重要的作用。虽然城市设计在目前的城市规划体系中仍然地位不明，但鉴于城市设计自身的特性，它能够有效衔接城市规划开发控制与建筑设计、景观设计之间的"真空地带"，通过对城市三维空间形态的设计控制，从而能够实现引导、控制、优化城市空间形态与提升公共空间品质的建设目标。

"设计城市并非设计建筑。"[38] 虽然我国的城市设计教育是从建筑学中逐步剥离出来的，但是城市设计与建筑设计之间的最大区别在于设计决策的出发点与着眼点不同，设计思路也不尽相同。建筑设计的关注重心更多的还是建筑本身，通过设计寻求与周边环境的协调统一，寻求在统一的基础上彰显自身的独特个性。保罗·安德鲁（Paul Andreu）设计的国家大剧院如果从建筑视角来看，应该是个精彩而优秀的作品，但将视野扩大到整个天安门广场、北京老城，考虑国家大剧院与故宫之间的关系，对于该设计的评价可能未必有那么正面。正是基于对建筑个性的追求，而忽视了与周边建筑、环境之间的协调，导致了城市建设中出现不少的"奇奇怪怪"建筑①。城市设计不同，城市设计虽然不具体落实任何的物质实体要素，但城市设计更加关注各要素之间的相互关系，通过设计来系统化、体系化地梳理各要素间的关系，以更加整体、系统的视角来统筹安排城市空间形态，从某种程度而言，城市设计的精髓就是处理相互关系[39]；同时，与建筑设计不同，城市设计更加关注城市公共空间的设计与营造，关注人群行为活动与需求，对于城市公共产品的关注使得城市设计具有明显的公共政策属性。也正是基于上述特征，城市设计在城市三维空间形态塑造、协助政府部门提供公共空间产品等方面发挥着不可替代的作用。

自改革开放以来，中国城镇化历经了快速发展的 40 多年，取得了重大的成就，也留下了不少的问题。在城市空间建设方面，尽管城市设计实践开展得如火如荼，各种尺度层级、类型的城市设计项目层出不穷，为城市勾勒出一幅幅美好的场景画卷。但最终建设的结果往往表明，美好蓝图与实际场景间存在着巨大的出入，这也引发了学界、业界对于城

---

① "奇奇怪怪"建筑的出现也存在建设方为了博眼球而故意为之，建筑设计中明显缺乏对建设外部性影响的控制，外部性影响需要从更加系统、宏观的视角进行统筹协调。

市设计管控、实施的巨大兴趣。如何才能将城市设计的意图有效的落实到城市建设之中？如何将城市设计变成"有用的设计"？这些相关问题都是设计师、规划管理部门、城市高层决策者等迫切想要解决的。毕竟在全球化的今天，城市所展现出来的外在形象已然成为城市参与区域竞争的重要展示窗口。尤其是在我国城市化发展步入重要的转型时期，城市发展的重点逐步由追求速度转变为追求质量，城市管理模式也由粗放式管理转变为精细化管理。城市设计是实现空间精细化设计与管理的重要手段，因此对于城市设计管控与实施的需求就变得更加迫切。

在充分借鉴、吸收西方国家设计控制经验的基础上，我国诸多的城市已经展开了对城市设计管控与实施的探索，并取得了较好的效果。考虑到我国城市设计的非法定地位，常用的策略是通过编制城市设计指引、导则，并将其纳入城市总体规划、控制性详细规划等法定规划成果审批，进而赋予城市设计成果以法定地位（图1.12），并用以指导规划设计与地块开发建设。总的来说，目前我国城市设计在与城市规划相结合方面，在国际上是做得非常好的，与城市规划的有效结合是我国城市设计的特色所在，并有效地推动了世博、奥运等重要节事与各城市的跨越式发展[40]。在城市设计导则编制方面，国内比较典型的如深圳的法定图则、上海的附加图则、北京的城市设计导则等，都在城市空间形态塑造方面发挥着积极而重要的作用。

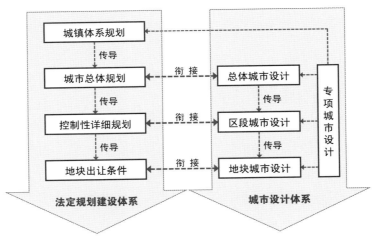

图 1.12 城市设计与法定规划的多层次衔接

资料来源：段进，兰文龙，邵润青．从"设计导向"到"管控导向"：关于我国城市设计技术规范化的思考[J]．城市规划，2017,41(6): 67–72.

自 20 世纪 80 年代概念引入以来，城市设计在我国取得了长足的发展，也出现了诸多的问题，其中最为引人关注的为城市设计的管控与实施。其最初的引入目的是将城市设计作为城市建设活动的依据和工具，以适应中国社会环境从计划经济到市场经济的转变，加强城市特色、提升城市空间质量[41]。尤其是在城市设计实践蓬勃开展的同时，城市设计对于城市三维空间形态的设计、引导并未达到人们最初的预期，绝大多数的城市设计在编制完成之后即被束之高阁，彻底沦为"墙上挂挂"的"装饰成果"。也正是基于此背景，在 20 世纪末至 21 世纪初的相当长一段时间内，国内出现了对城市设计运作、管控、实施的一波反思与讨论浪潮，诸多学者都从自身认知出发提出了积极性建言。通过引进西方国家设计控制的思路、体系、方法，旨在为国内的城市设计管控提供借鉴与参考，其中主要包括美国、英国[30]、德国[42]、法国、西班牙[43-44]、日本等国家或地区的管控经验。国内学者、设计师在吸收国外先进经验的同时，也开展了多样化的探索与思考，从结合我国自身规划体系的整体管控框架建构，到管控方法，再到政策配套等方面都有涉猎。

数字化技术在城市设计中的应用近年来也在国内史无前例的展开，伴随着数字化技术的发展，计算机对于三维地理空间数据的采集、存储、计算等能力取得了长足进步，也为城市设计管控提供了重大的发展机遇。尤其是在当下城市空间建设与管控愈加精细化、品质化的背景下，国内学者对于城市设计管控的研究视角则越发强调可操作性、可实施性，同时结合数字化技术的应用与支撑，探讨如何能够更加有效地落实管控意图，推动城市设计的有效实施[15]。总结起来，国内的研究主要可从城市设计管控的逻辑框架、技术方法以及制度保障等三个层面进行归纳梳理。

（1）城市设计管控的逻辑框架

该研究内容主要从整体管控逻辑与机制方面对城市设计管控展开全面讨论，试图厘清在我国当前的城市规划体系下城市设计管控的地位、作用、效能等理论层面的内容，以相对全面的视角来审视城市设计管控，进而采取相应的措施加以应对。对管控理论与机制的讨论更多的是要梳理出城市设计管控的内在逻辑，探究管控过程中的主体、客体以及主客体之间的相互关系，进而构建与机制相匹配的策略、方法以及配套政策等相关内容。城市设计是一连串每天都在进行的决策过程（Decision-making Process）[38]，因此对于决策路径、流程、逻辑框架的梳理就变得尤为重要而必须。

扈万泰在《城市设计运行机制》一书中，从技术、管理与法律等层面，探讨了城市设计的整体运行框架[45]。庄宇在《城市设计的运作》一书中，对城市设计的运作机制、设计、管理与实施等方面内容进行了深入讨论[46]。王世福通过对制度性因素和技术性因素的综合分析，试图建立基于现实、面向实施的城市设计理论及实践体系[47]。叶伟华在结合实际的规划管理工作体会基础上，对深圳城市设计的运作机制进行了深入归纳与探讨，并提出双轨制的运作模式[48]。刘宛在《城市设计实践论》一书中，以城市设计的社会实践过程为主线，紧扣过程、价值与制度等关键问题，并建构了相对系统完整的城市设计实践理论框架[49]。上述研究在结合我国城市规划体系的基础上，以在地性视角对城市设计管控进行整体性思考，有助于搭建分析研究框架，并推动后续的研究探索。

对于西方发达国家先进经验的引入，并探讨与我国实际需求相匹配、借鉴的可能性，也是逻辑框架层面探讨的重点。如唐子来等在 2000 年前后，对英国、法国、德国等欧洲国家的设计控制进行了详细介绍[30, 32, 42, 44]；金广君对城市设计的二次订单设计方法进行引介，从中明晰了城市设计的政策与管控属性[5]，并搭建中国特色的"城市设计之桥"[50]；陈晓东在较为全面梳理新加坡设计控制体系的基础上，详尽地阐述了新加坡的设计控制框架[51]。"他山之石，可以攻玉。"可以认为，对西方国家先进管控经验的引入有助于有效提升我国城市设计管控的整体效果，但各国家之间在政治体制、法律体系、市场环境、文化惯例等方面均存在着一定差异，还需要对相关经验进行消化吸收、改良优化，以更加贴合我国的实际管控需求。

（2）城市设计管控的技术方法

技术方法是最终落实城市设计管控的手段，通过技术方法创新以试图解决在实际管控中所遇到的问题，是优化整条城市设计管控路径的便捷手段，毕竟总体来看，技术方法层面的微创新会较制度体制层面的更新要更为灵活而快捷。城市设计管控可看作由管控意图制定、管控意图转译以及管控意图应用落实等阶段组成。在技术方法层面，管控全流程均存在着方法的创新探索，归纳起来主要包括以下三方面内容：设计阶段的技术方法、控制阶段的技术方法，以及管理阶段的技术方法。

设计阶段的技术方法。设计阶段是管控意图制定的过程，通过多样化分析方法以明确城市设计管控意图，其也成为后续工作的主要参照。设计阶段方法的重点在于探讨城市设计中的设计、控制方法应用，包括建筑高度形态管控[52]、眺望体系、视线廊道管控、密度分区控制[53]、开放空间体系、景观风貌体系等。控制引导型城市设计，其最为主要的目标是建立一套管控标准与规则以指导后续城市设计，其充分展现出城市设计的"二次设计"特征。较为知名的典型案例如对香港港岛城市天际线的控制，在充分考虑到建筑群落与背景太平山之间的关系，基于美学原理对建筑高度、体量、色彩等进行的管控（图 1.13）。

近年来，在数字化技术的辅助下，规划设计师们充分发挥数字化技术对多源数据的处理运算能力以及地理空间要素可视化场景表达能力，设计阶段的管控方法也取得了一定的进步与拓展。如运用 ArcGIS 等分析软件以辅助城市建筑高度管控、构筑城市景观眺望体系等，已经成为主流的技术方法。总体来说，设计阶段的管控是整体视角下的管控意图制

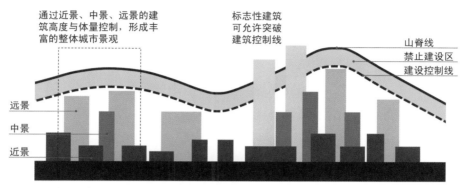

图 1.13 香港港岛城市天际线与太平山之间的关系控制

资料来源：作者参照《香港城市设计导则》自绘

定，通过设计师们的多专业方向协同，明确城市设计管控方向，并为后续的设计意图转译、传导、落实奠定基础。精细化城市设计管控是以空间形态的精细化设计为起点的。我国的城市设计技术规范化工作需要从"设计导向"转型到"管控导向"，并通过与法定规划的多层次衔接、规范化的城市设计成果转译和城市设计实施管理程序等，提高城市设计在规划建设中的实效性[54]。

控制阶段的技术方法。控制阶段可看作是设计向管理的转译，借助要素分类与空间测度方法的集合应用，将管理与设计进行链接。控制阶段是设计与管理之间的"桥梁"，通过该阶段的过渡，将设计语言转译为管理语言，进而落实到实际管理之中。控制阶段最为主要的目标是确定转译内容与方法。城市设计管控要素的明确、空间指标的量化分析，为衔接设计与管理提供了重要途径。再者，对于管控要素的梳理也能够为后续管控运作指明方向。

管控对象与要素的确定是整条管控路径的核心抓手，是落实管控意图的主要着力点。依据切入视角差异，会产生对管控要素多样化的边界界定与要素筛选，国内学者结合自身研究与实践进行了多方面探讨。姜梅等在建立武汉城市设计核心管控要素库时，不仅明确了管控要素的分类、名称、规范表达和管控弹性，同时还对不同管控级别下管控要素选择等关键问题进行了讨论[16]。对已建成的广州珠江新城城市设计控制要素的实施评估，有助于明确实际建设中所需重点关注的要素类型[55]。新加坡的精细化管控要素筛选也值得国内城市加以借鉴[56]。全要素管控是试图建立一套广泛适用的管控要素集合，在此基础上可根据各层级、各地块的特色要求，对各类要素进行不同强度、不同目标的管控，全要素梳理的目的是建立一套普适的框架，进而可以在一个固定、稳定的框架中讨论各城市、地块的特色化管控需求。武汉市在通则式要素控制体系的构建中，提出了"分类型、分区域、分要素"的控制体系，并对技术要素采取定性与定量相结合的管控方式，明确了要素提炼、控制体系与实施运用等三方面内容[57]。

在传统城市设计与空间测度方面，多采用定性描述方法加以研究和评价，导致研究结果出现难以落地实施等问题，而量化测度为空间形态研究提供了新思路。基于空间形态量化测度，能够将空间分析与评价超越单纯的美学、感性层面，从而建立统一评价标准的数学逻辑。量化测度方法的应用能够增强城市设计管控的可实施性[58]，通过对建筑高度、建筑布局组合、建筑色彩、公共空间等要素的量化测度，能够以更加理性的视角理解城市空间形态，并将其运用到实际管控之中。如在街道界面形态控制中最为常见的"贴线率"指标[59]，能够为街道界面形态的管控以及街道活力的培育提供多样化方法。在美国区划法中运用的空间形态控制与测度方法，如街墙（street wall）、曝光面（sky exposure plane）和退界（setback）等，都要在城市设计管控阶段加以借鉴、应用。空间形态量化测度方法的逐渐丰富，能够更加积极地推动空间形态管控与落实。

管理阶段的技术方法。管理阶段是设计意图落实与控制技术方法的应用阶段，通过将技术内容法定化，从而为城市设计管控的开展提供保障。常见的方法手段包括编制城市设计导则、编制城市设计准则、将意图纳入土地出让条件等，通过与城市规划体系的多层级协调而采取多种方式落实城市设计管控意图，其中编制城市设计导则是现阶段较为成熟的技术方法。在城市设计管理阶段，城市设计导则的编制为城市设计管控提供了较为可行的思路方法，我国最具代表性的包括深圳的法定图则、上海的附加图则、北京的城市设计导则等，其他城市如珠海、天津等也都根据自身的管理需要进行了相应的方法探索。

2011 年颁布的《上海市控制性详细规划技术准则》首次提出附加图则；城市设计方案是附加图则的基础，附加图则是城市设计方案的提炼以及法定化的成果。附加图则作为控制性详细规划的组成部分，是控制性详细规划普适图则的一种补充，进而实现"指标和空间并重"的双重管理模式[25]。珠海逐步建立了"一控规、多图则"的编制管理体系[60]，深圳作为国内最早展开城市设计法定化路径探索的城市，编制深圳的法定图则时必须纳入城市设计研究与控制内容，并随图则一并上报审批。2014 年颁布的《深圳市法定图则编制技术指引（试行稿）》明确规定了法定图则中所需纳入的城市设计控制内容。城市设计导则的编制，并纳入控制性详细规划作为补充与完善手段，不仅将城市设计意图融入现行规划管理体系中，也为城市空间形态的设计与管理提供了有效途径。

在管理阶段，数字化技术的应用探索也在各城市管理中展开，作为数字技术集成的数字化平台，能够利用其在空间计算、可视化、人机交互等方面的优势，而成为发展探索的重要方向。数字化技术的应用不仅体现在城市设计方法层面，也会在管理阶段产生方法创新，城市建设与管理的数字化创新已经成为当下与未来的发展热点。数字化技术的应用可以大幅提高规划管理的效率、效果，不仅能够有效缩短规划管理、审批的工作时限，同时利用数字化技术支撑，能够提升管理的精细度与精准度，将规划视角由传统静态转变为动静结合的互动分析。利用数字技术集成以构建城市三维空间管理的数字化平台，成为管理阶段新技术、新方法的探索之一。

2017 年，东南大学联合上海数慧系统技术有限公司在国内首次发布了城市设计数字化平台 [61]，开启了城市三维空间数字技术管理的新纪元。在理论架构层面，杨俊宴等从数字化城市设计的角度出发，探讨了基于城市设计数字化管理平台的管控理论，通过建构城市设计成果要素的数字化谱系，将城市设计的结构要素、空间要素转译为数字化管理语言，并提出城市设计智能化管控的规则与标准体系，进而以城市设计数字化谱系为理论基础构建城市设计数字化管理平台 [14]。在实践层面，国内多个城市根据自身需求，通过对既有数字化资源的整合而进行平台建构与应用探索，如南京基于 3D GIS 所建构的城市设计综合管理平台 [62]、武汉 [63] 以及威海 [64] 的平台探索等。基于平台的数字化应用，谋求城市设计从静态蓝图到数字化管控，实现城市设计从三维空间到三维数字化空间、从编制的独立环节到融入规划、实施、管理全流程的跨越。但从现阶段的平台功能角度出发，多数数字化平台仍处于数据集成、数据可视化以及简单的空间计算等探索阶段，在实际管理工作中发挥着一定的辅助职能，因此仍有待进一步发展与实践探索。

（3）城市设计管控的制度保障

制度保障是城市设计管控与实施的重要支撑，面对城市设计中复杂多元的利益主体与价值导向，也只有充分利用制度层面的支持以保证管控意图的有效实施。王卡等从城市设计过程保障体系的概念入手，提出城市设计两维过程理论，并详细阐述了法规体系、机构组织、评价体系、公众参与等四个方面的保障体系内涵 [65]。唐燕对城市设计运作的制度与制度环境进行了阐述，指出法律法规、公共政策、行政管理、公共参与等领域的制度变革是推动我国城市设计逐步走向系统化、规范化的突破口 [4]。城市设计管控作为政府行使行政管理职能的手段，制度在其中发挥着重要作用，能够有效引导、规范、激励市场行为，协同多元主体诉求，积极推动城市设计管控中的公众参与，因此制度建设对于城市设计管控具有重要意义。

在法律制度层面，我国当下的城市设计管控只能采取折中的方式，采取依托法定城市规划体系进行城市设计意图法定化的途径，更多地依赖法定规划的审批，故仍需要对相应的城市设计法律体系进行补充完善。在规划管理法规层面，2017 年 3 月住房和城乡建设部发布了《城市设计管理办法》，明确了城市设计的技术定位，完善规划技术体系；确立了城市设计的管控地位，完善规划管控机制；加强城市设计专业补位，完善建设工作平台[66]。各省市也根据自身需求与实际情况，在中央部委发布的规章、办法等指导下出台了相应的地方规章，如《北京中心城地区城市设计导则编制标准与管理办法研究》《关于编制北京市城市设计导则的指导意见》《浙江省城市设计管理办法》《苏州市城市设计管理办法》等。其最终的目标仍然是在寻求制度保障的前提下，实现城市设计管控的有效落实。

总体来看，当下我国的城市设计管控路径具有明显的层级性与决策路径依赖，通常需遵循的管理流程包括"设计组织—方案编制—部门会商—专家评审—规委会审议—成果公示与公众参与—项目审批—成果入库—批后管理"等环节（图1.14），整体上呈现出较为显著的自上而下层级特征；同时，制度保障、参与方法等不健全，导致城市设计的自下而上决策通道与公众参与存在明显的不通畅与缺位现象。城市设计管控中数字化技术的应用，不仅可以有效提升城市设计管控的空间范围、精细程度、准确精度，同时也能让整体的管控决策变得更加扁平，多部门、多主体间的协同决策变得更加高效、便捷。

本书的研究是建立在既有管控路径与机制基础上，旨在探究在数字化技术支撑下，寻求有效、高效的技术方法，以应对目前城市设计管控中所遇到的痛点与难点。结合数字化技术的内涵特征，建构一套与特征相匹配的管控机制，通过新的数字技术方法、规则逻辑应用，实现对城市空间形态的精细化、品质化、制度化、动态化管控与引导。城市设计管控涉及设计、管理、技术、政策保障等多方面内容，本书主要的关注点在于探讨以城市设计数字化平台为基础的新技术、新方法在城市设计管控中所能发挥的功效，包括基于数字化技术的管控逻辑、应用场景构建，并对与新技术相适应的管控机制、政策保障等内容进行同步阐述。

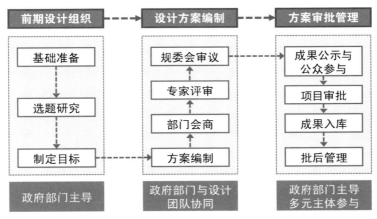

图 1.14 城市设计实践开展的环节与流程

1.2.4 历史视野下的城市设计管控思考

当下的数字时代，数字化技术的发展为城市设计提供了新的拓展方向，新技术的渗入带来的不仅仅是单纯的技术方法革新，也会导致城市设计理论的有效拓展。基于计算机的辅助决策，已能够处理传统城市设计难以想象的数据规模，而且还能更加有效地提升数据分析的精度、维度。同时，数据分析决策的目标与逻辑也在悄然发生变化，正由传统的"小数据、精确计算"转向"大数据、模糊计算"。面对如此庞大的数据量，空间分析的目标已经有别于传统，体现为"宁要模糊的正确，也不要精确的错误"。对于数字化城市设计的探索才逐步展开，数字技术会对城市设计的全流程产生何种影响，仍需要在理论与实践层面开展更加深入的探讨。

城市设计管控也受到数字化技术变革的影响，为城市三维空间形态的管理带来了新的可能性。从传统视角出发，以城市设计导则为代表的管控方法的确能够较为有效地对城市空间形态进行控制、引导，当然也存在着诸如单一静态视角、整体管控精细程度不高、管理效率偏低、重地块局部而轻城市全局等现实问题。伴随着数字化技术在城市设计学科的应用，城市设计已然展现出全流程数字化趋势，包括从采集、调研、集成，到分析、设计、表达，再到报建、管理与监测等实施性工作[67]等。以数字化技术为依托，开展城市数字化管理，进而建设智能、高效、自反馈的智慧城市，已经成为当下世界各国、各城市所重点发展的方向。在城市三维空间形态管控方面，建立在数字化平台上的 3S（RS、GIS 和GPS）① 技术使得人们可以从城市整体层面更加全面地把握城市发展规律，提升认知与设计水平，有助于在整体上建立现代城市设计所需要的数字技术平台，更好地平衡城市设计中经验感性认知评价和科学理性分析的关系[28]。

如何运用数字化技术，更加理性地对城市空间形态进行管控，尤其是在数字化、信息化的大背景下，数据采集、清洗、分析更加便捷；计算机的数据处理能力得到了质的飞跃，能够有效应对地理空间数据化带来的巨型运算；以 3D GIS 为代表的虚拟空间技术得到了更加精细化的提升。上述科技的进步为城市空间形态的数字化管控带来了重大发展机遇，也正是基于上述的研究背景，促使笔者试图探讨在既有的、相对成熟的城市设计导则管控基础上，借助于数字化技术方法支撑，谋求基于数字化平台的城市三维空间形态管控机制与方法，以便能够实现对空间形态的高效、精细、人本、动态化管控。

城市设计管控长期以来都是西方发达国家重点关注的方向之一，历经长时间的发展与

---

① RS（Remote Sensing）指遥感，GIS（Geographic Information System）指地理信息系统，GPS（Global Positioning System）指全球定位系统。

优化，它已经成为政府对城市三维空间形态、公共空间等进行公共干预的重要手段。西方国家的城市设计管控体系已经相对稳定，通过相对成熟的体系与方法，能够有效地对城市三维空间形态进行管控、引导、激励，在城市建设中取得了良好成效，在体系建构、方法应用、市场激励、公众参与等方面，都为我国的城市设计管控提供了借鉴与参考。

我国的城市设计管控起步较晚，但近年来在借鉴西方国家既有经验的基础上，结合我国的城市规划体系特点与现实需求，各省市都开展了相应的实践探索并取得了一定的成果。总体形成了城市设计意图融入城市规划体系以获得法定化地位，并将设计意图最终传导、落实的运作思路。通过多层级的体系融入、多方法的意图传导、多要素的精细管控、多区域的特色管控等手段，我国旨在探索城市设计管控的有效途径。总体来看，我国的城市设计管控可从两个方面进行思考，即管控方法与管控逻辑。管控方法是管控逻辑的抓手，而管控逻辑则是管控方法的保障，两者相辅相成，共同致力于城市三维空间形态的管控与优化。尽管如此，国内的城市设计管控还存在着以下几点问题：

第一，从管控体系方面看，尽管城市设计在空间形态塑造与管理中发挥着重要作用，但仍无法改变其非法定规划的地位，因此需要采取与法定规划相结合的形式加以落实。上述的折中方法为城市设计管控带来了隐患，或导致在融合过程中城市设计意图的折损，或导致管控精细化程度的模糊，或导致不同层级间城市设计意图的传导失效等问题。管控体系的变革需要充分协调方方面面的意见与利益，整个过程不可能一蹴而就，但这也是促进城市设计管控有效落地的根本性保障。

第二，从管控对象与要素方面看，国内学者从不同的视角对其进行了梳理，也试图构建管控全要素集合，但在如何高效率地对全要素进行分层、分类、分区域管理方面并未作出有效回应。同时，现阶段对于管控要素梳理的精细化程度、颗粒度略显不足，不足以支撑精细化的管控需求。精细化的设计如何转译为精细化的管理工具，并最终落实到地块开发建设中，是需要学界、业界进一步探讨的内容。管控精细化程度与颗粒度的提升为日常管理带来挑战，如何借助数字化平台及技术方法以应对精细化管控带来的可操作性？

第三，从管控方法方面看，城市设计指引、城市设计导则、城市设计通则、地块出让条件的城市设计要求等，多种方法的应用以增强设计意图的落地实施，但始终没能够有效解决管控意图传导、落地、管理审查等问题。面对当前更加精细化、动态化的管控需求，相应的管控方法还需要进行创新与完善。对于数字化技术的探索已经展开，但当前的应用场景较为单一、粗浅，仍需要更多的探索以满足实际管控需求。数字化平台的应用能够紧密结合实际需求，并为丰富应用场景提供多样性选择。

第四，从制度配套方面看，当前的城市设计管控还呈现出明显的自上而下管控特征，公众参与在其中开展的力度明显不足，并不能有效收集、回应广大市民的真实诉求，需要通过新制度、新方法的应用，促进管控中自下而上路径的完善，最终形成有效的"双通道"管控机制。同时，多元主体间的协同决策是优化城市设计管控意图的重要方面，如何建立更加高效、富有成效的协同机制与方法，也是需要重点回应的问题之一。

城市设计是城市空间形态谋划、设计、控制、引导、实施的重要手段，对于转型时期的城市精细化建设具有重要意义。开展城市设计的目标在于营造良好的人居空间环境，为城市居民提供高品质的公共空间。但好的设计并不等同于好的开发建设，现实经验告诉我们，如何将高水平的城市设计经由动态、渐进式的漫长建设过程，并最终将设计意图有效落实到城市建设之中，是城市设计管控所需关注的核心内容。设计意图的转译、传导、落实成为管控的根本所在。本书主要从新技术应用的角度出发，探讨数字化背景下的城市设计管控新思路，旨在为城市设计管控、实施提供新的方向与参考。基于对现实城市建设与管理中常出现的科学问题的有效评估，探究数字化时代下城市设计管控的新机制、新途径、新方法，对于塑造特色化与精细化的城市空间形态、高品质的城市公共空间具有重要价值与意义。总结起来，本书的研究意义主要包括以下几个方面：

第一，探索数字化技术支撑下城市设计管控全流程。数字化技术的应用带来的不仅仅是技术方法层面的革新，随之而来的决策方法、应用场景、管控机制势必会发生重大变革，形成以新方法为触媒而带动管控体系创新的可能，最终构建基于数字化平台的空间形态决策体系。本书依托数字化技术，充分挖掘数字化分析大容量、全样本、精细化、高运算量、高仿真等特点，旨在解决城市设计管控中长期存在的设计意图传导缺失、设计与管理脱节、管理工作低效烦琐等现实问题，建立通畅的意图传导、转译、监测、反馈机制，为城市设计管控提供技术保障与新思路方法。

第二，推动城市设计精细化管控进程。在新机制、新方法的推动下，基于数字化平台的技术支撑，能够有效扩大城市设计管控的整体边界，明显扩展管控要素门类，实现对城市设计相关实体要素的全样本、特色化、精细化管控，有效推进城市设计精细化管控进程。通过对实体要素的编码、识别，可对其进行属性管理，并赋予各实体要素唯一的身份 ID，进而实现全局视野下的要素特色化管控。同时，可结合数字化平台中集成的多源异构大数据并进行耦合分析，进而实现对人本动态的分析挖掘，以更加理性、科学的方式优化城市设计管控引导。

第三，实现对城市空间形态与公共空间的高品质建设。城市建设的终极目标之一是为人们提供优美、舒适、品质的城市空间环境，也是以建筑、规划与景观学科为代表的人居环境科学体系[68]所追求的目标。在高度全球化的今天，城市已然成为参与国际竞争的个体单元，而良好的城市形象、高品质的城市环境无疑成为城市增强吸引力的重要内容。城市景观形象能够对地区价值产生实质性影响，良好的城市视觉吸引力会影响个人乃至更大范围社区的经济福祉[69]。面对复杂多变的城市动态环境、多元主体的协同决策、纷繁复杂的管控要素等，数字化技术的应用能够为当下内涵广阔的城市设计管控提供有效助力。通过对地块、要素进行精细化管理，并将其用于指导地块开发建设、落实城市设计与管控意图，对于营造高品质、精致化的城市空间形态与公共空间环境具有重要的实践意义。

1.3 新时期城市设计管控需求与方法

随着我国的城镇化进程进入下半场，对城市空间环境的精细化设计、精细化管控愈发重要，城市设计的空间管理属性更加突显。城市的快速发展与建设，其动态性、复杂性与综合性带来了管控要素的扩展与管理难度的增加，传统基于城市设计导则的管控方法在新条件、新需求下愈发显得力不从心。如何能够更加精准、有效地管理城市空间环境建设，是学界与业界需要面对的焦点问题。新兴信息技术的发展，实时的数据采集、高速的信息传输、海量的数据集成、人工智能的应用为城市空间的精细化管控带来发展机遇，进而可提高城镇化质量，营造高品质的城市空间环境，实现城市空间的综合治理。

1.3.1 城市设计精细化管控与管控边界

在精细化的指导原则下，当前的城市设计管控呈现出内容庞杂、苛求细节、刚弹混乱等发展趋势，如近年来出现的增加对地块生态指标的约束、对经济社会指标的落实、海绵城市指标的考核等，看似实现了精细化管控，但实际的效果并不乐观。即使在传统的城市设计管控要素方面，管控的精细程度也比之前来得更加深入，而结果却适得其反。首先，相关指标制定的科学性与合理性仍有待商榷；其次，管控指标的可测度性不强会使对它的管控流于形式。最后，刚性与弹性的混乱使用不仅无法有效促进管控落地，反而会增加后续工程设计的实施难度。虽然城市设计管控在城市实施建设中发挥着中转协调的重要作用，但城市设计师受限于自身专业技术能力，不可能对所有与开发建设相关的学科方向，如交通、消防、产业、市政、生态等都保有高水平的理性认知。因此该如何保证城市设计管控"管该管的，不该管的不乱管"，尽量降低对后续深化设计、工程实施产生负面干扰，也是需要对管控要素进行梳理的原因之一。通过对城市设计管控客体对象的梳理，有助于明确管控中所需关注的重点对象，进而运用分级、分类原则以提高城市设计管控的成效。

对于精细化管控的理解可以从两方面展开：首先是管控要素类型与数量的扩展，从广度视角来拓展精细度；其次是从深度视角加以拓展，实现管控对象与内容的精细化。上述两种途径都可理解为管控精细化程度的提升。城市设计管控的二次设计与指导框架特征，决定了管控中无须，也不能做到面面俱到、"眉毛胡子一把抓"式的通盘管理。尤其是在数字化技术广泛运用的背景下，按照理论条件设想，要素管控精度可实现量级突破，但实际管控中需要将触角延伸到何种程度？管控要素需要精细到何种地步？这些问题都是需要加以明确的，故而管控边界的明晰就尤为重要。

（1）要素类型与数量扩展

总体来看，要素类型与数量的扩展意味着管控内容的范围边界扩大。假设之前管控内容包括 5 大类 30 小类，而精细化管控之后将其拓展为 6 大类 50 小类。核心管控要素的边界并非越大越好、越细越好，尤其是刚性管控要素，过于细致的刚性管控可能因为规则要点的不合理而对后续设计产生不利影响。因此本书对于管控边界的讨论是建立在核心管控要素空间形态塑造需求的原则下进行的（表 1.7）。

表 1.7 城市设计要素管控边界讨论

要素分类	管控边界	要素分类	管控边界
建筑形态及其组合	以建筑外表皮构件门类为最小单元	地下空间	以个体为最小单元
公共空间	以个体为最小单元	步行流线组织	以设施个体为最小单元
土地使用	以开发地块为最小单元	地标与视廊	以观景点、地标点为最小单元
交通与停车	以开发地块为最小单元	设施小品与绿化植被	以个体为最小单元

（2）空间指标测度扩展

另一种情况是管控深度的细化，如针对管控要素中的建筑群落要素，之前仅对其建筑高度、开发强度进行管控，而精细化管控可将空间指标测度拓展到更多内容，如高宽比、间口率、错落度等。空间指标测度的重点在于对要素间相互关系的控制引导，典型的如香港城市设计导则对港岛地区城市天际线与背景太平山的关系处理，并最终落实到地块建筑高度的管控。在城市设计核心管控要素相对稳定的前提下，空间指标测度的扩展能够为精细化管控提供新思路。

城市设计管控涉及的内容庞杂，从设计到管理，从体系到制度，从美学到指标，等等。因此需要对本书所研究的内容与对象进行较为明晰的界定，以保证后续论述的紧凑逻辑。城市设计管控流程大致包括设计、控制与管理三个阶段（图 1.15）。设计阶段重点在于

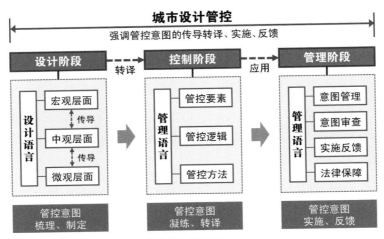

图 1.15 城市设计管控的三阶段与内涵特征

明确设计意图，具有一定的"蓝图"属性，但也会随着城市建设的推进而发生动态变化，主要是通过精细化的设计来塑造良好的城市空间形态。控制阶段为设计意图向管理语言的转译阶段，重点在于明确要素类别与控制方法，以更好地落实设计意图。管理阶段为设计意图的落实阶段，通过对既定设计意图的管理、审查，依托法定化的有效途径以保障意图实施。

　　本书的关注重点在于技术层面的革新，旨在通过数字技术的支撑来应对当下城市设计管控中遇到的痛点与难点。从管控流程方面看，关注点主要集中于设计"后端"至管理阶段的整条路径，重点研究编制完成后的城市设计成果如何编译为城市设计管控规则与要点，即：从设计语言向控制引导语言转译，并能够在不同尺度层级的管控中进行无损传导；确定后的规则要点如何集成进入城市设计数字化平台，并将其用于日常的规划管理、土地出让等应用场景之中。总结起来，即为"设计—控制—管理"整套流程中的设计意图编制、转译、传导与反馈、管理与审查等相关机制与方法。技术的革新带来的不仅仅是方法层面的创新，同时也可能导致机制与体系层面的变革。本书的论述同样会涉及与新技术、新方法相匹配的制度建设、机制优化等方面内容。机制与方法相辅相成，能够共同推动城市设计管控的有效落实。

1.3.2 城市设计导则与图则

　　城市设计导则、图则作为城市三维空间管控的常用方法，包含图表、文字说明和示意图等组合而成，图文并茂、内容丰富，通过对城市设计方案的转译、凝练，明确空间形态、交通流线、地下空间、界面类型、建筑设计、环境设计等方面的控制和引导要求。在我国，为了能够更好地发挥城市设计导则与图则的作用，常将其与法定规划相结合，形成对地块规划设计条件的补充和完善。城市设计图则常与法定的控制性详细规划地块分图则同步编制，采用相同比例、相同视角，能够落实地块层面的城市设计特定要求。

总体来说，国内城市设计图则的管控一般是以"图 + 表"的方式，针对产权地块明确拟定各项控制要素及要求，内容形式包括图示、赋值和条文，管控要求的可视化和可读性较之早期纳入控制性详细规划（控规）的城市设计有很大程度的提高，而其本身作为土地出让的正式文件，具有一定的法定化效力，确保了城市设计成果的转化以及开发项管控的规范性[70]。同时各地对城市设计图则的控制内容和要求各异，城市设计图则编制的内容深浅和控制力度良莠不齐，不同城市对城市设计图则的管控力度各不相同[71]。2008 年左右，上海市规划和国土资源管理局（现上海市规划和自然资源局）对控制性详细规划编制管理体系进行了一系列研究与改进，其中一项是通过编制控制性详细规划附加图则强化城市设计意图传导与城市设计法定地位（图 1.16），这可被视为城市设计图则开始在国内大规

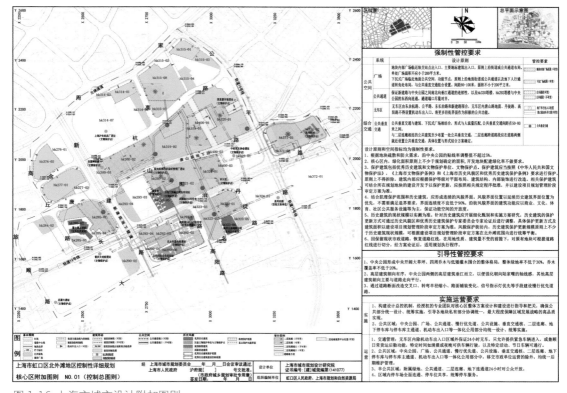

图 1.16 上海市城市设计附加图则
资料来源：上海市规划和自然资源局网站

模普及的里程碑事件[72]。我国城市设计图则的控制内容可以总结为以下几个方面：① 建筑色彩和建筑风格；② 空间体量，包括建筑高度分区、重要界面、天际线、视线通廊等；③ 街道界面控制，包括连续街道界面、底层界面等街道空间；④ 地块公共性，包括地块公共小广场（绿地）、公共通道的预留等等；⑤ 项目开发建议，包括建筑功能、建议项目；⑥ 夜景照明；道路交通组织，包括地块出入口；⑦ 地下空间；可持续发展场地策略等。随着精细化管控的落实，城市设计图则的管控边界仍在逐步扩大。

城市设计图则将城市设计意图转译为针对特定地区的明确控制要求，并与控制性详细规划有效链接，是国内实现城市设计转译、传导的通用方式，但也存在一些缺陷使其不能精准传导城市设计意图，具体有以下三点：① 缺乏全要素的管控体系支撑。既有的城市设计图则转译方法都是针对局部空间要素的精细转译，缺乏整体视角下的"一盘棋"统筹。如何兼顾城市设计所有意图的同时，又能将其有效整合形成一套完整的管控体系，做到宏观与微观之间的联动，兼顾转译和管控的可操作性，是设计意图无损转译的关键难点。② 缺乏精细化的三维场景作为转译载体。定量转译是保证城市设计成果有效落实的前提，然而由于缺乏复杂现状与设计方案融合的三维场景为设计师提供判断量化的依据，管控指标的选择以及量化过程只能依靠经验判断，难以准确表达设计意图。③ 缺乏多维度意图的有效传导。城市设计通常涵盖片区（跨街坊）、街坊、建筑等不同维度的城市设计意图，既有转译方法都是在同一维度内的精细化改进，在逐层传导的过程中容易造成设计意图缺失[73]。

除上述问题外，城市设计图则还存在诸如静态视角、"假三维"、更新难度大、管理效率偏低等问题，也易产生空间负外部性。总体来看，其奠定了城市三维空间管控的基础（图1.17），也能够实现对局部空间的管控指引，但尚有问题仍未解决。数字化技术的应用为城市设计管控带来发展机遇，依托数字化技术，可在城市全息数字沙盘中实现空间分析、模拟、管控，自然资源部全力推动的实景三维建设为空间管理奠定数据基础。运用数字化技术，可以实现更快速的动态更新，提高管控的精度和效率，同时能够更真实地表达城市三维空间。此外，数字化技术还能够减少空间负外部性的产生，兼顾整体与局部间的关系，为城市整体空间营造提供更好的支持。数字化技术的发展为城市设计管控方法的迭代提供了新的可能性。例如，利用地理信息系统（GIS）和遥感（RS）技术，可以实现对城市空间的精确测量和分析，为决策者提供更准确的数据支持；虚拟现实（VR）和增强现实（Augmented Reality，AR）等技术可以帮助设计师和决策者更直观地理解和评估城市设计方案，提高决策的科学性和准确性。

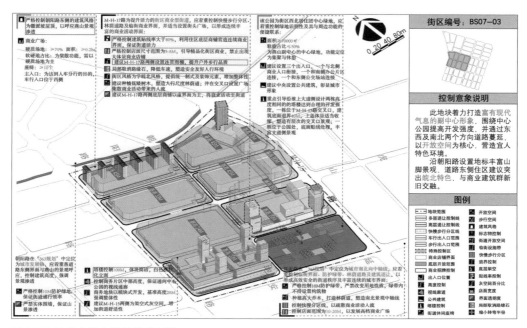

图 1.17 蚌埠市城市设计管控图则

资料来源：南京东南大学城市规划设计研究院有限公司"蚌埠市总体城市设计总则、导则"项目文本

1.3.3 国内外城市设计数字化管控平台发展

城市设计管控是个相对连续而漫长的动态决策过程，其间不仅涉及城市设计本身，同时还包含着规划管理、制度保障、公众参与、利益博弈等多方面内容，牵涉的管控主体、客体也是多种多样。在我国当下的管控工作中，总体已经形成了较为稳定、可行的工作路径和配套支撑，能够保证部分城市设计意图的实施落地，也为本书研究的开展奠定了坚实基础。但问题依然是存在而明显的，如：借助于二维静态导则来对三维动态空间进行长期、连续性管控与决策，仍存在着不小的难度；城市设计导则在对实体要素的管控中能够发挥积极作用，但是城市设计的落脚点并非只有实体要素，还需要对城市中的人群动态、空间场景、景观风貌等进行更为直观的评判以开展管控决策；在面对超越地块范围的外部性影响分析与管控中，城市设计导则能够发挥的作用程度不足等。

随着人工智能、大数据、知识图谱、地理信息系统等技术的涌现与应用，在认识到传统城市设计导则存在着基于自身特性的"先天不足"，各国在新技术的基础上，探索新的管控机制与方法，寻求在数字化平台建构基础上的城市设计管控机制与方法优化，探讨基于数字技术的场景应用，建构以解决问题、优化流程、提升效率、促进公平等目标为导向的城市设计管控决策优化路径。借助计算机在数据采集与存储、计算、模拟、交互仿真等方面的优势与特长，增强城市设计管控的广度、深度与温度。

当前，国内外在城市三维空间数字化平台建设方面已开展初步探索，通过搭载人工智能技术以建构城市空间决策系统，为城市数字治理明确了新方向，有效提升了城市管理与运行效率。在国际方面，高度成熟的城市建成环境精细化管理是其核心要点，基于数字化平台建设能够将城市多源空间数据、BIM（Building Information Modeling，建筑信息模型）数据等进行结合与集成，为智慧城市建设奠定了基础。

英国伦敦作为全球知名城市，已经建立名为"VUCITY.London"的3D数字城市平台，成为集三维仿真、管控要素呈现、指标量化分析于一体的可视化工具，能够展现城市现状建筑、交通、环境、自然等空间要素，以帮助打造未来城市建设环境；在应用场景方面，能够实现对城市景观视廊、街道场景、重点发展地区等的空间建设管控提供参考。新加坡打造了数字化虚拟城市平台"虚拟新加坡"（Virtual Singapore），能够实现对现状建成环境的仿真及数字化，不仅仅完成空间三维建模，并且在模型中注入城市静态和动态数据和属性信息。通过将现有地理空间（一张图）与非地理空间系统、多层级三维模型相结合，实现从抽象空间形态到具象个体建筑内部结构与纹理的全尺度仿真。基于BIM模型的应用，能够辅助建筑方案审查与建筑设计分析，并开展更深层次的城市影响分析；在辅助城市研究方面，系统侧重智慧城市体系的建设，可对交通、风环境、噪声环境等方面进行科学验证。法国达索系统（Dassault Systemes）构建了三维体验平台3D EXPERIENCE，涉及建筑城市等11个行业，包括三维建模、仿真模拟、协作管理和数据分析多种业务功能。其中三维建模与仿真模拟是达索系统的核心业务，通过这一平台创建的模型包含的信息量更加丰富，例如鸟巢的数字化建模就是达索系统在国内建筑领域应用的典范。进一步延伸出在线协作平台，实现从设计到制造的全流程多人在线协同操作，极大地提升了工作效率。美国芝加哥软件公司Cityzenith发布的SmartWorldPro 2是供全球建筑师、承包商和资产经理使用的必备规划建筑和运营管理工具，是继旗舰数字孪生（Digital Twin）软件平台SmartWorldPro后的最新版本，包括基础三维模型、定制可视化、测量、热点分析等。通过对数据导入与集成能力的升级，以及多种功能的增设，SmartWorldPro能够将数据转化为可操作的信息，识别并关联数据中的效率，以帮助预测和确保更好的成果，同时能够应用于多种不同的操作环境。

国内的城市设计数字化平台建设探索也在各城市间展开，包括珠海、威海、武汉、福州、南京、厦门等，在功能方面涵盖三维仿真、城市建设管理等多维度内容。随着人工智能与机器学习等技术在城市空间治理方面的成熟应用，数字化平台功能也将不断拓展丰富。市场化企业也积极参与到建设之中，如中视典数字城市规划平台VRP-DIGICITY、黎明视景数字城市仿真技术、数字冰雹智慧城市大数据可视化决策分析系统等，呈现出勃勃生机。

珠海城市设计数字化管理平台立足于现状三维信息库集成，通过整合规划控制要素，为城市设计和建筑审批提供有力技术支撑，实现城市设计和建筑方案三维论证的规范化、立体化和便捷化。

武汉城市设计三维平台能够形成地上地下一体化、现状规划无缝对接的数据组织架构，确定平台软件功能模块，明确智能化分析功能，提升规划管理综合化水平；平台主要由辅助规划编制、规划集成数据库、规划审批三维决策支持、规划实施评价和公众参与等五部分组成。黎明视景数字城市仿真技术开发是基于二三维一体化 GIS 的开放式城市仿真与可视化软件平台，通过将 GIS 技术与 VR 技术相结合，利用空间信息构筑虚拟平台，将包括城市自然资源、社会资源、基础设施、人文、经济等有关的城市信息，以数值可视化形式进行叠加，为多元应用提供数据服务。数字冰雹的智慧城市大数据可视化决策分析系统，能够将城市运行核心系统的各项关键数据进行可视化呈现，为应急指挥、城市管理、公共安全、环境保护、智能交通、基础设施等领域管理提供决策支持，并实现城市智慧式管理运行。

福州滨海新城规建管一体化平台通过应用 BIM、3D GIS、IoT（Internet of Things，物联网）、云计算和大数据等信息技术探索城市规划建设管理一体化业务，建设基于 CIM 的规建管一体化平台，形成包括规划、建设、管理三个阶段在内的一套应用系统，同步形成与实体城市孪生的数字城市。规划阶段通过建立新城城市信息模型，实现规划阶段数据集中、安全共享与协同应用，提升城市规划品质，实现城市规划一张图。建设阶段通过规建管一体化平台，构建建设监管一张网，实现对建设工程项目从设计图纸审查、建造过程监督与竣工交付的全生命周期实时监管。管理阶段通过规建管一体化平台，实时监测市政设施关键运行数据，提升城市管理细度，实现城市治理一盘棋。该一体化平台包括基于 CIM 规建管一体化集成平台、数据和运营监测 2 个中心，实现滨海新城规建管全过程的数字资源集中管理与应用、信息互通与共享。

南京市城市信息模型（CIM）平台通过集成地上、地表、地下的现状与规划数据，形成了具有规划审查、建筑设计方案审查、施工图审查、竣工验收备案等功能的三维可视化的 CIM 平台。该平台承载了 6 587 km^2 白模数据、189 km^2 现状精模数据、25 km^2 倾斜摄影数据、17 万 km 地下管线数据、4 000 多个地质钻孔据、4 000 万 m^2 人防空间数据，汇聚城市现状、城市设计、空间规划、地质等多源多格式数据。实现二三维一体化、地上地下一体化、室外室内一体化、历史现状规划一体化不同维度、尺度的全息信息汇聚。在此基础上，平台探索实现了基于 CIM 平台的工程建设项目智能化审查、一体化政务服务、多规合一、不动产应用等典型应用，面向智慧城市全业务支撑，实现各类数据和功能服务汇集与供给的新中枢，构建城市运营管理的 CIM+ 智慧城市应用体系基础支撑平台。

北京大兴国际机场临空经济区（廊坊）城市信息模型（CIM）平台作为开发新区 CIM 基础平台的典型案例，从智慧城市建设角度出发，开展基于 BIM 模型的全范围、全流程 CIM 平台应用建设。实现四个阶段 BIM 自动化审查，多部门间的信息资源共享和业务协同，为城市设计、智慧招商、地下空间管理 CIM+ 应用提供支撑，服务临空经济区规、设、建、管，提高城市治理水平。

总的来说，我国城市发展正由快速增长模式向精细化营造方向转变，一套标准化、便捷化、高效化、精准化的管理模式及方法，成为当下城市空间管理追求的目标。城市作为复杂巨系统，传统的人工管理模式已难以适应大规模、大尺度、综合多元的城市空间发展管理需要。借助计算机辅助支撑，打造智能化的城市空间管理平台，将成为未来重要的发展趋势。

（2）国内外平台建设案例汇总

总体来看，国内外当前在城市空间管理数字化平台建设方面仍处于前期探索阶段，平台功能、交互界面、应用场景等多方面均呈现出各自特点，也存在诸多不足。本书对上述案例进行总结分析（表 1.8），旨在从中总结出既有平台建设的优点与问题，为后续的建

表 1.8 国内外城市数字化管理平台建设汇总

	城市 / 平台	平台概述	平台功能
国际	伦敦	三维仿真、管控要素呈现、指标量化分析于一体的可视化工具	视线可见区域分析、人行视点分析、街道建筑景观模拟等功能
	新加坡	建成环境仿真及数字化注入静态和动态的数据和信息	BIM 模型置入系统进行影响分析对交通、风环境、噪声等方面进行模拟分析
国内	珠海	在立足于现状三维信息库的基础上，整合规划控制要素，为城市设计和建筑审批提供有力的技术支撑	城市设计和建筑方案三维论证
	厦门	城市设计管理的编制组织、成果审批、论证、公示和公开	三维设计方案比对、交互式城市设计理念标绘、城市设计辅助分析、城市设计多媒体集成等功能
	武汉	通过平台建设，形成地上地下一体化、现状规划无缝对接的数据组织架构，提升规划管理综合化水平	辅助规划编制、规划集成数据库、规划审批三维决策支持、规划实施评价和公众参与
	南京	集现状三维地理信息模型和规划城市设计三维模型于一体的数据库	建设项目选址、规划条件推敲、设计方案模拟、建筑方案对比、城市建设管理

续表

城市/平台		平台概述	平台功能
国内	中视典	平台建立在高精度的三维场景上，辅助城市规划领域的全生命周期，从概念设计、方案征集，到详细设计、审批，直至公示、监督、社会服务等	虚拟城市规划、辅助规划审批、辅助城市土地与房产管理等功能
	黎明视景	基于二三维一体化 GIS 的开放式城市仿真与可视化软件平台	辅助分析与数据可视化
	数字冰雹	大数据可视化决策分析系统，能够将城市运行核心系统的各项关键数据进行可视化呈现	对应急指挥、城市管理、公共安全、环境保护、智能交通、基础设施等领域进行数据可视化

资料来源："深圳市城市设计数字化管理平台研究课题"项目组整理

设探索提供方向指引。

（3）既有数字化平台建设特点

三维实景数字底盘。当前城市空间管理数字化平台建设，在城市三维空间形态可视化方面已经相对完善，能够通过多途径手段实现三维场景模型构建，并且能够在三维场景建构基础上，完成相应的基础功能应用，包括全视角、动态的城市场景体验，从宏观到微观视角对城市空间形态的整体把握。三维建模仿真、倾斜摄影等为虚拟场景营造提供技术支撑。

大数据集成。多数的数字化平台已经能够实现多源大数据集成，在三维实景数字沙盘基础上，叠加集成多源异构大数据，包括城市用地数据、基础设施数据、交通体系数据等。海量数据的精准集成可为平台功能拓展、应用场景谋划提供数据基础，随着实时动态数据的接入，可实现人本动态视角的城市监测与预测分析。

数据可视化嵌入。在多源大数据集成的基础上，平台基本可实现数据的可视化功能，并且能够针对多数集成数据展开数据分析与计算，通过数字化平台进行场景展示与计算交互。典型的如基本的城市三维空间场景仿真，搭建虚拟城市环境，从而为规划决策、方案设计等提供完整、动态视角的辅助判断。如城市交通探头数据，可获取城市全天 24 小时内的车辆监控数据，通过车牌号识别，落实车辆行动轨迹，进而实现城市整体车辆交通轨迹的可视化展示，为政府决策与研究分析等提供数据支撑。

基本属性查询。通过基础数字沙盘与多源数据集成，依托地理空间坐标属性，可在数字化平台中实现基础的空间距离、范围面积、要素属性等数据信息查询，以及其他各类嵌入与挂接的数据信息提取，如用地性质、地块停车交通指标、业态功能、人口空间分布、土地权属等等。基本查询功能主要取决于数字化平台中多源数据的嵌入类型与数量，其本质也是基于平台的数据可视化表征。

基本空间分析与模拟。通过对数据的分析计算，数字化平台能够实现基本的空间分析与模拟，并为城市建设管理与决策提供参考。在常见的用地指标计算方面，基于简单的空间计算算法，可快速计算得出相应地块的建筑密度、容积率等常用指标。在智慧消防方面，可针对着火点的空间位置，计算机综合考虑当前周边道路的交通状况，快速提供最佳出警线路。在建设方案审查方面，小范围内的新建建筑日照模拟分析，可为方案设计与优化提供参考依据。

虚拟现实的交互感知体验。基于平台内部嵌入的倾斜摄影以及三维模型仿真场景，加载虚拟现实体验功能模块，结合 VR 眼镜等硬件设备支撑，可以人眼、鸟瞰等全方位视角体验城市虚拟空间环境，实现虚拟空间漫游。在规划管理应用中，可将设计方案精准落位进入平台，进而实现对比选方案的全方位实景观察与体验感知，以辅助方案设计与审查比选等。

（4）当前数字化平台建设不足

注重三维可视化，缺乏城市空间管理的智能计算。当前数字化平台建设的最大短板在于重点关注数据可视化与数据集成，建构的虚拟三维城市场景仅作为空间背景使用，成为其他集成数据的空间可视化支撑，在城市空间治理方面呈现出的应用场景不足，也缺乏空间管理中的智能测度。数据间的集成以叠加为主，平台中的多源数据依旧"各自为政"，尚未实现数据间的耦合分析等。

多为城市现状数据，与未来城市空间管理需求脱节。采集数据的表征均为现状特点，既有平台中集成的多类型数据基本以现状为主，包括现状城市空间形态、交通人流、功能业态 POI（Point of Interest，兴趣点）等。城市处于动态发展过程中，城市设计管控着眼于未来的空间设计与塑造，对现状数据的分析如何指导未来规划，如何与实际的城市空间管理需求相匹配，如何在数字化平台中融入空间设计意图等，也是未来平台建设需要探索的重点方向。

多为基本数据查询，缺乏城市设计管控引导内涵。既有平台在数据集成、调取、查询以及属性编辑等方面已经较为成熟，包括常见的空间距离、面积、用地属性管理等。城市设计是对城市空间环境所开展的三维、精细化设计与管控，需要在数字化平台中明确落实管控意图，并基于计算机的空间测度与审查，以保障实施型设计与管控意图的匹配。

平台功能与系统设计复杂，智能化应用程度不足。当前的平台建设容易出现"贪多求全"问题，由于深度挖掘不足而追求广度，旨在搭建复杂的智慧城市系统。如部分平台号称能够实现的功能达数百种，应用中需要花费大量的时间成本以进行学习；多数功能设置情景单一，且未能与实际管理需要相吻合，可利用程度不高；功能应用的智能化程度不足是平台建设中普遍存在的问题。因此需对平台功能进行多层级架构，聚焦并突显核心管控功能，强化数字化平台的智能化应用。

交互反馈式管理决策路径缺乏。基于数字化平台的城市空间环境治理，需要重点强调计算机与人各自优势的发挥，实现人机交互管理的良性互动，计算机通过智能化、自动化、自组织、自反馈等行为，运用空间测度算法从而得出分析结果以供人们开展治理决策，多通道的交互模式为动态交互提供多途径保障。当前的平台建设人机交互程度仍有待提高，因此也需要以平台的智能化水平提升为基础。平台的实时响应机制也是促进人机交互行为的重点方向，通过对实时接入数据的动态分析与反馈，实现平台的自适应与模拟预测。

总体来看，国内外当前在城市空间管理数字化平台建设方面仍处于前期探索阶段，平台功能、交互界面、应用场景等多方面均呈现出各自特点，也存在着诸如缺乏城市空间管理的智能计算、与未来城市空间管理需求脱节、缺乏城市设计管控引导内涵等不足。伴随着技术水平的发展与迭代升级，城市设计管控将逐步从静态图纸控制向动态平台管理转变（图1.18）。区别于传统管控规则和条文，平台智能规则将在深度自学习与强化学习的基础上，形成规则优先序列、自反馈、自预警等技术，协调整体与局部，强调实时反馈与动态调整。同时，数字化平台能够实现管控从假三维到真三维的转变，从人本单向控制转到人机交互协同，使得城市模型更加直观且可以调整，逐步从数字化向智能化转变。

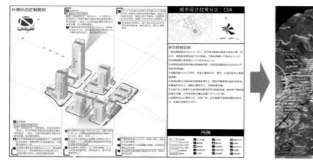

图 1.18 从城市设计图则到智能管控平台

参考文献

[1] 时匡，加里·赫克，林中杰. 全球化时代的城市设计 [M]. 北京：中国建筑工业出版社，2006.

[2] 卡莫纳. 城市设计的维度：公共场所——城市空间 [M]. 冯江，袁粤，万谦，等译. 南京：江苏科学技术出版社，2005.

[3] 杨震. 城市设计与城市更新：英国经验及其对中国的镜鉴 [J]. 城市规划学刊，2016(1)：88-98.

[4] 唐燕. 城市设计运作的制度与制度环境 [M]. 北京：中国建筑工业出版社，2012.

[5] George R V，金广君. 当代城市设计诠释 [J]. 规划师，2000, 16(6)：98-103.

[6] 列斐伏尔. 空间的生产 [M]. 刘怀玉，等译. 北京：商务印书馆，2021.

[7] 杨一帆. 新型城镇化下的城市设计任务与方法讨论 [J]. 城市环境设计，2016(2)：213.

[8] 张宇星. 第四代城市设计的创新与实践（规划年会对话）[J]. 城市规划，2018, 42(2)：27-33.

[9] 陈天，石川淼，崔玉昆. 我国城市设计精细化管理再思考 [J]. 西部人居环境学刊，2018, 33(2)：7-13.

[10] 蔡震. 关于实施型城市设计的几点思考 [J]. 城市规划学刊，2012(S1)：117-123.

[11] 卢济威. 论城市设计整合机制 [J]. 建筑学报，2004(1)：24-27.

[12] 刘宛. 总体策划：城市设计实践过程的全面保障 [J]. 城市规划，2004, 28(7)：59-63.

[13] 张剑涛. 简析当代西方城市设计理论 [J]. 城市规划学刊，2005(2)：6-12.

[14] 杨俊宴，程洋，邵典. 从静态蓝图到动态智能规则：城市设计数字化管理平台理论初探 [J]. 城市规划学刊，2018(2)：65-74.

[15] 陈晓东. 新加坡设计控制研：市场、政府与空间发展逻辑 [M]. 南京：东南大学出版社，2016.

[16] 姜梅，姜涛. 武汉市城市设计核心管控要素库研究 [J]. 规划师，2017, 33(3)：57-62.

[17] 王世福. 城市设计的法律保障刍议 [J]. 规划师，2003, 19(4)：58-62.

[18] 唐燕. 城市设计实施管理的典型模式比较及启示 [C]// 城市时代，协同规划——2013 中国城市规划年会论文集 (02- 城市设计与详细规划). 青岛，2013.

[19] 祝贺，唐燕. 英国城市设计运作的半正式机构介入：基于 CABE 的设计治理实证研究 [J]. 国际城市规划，2019, 34(4)：120-126.

[20] 王士兰，吴德刚. 城市设计对城市经济、文化复兴的作用 [J]. 城市规划，2004, 28(7)：54-58.

[21] 杨俊宴，朱骁，邵典．回眸历史：基于知识图谱的百年城市设计技术演进脉络与趋势展望[J]．城市规划学刊，2021(6)：20-27.

[22] 王建国．从理性规划的视角看城市设计发展的四代范型[J]．城市规划，2018，42(1)：9-19，73.

[23] 仲德崑．"中国传统城市设计及其现代化途径" 研究提纲[J]．新建筑，1991(1)：9-13.

[24] 焦泽阳．中国传统伦理与古代都城形态礼制特征的历史演进研究[D]．南京：南京大学，2012.

[25] 上海市规划和国土资源管理局，上海市规划编审中心，上海市城市规划设计研究院．城市设计的管控方法：上海市控制性详细规划附加图则的实践[M]．上海：同济大学出版社，2018.

[26] 林颖．制度变迁视角下城市设计诱致性实施路径研究：基于中美两国的比较[D]．武汉：华中科技大学，2016.

[27] 高源．美国城市设计运作激励及对中国的启示[J]．城市发展研究，2005，12(3)：59-64.

[28] 王建国．21世纪初中国建筑和城市设计发展战略研究[J]．建筑学报，2005(8)：5-9.

[29] Punter J. Planning and good design: Indivisible or invisible？ A century of design regulation in English town and country planning[J]. Town Planning Review, 2010, 81(4): 343-380.

[30] 唐子来，李明．英国的城市设计控制[J]．国外城市规划，2001，16(2)：3-5，48.

[31] Hall T. Achieving design quality in the modern European town—The example of Chelmsford[J]. Urban Policy and Research, 2006, 24(4): 567-579.

[32] 唐子来，付磊．发达国家和地区的城市设计控制[J]．城市规划汇刊，2002(6)：1-8.

[33] 高源．美国现代城市设计运作研究[M]．南京：东南大学出版社，2006.

[34] Hall A C. Design control: Towards a new approach[M]. Oxford: Butterworth Architecture, 1996.

[35] Batty M, Axhausen K W, Giannotti F, et al. Smart cities of the future[J]. The European Physical Journal Special Topics, 2012, 214(1): 481-518.

[36] Simpson D M. Virtual reality and urban simulation in planning: A literature review and topical bibliography[J]. Journal of Planning Literature, 2001, 15(3): 359-376.

[37] 徐苏宁．城乡规划学下的城市设计学科地位与作用[J]．规划师，2012，28(9)：21-24.

[38] Barnett J. Urban design as public policy[M]. New York: Architectural Record Books, 1974.

[39] 张庭伟．城市高速发展中的城市设计问题：关于城市设计原则的讨论[J]．城市规划汇刊，2001(3)：5-10.

[40] 王建国．城市设计面临十字路口 [J]．城市规划，2011，35(12)：20-27．

[41] 金广君．城市设计：如何在中国落地？[J]．城市规划，2018，42(3)：41-49．

[42] 唐子来，姚凯．德国城市规划中的设计控制 [J]．城市规划，2003，27(5)：44-47．

[43] Calderon E J. Design control in Spanish planning system[J]. Built Environment, 1994, 20(2): 157-168.

[44] 唐子来，朱弋宇．西班牙城市规划中的设计控制 [J]．城市规划，2003，27(10)：72-74．

[45] 扈万泰．城市设计运行机制 [M]．南京：东南大学出版社，2002．

[46] 庄宇．城市设计的运作 [M]．上海：同济大学出版社，2004．

[47] 王世福．面向实施的城市设计 [M]．北京：中国建筑工业出版社，2005．

[48] 叶伟华．深圳城市设计运作机制研究 [M]．北京：中国建筑工业出版社，2012．

[49] 刘宛．城市设计实践论 [M]．北京：中国建筑工业出版社，2006．

[50] 金广君．图说：如何搭建中国特色的"城市设计之桥"？ [J]．城市设计，2016(2)：14-29．

[51] 陈晓东．新加坡设计控制研究：市场、政府与空间发展逻辑 [M]．南京：东南大学出版社，2016．

[52] 杨俊宴，史宜．总体城市设计中的高度形态控制方法与途径 [J]．城市规划学刊，2015(6)：90-98．

[53] 司马晓，孔祥伟，杜雁．深圳市城市设计历程回顾与思考 [J]．城市规划学刊，2016(2)：96-103．

[54] 段进，兰文龙，邵润青．从"设计导向" 到"管控导向"：关于我国城市设计技术规范化的思考 [J]．城市规划，2017，41(6)：67-72．

[55] 郑宇，汪进．广州珠江新城城市设计控制要素实施评估 [J]．规划师，2018，34(S2)：44-49．

[56] 陈晓东．市场机制视角下的地块城市设计控制要素：对 30 个新加坡案例的统计分析与理论探讨 [J]．规划师，2015，31(11)：139-145．

[57] 陈韦，亢德芝，柳应飞，等．武汉市城市设计技术要素的通则式控制体系构建 [J]．规划师，2013，29(11)：64-69．

[58] 戴慎志，刘婷婷．面向实施的城市风貌规划编制体系与编制方法探索 [J]．城市规划学刊，2013(4)：101-108．

[59] 周钰．街道界面形态规划控制之"贴线率"探讨 [J]．城市规划，2016，40(8)：25-29，35．

[60] 章征涛，陈德绩．珠海市城市设计历程与实施途径 [J]．规划师，2018，34(3)：40-46．

[61] 东南大学，上海数慧系统技术有限公司．城市设计数字化平台白皮书 [R/OL]．(2017-05-25)[2018-0601]．https://max.book118.com/html/2018/0930/6144224053001221.shtm.

[62] 王树魁，王芙蓉，崔蓓，等．基于现状三维 GIS 的南京城市设计综合管理平台研究及建设 [J]．测绘通报，2018(12)：138-143．

[63] 王磊，方可，谢慧，等．三维城市设计平台建设创新模式思考 [J]．规划师，2017，33(2)：48-53．

[64] 威海市自然资源和规划局．威海市城市设计数字化平台：从静态蓝图到数字化管控 [J]．中国建设信息化，2019(9)：28-29．

[65] 王卡，曹震宇．城市设计过程保障体系 [M]．杭州：浙江大学出版社，2009．

[66] 魏钢，朱子瑜，陈振羽．中国城市设计的制度建设初探：《城市设计管理办法》与《城市设计技术管理基本规定》编制认识 [J]．城市建筑，2017(15)：6-9．

[67] 杨俊宴．全数字化城市设计的理论范式探索 [J]．国际城市规划，2018，33(1)：7-21．

[68] 吴良镛．人居环境科学导论 [M]．北京：中国建筑工业出版社，2001．

[69] Gjerde M, Vale B. Aiming for a better public realm: Gauging the effectiveness of design control methods in Wellington, New Zealand[J]. Buildings, 2015, 5(1): 69-84.

[70] 王世福，徐妍．城市设计图则的实践检讨及适应性管控思考 [J]．城乡规划，2020(5)：21-28．

[71] 徐妍，王世福．不同管控力度的城市设计图则编制及实效研究 [C]// 面向高质量发展的空间治理——2020 中国城市规划年会论文集 (07 城市设计)．成都，2021．

[72] 周建非．精细化管理模式下城市设计和附加图则组织编制的工作方法初探 [J]．上海城市规划，2013(3)：91-96．

[73] 邵典，杨俊宴，史北祥，等．从设计蓝图到管控谱系：一种街坊尺度城市设计的精细转译方法研究 [J]．城市规划，2022，46(10)：56-71．

理论本身对于它自己是没有用处的，但它却使我们相信各种现象之间的关联性。

———歌德（Goethe）

2.1 城市设计管控的价值取向

城市设计管控的发展与我国城市建设阶段紧密相关，在不同的建设阶段，城市设计所扮演的角色不尽相同，相应的体系地位、管控方法、运行机制以及法律制度建设等也存在阶段性差异。从发展代际视角看，城市设计管控从无到有、从单一到多元经历了三个发展阶段：空间弱管控阶段、空间强管控阶段，以及多视角综合管控阶段（图 2.1）。整个发展迭代过程，不仅包含了管控内容的多元化，在管控方法应用与制度建设方面也逐渐成熟。面对未来多元而复杂的城市建设，城市设计管控仍需要借助新技术、新方法的支撑加以应对。

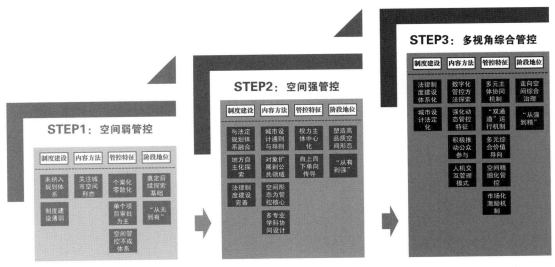

图 2.1 城市设计管控的三阶段发展迭代

2.1.1 城市设计实施的空间弱管控

自从城市设计自 20 世纪 80 年代引入中国，随着改革开放和经济体制转型，城市建设进入起步发展阶段，政府对于城市土地与空间资源配置和管理的需求促使城市设计作为工具引进。城市设计作为新生事物，并未能有效纳入既有的城市规划体系，而城市设计管控运作也处于发展探索阶段。早期的城市设计管理以单个项目审批形式为主，由规划管理部门提出规划设计要点而开展相应的城市设计方案编制，总体呈现出个案化、零散化的特征。城市设计的关注重点为城市空间形态，借助城市设计为城市建设与土地出让提供三维空间形态参考，但整体应用范围较小、制度建设薄弱、空间管控不成体系，因此可将该类城市设计管控归纳为空间弱管控价值取向的城市设计管控。

总体来说，空间弱管控价值取向的城市设计管控仍处于初级阶段，对城市空间形态的塑造作用相对有限，并未形成整体化、体系化、标准化的运作机制，但城市设计方法的引进也带来了积极影响。首先，为改革初期的项目建设提供了设计支持；其次，为后续城市设计开展奠定了技术基础；最后，开始关注城市设计在系统建构、制度建设方面的重要性[1]。

2.1.2 城市设计实施的空间强管控

快速城镇化带来城市空间规模急剧扩张，土地开发建设需求旺盛，政府部门在控制性详细规划（控规）与城市设计"两把利器"的推动下，基本能够满足快速发展的市场需求。以城市设计为手段带动的新城、新区建设，"美好蓝图"也为城市建设蓬勃开展助力。城市设计如火如荼地进行编制，但面对城市空间环境品质恶化、景观风貌"千城一面"、城市历史文化湮没等现实发展问题，城市设计的管控与实施成为研究热点方向。

在改革开放初期空间弱管控价值取向的城市设计不断发展的基础上，城市设计地位不断提升，城市设计制度建设逐步完善，通过与法定规划的成果融合，已经形成较为稳定的城市设计成果法定化途径，关注的议题已从美学意义的城市景观扩展到社会意义的公共领域，城市设计控制从建筑转向城市空间的公共领域（Public Realm），以及城市公共空间的舒适、安全和场所意义等方面[2]。对于此类城市设计管控，空间形态仍然是城市设计管控的核心内容，采用城市设计通则、城市设计导则等成熟方法体系，能够基本实现对城市空间形态的管控实施，故将此类城市设计管控称之为空间强管控价值取向的城市设计管控。

在此类空间强管控价值取向的城市设计管控中，深圳市中心区 22、23-1 街坊作为我国城市设计管控、实施的成功案例，对于后续的城市设计运作具有积极的示范和参考价值。对街坊的城市设计于 1998 年底由美国 SOM 设计公司（Skidmore, Owings & Merrill

International Inc.）在修改原有控制性详细规划的基础上完成，并制定出详细的城市设计导则。城市设计导则管控内容包括公共空间体系、建筑形态与组合、街墙立面等形态要素方面内容。整个设计范围最终由 13 个地块组成，主导功能为高层办公建筑组群，在既定的城市设计导则框架下，城市设计的管控与实施工作主要由深圳市中心区开发建设办公室负责统一协调。各开发地块的最终设计方案多以投标方式评选而定，在方案确定过程中，深圳市中心区开发建设办公室深度介入，并对设计方案是否符合既定的城市设计导则要求进行审查，且全程参与到最终中标实施方案的设计调整与实施过程中，以确保既定的城市设计管控要求得以有效落实[3]。

从街坊最终的建设结果来看，整体的管控实施成效显著，设计阶段敲定的城市设计管控要点也基本得以落实，是一次较为成功的管控实施、运作实例。从整个的运作过程来看，为了保证城市设计管控要点的有效实施，除了需要制定精细设计的技术成果之外，还需要配以强而有效的管理与实施保障，如规划管理队伍的全程跟踪、业内专家的技术支撑、精准细致的审查落实、多元协同的动态过程决策等。归根结底城市设计管控就是通过多样化的策略方法，保证既定的城市设计管控决策在后续的地块开发、建设中得以落实、不变形，其间需要技术、制度、管理、权力、公众等的多方配合。总结起来，空间强管控价值取向的城市设计管控具有如下几点特征：

（1）运行机制特征

在现行的城市设计运作体系下，总体来说通过融入与转化为法定化成果的方法，能够为城市设计的管理实施提供助力，也在地块开发建设与空间形态塑造方面作用明显。为弥补国家层面的城市设计立法缺位，地方利用立法权也开展了积极探索，如深圳的双轨制体系，以及上海、武汉[4]、厦门[5]等的地方实践。归纳起来，城市设计管控机制呈现出以下几点特征：

权力主体中心化特征。政府规划管理部门在城市设计管控中占据着绝对中心的地位，城市设计是政府行使空间干预权力的策略手段，行政权力成为巩固其中心地位的重要因素。城市设计管控能够优化作为公共产品的公共空间，也需要借助法律手段加以落实。在现行的城市设计管控中，主要以政府部门为主线，技术咨询专家与设计师提供技术服务（技术支撑），开发商明确市场需求（市场导向），公众参与反馈诉求（民意搜集），最终的管控决策权仍牢牢掌握在政府部门手中，总体呈现出自上而下"单通道"的管控特征（图2.2），权力主体的中心化特征显著。

规划体系下的地方自主化探索。地方立法权的行使为城市设计成果的法定化提供了另一种途径，各城市也都在现行的城市规划体系下，根据自身需求与特点进行了自主化探索，

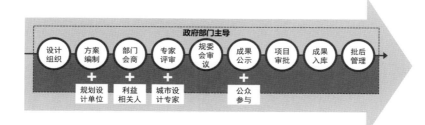

图 2.2 权力主体的中心化特征

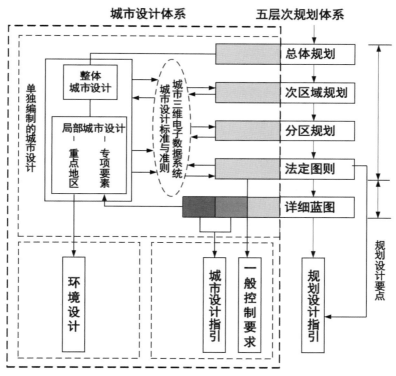

图 2.3 深圳市"双轨制"的城市设计体系
资料来源：金广君，林姚宇．论我国城市设计学科的独立化倾向 [J]．城市规划，
2004, 28(12): 75-80.

较为代表性的包括深圳双轨制城市设计体系（图 2.3）与法定图则 [6]、上海的控规阶段附加图则、天津的"一控规、两导则"的管理体系等。

　　作为我国最早进行城市设计立法的城市，深圳于 1998 年 5 月通过了《深圳市城市规划条例》，确立了城市设计的法律地位，其中包含了城市设计的编制办法、审议制度等。2003年出台的《深圳市法定图则编制技术规定》为规范法定图则编制、推进城市设计管理工作提供依据。《深圳市法定图则编制技术指引（试行稿）》明确了城市设计管控内容，并要求城市设计管控需与图则一并上报审批，保证了城市设计的可实施性。城市设计促进中心等城市设计管理机构的设置也为城市设计管控多元主体间的协同、交流提供了渠道与平台。

上海于2011年出台的《上海市控制性详细规划技术准则》首次提出"附加图则"概念，形成了"控规编制＋附加图则"的城市设计成果法定化制度，并将附加图则与后续的土地出让与管理相衔接，在重点地区的土地出让中必须纳入附加图则内容，将其作为土地出让合同附件，从而保障了城市设计意图的有效实施。在制度框架内，探索了社区规划师制度，旨在通过专业技术人员的帮扶，促进市民的公众参与力度。地方结合自身特点的城市设计管控探索，不仅能够有效解决自身问题，同时还会对全国范围内的城市设计管控运作产生积极推动作用。

自上而下单向传导为主。权力主体中心化、公众参与的缺失导致了该类城市设计管控以自上而下单向传导为主，城市建设更多地体现政府决策意图。而动态市场需求、市民公众诉求却是更加真实、具体且鲜活的，因此在管控决策中如何能多渠道、多途径地搜集公众诉求？如何能在整个管控流程中开展全链条的公众参与？如何能将公众诉求落实到管控意图之中，进而构建自上而下与自下而上并行的"双通道"决策路径？上述问题都是需要在实践中进一步探索的内容。

（2）管控技术工具与方法

管控技术工具即是城市设计成果转译后能够纳入规划管理的技术文件，主要包括城市设计导则、城市设计准则、规划设计要点等形式。编制完成的技术文件通过法定化途径，即成为城市设计管控的重要技术工具。

城市设计准则的管理方式类同于设计通则，具有明显的普适性特征，常根据类型划分对不同场地、不同要素等进行控制引导，如《深圳市城市设计标准与准则（试行）》中对自然景观资源地区、历史街区的总体控制，以及对地块控制、街区控制与交通市政设施等的不同要素、不同内容的管控。城市设计准则制定的是一套普适性的标准，对特定意图区、特定要素进行标准化、规范化的控制，属于原则性管控。规划设计要点是将城市设计管控意图条文化，并融入土地出让条件成为法定化控制内容，管控意图需要清晰明了、易于度量，以便于在后续的方案审查中加以校核。

"设计导则"一词主要由美国的"Design Guideline"和英国常用的"Design Guidance"翻译而来，也可翻译为"设计指引""设计指南""指导纲要"等，尽管美英两国对设计导则的解释略有不同，但都明确指出设计导则是对上一层次规划和设计政策的进一步解释，以有效推进下一阶段具体行动的实施[7]。城市设计导则作为现阶段最为有力的管控技术工具，在城市设计管控中发挥着重要作用，通过将城市设计导则纳入规划管理，是实现对城市三维空间精细化管控的重要手段。城市设计导则的编制内容并无明确标准，在空间尺度方面，从总体城市设计到地块城市设计都可将城市设计意图借由导则来表达，其编制的目标就是清晰展示城市设计管控意图，常采用图文并茂的方式加以说明，也根据是否被纳入成为法定化成果而可分为强制型与引导型导则。

控规阶段的城市设计导则是城市空间形态管控的最重要工具，向上能够承接总体城市设计框架性设计意图，向下能够指导地块级城市设计工程性深化方向，起到承上启下的转接作用。导则与控制性详细规划同步编制，最终成果与控规图则相吻合，保证统一的空间范围边界，以街区为最小单元形成二三维空间设计联动，将导则成果与法定控规无缝对接并审批以获得法律效力，能够保障城市设计管控意图的有效实施落实，在现阶段空间形态管理中作用显著。如上海的重点地区附加图则具有控制要素多、表达内容较为复杂等特点，无法重新提取、纳入土地出让条件，而直接将整体图则作为土地出让合同的组成部分，与合同本身具有同等法律效力。城市设计导则不仅为政府部门的空间干预提供了实用工具，保证了城市设计意图的有效实施，同时作为法定公开文件还能够促进信息传播，引导市民公众及其他社会团体积极参与到城市建设中来。城市设计导则是精细化城市设计成果的凝练，导则的科学性与实用性需建立在设计成果科学性的基础上，在导则编制阶段通过多技术专业主体的协同设计（图 2.4），能够有效提升城市设计导则的科学理性。

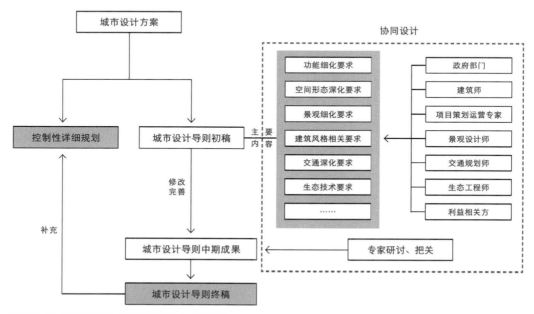

图 2.4 城市设计导则"协同设计"工作机制
资料来源：施卫良，段刚，张铁军. 城市设计导则的"协同设计"：以北京未来科技城"城市客厅"项目为例 [J].
城市设计，2015(1)：80-83.

总体来说，城市设计导则在现行的城市规划体系下，依托法定的总体规划与详细规划，在城市空间形态塑造中发挥着积极作用，但也存在以下几点不足：首先，城市设计导则的静态视角对全面把握场地信息、表达城市设计意图存在短板；城市设计导则主要通过图文结合的方式来传达管控意图，文字以条文规则为主，图纸则以二维平面图与静态三维透视图为主，通过编制者所选取的特定视角来展示管控意图，可能会出现信息缺失、遗漏等潜在问题；面对城市建设动态变化带来的调整需求，传统导则的应对稍显不足。其次，在城市设计导则成果管理、使用、审查等方面工作烦琐且整体效率低下，重复性工作还可能造成疏忽与纰漏。最后，作为推动公众参与的工具与平台，导则过于专业化的成果表达，在面对非专业人士时容易出现设计意图传递不畅的问题与困难。

（3）法律制度建设完善

在国家层面，从 1990 年施行的《中华人民共和国城市规划法》，到 2006 年施行的《城市规划编制办法》，再到 2008 年施行的《中华人民共和国城乡规划法》，我国城市规划体系中并未赋予城市设计以法定地位。国家层面的缺位促使地方政府根据实际城市设计管理需要进行了自主化尝试，包括深圳、上海等代表性城市的实践，在法律制度层面为城市设计管控运作提供保障。随着法律制度建设日趋完善，城市设计地位也呈现出上升趋势。在明确的城市规划体系下，可采取多样化手段以确保城市设计成果的法定化，融入法定规划体系、地方立法等手段都为城市设计管控的有效落实奠定基础。2017 年施行的《城市设计管理办法》在国家层面明确了城市设计融入城市规划体系的途径，确立了城市设计管控地位与内容，为城市设计管控运作指明方向。

2.1.3 城市设计实施的多视角综合管控

从城市设计管控价值取向的演化特点来看，从空间弱管控价值取向的城市设计管控、空间强管控价值取向的城市设计管控，到多视角综合的城市设计管控，实现了城市设计管控"从无到有"到"从有到强"再到"从强到精"的进化，是城市设计从修炼"外功"转向"内功"的过程。整个的迭代发展也与我国的城镇化阶段特征相吻合，随着我国新型城镇化进入"降速—提质"的转型发展阶段，公众、政府与市场对于城市空间的需求特征也在悄然发生变化，高品质、有温度、有活力的精细化设计空间场所成为需求之源，引发了城市空间品质提升导向下的精细化管控需求，也为城市设计管控的发展创造机遇。

随着空间形态管控机制与方法的逐步稳定，在能够基本保证物质空间环境有效实施落实的前提下，城市空间的多元、复合等综合价值成为城市设计管控所追求的更高目标。品质、活力、文脉、人本、生态、公平等内涵成为城市设计管控的新标签。社会经济进入多元发展阶段，大规模城市开发需求逐渐让位于局部地段城市更新需求，城市建设参与主体多元化、市场化等等发展条件的变化，推动着城市设计管控向多视角综合的价值取向发展。

（1）"双通道"运行机制

空间强管控价值取向的城市设计管控运行机制仍然是以自上而下的"单通道"为主，主要基于政府部门行政权力来推动管控运作。随着公民社会的来临，市民公众在城市建设中扮演的角色愈发重要，需要建立多途径、多类型的有效公众参与机制，以促进公众积极参与城市建设与管理等相关事务。建立自上而下与自下而上相结合的"双通道"管控机制，兼顾政府、公众、市场、社会的多元需求，强化多元主体间、多技术专业间的协同决策机制，以更加有效、合理地落实城市设计管控意图。随着城市设计管控的发展迭代，其已经从浅层的空间蓝图描绘向服务于更深层次的城市综合治理演变[8]。

城市设计管控涉及多元主体，如何协调多元主体诉求并最终达成一致的"空间契约"，是城市设计管控面临的现实问题。作为城市空间建设与管理干预者的政府部门，需要从城市全局视角来维护公共利益；开发商、市民公众则更加关注自身需求，或从经济利益、使用权利、便捷性、舒适性等角度来审视城市开发建设。城市政府高层决策者更加关注城市整体发展与竞争力培育，其他相关行政管理部门专注自身管辖范围内事务，如规划、建设、交通、园林、市政等。不同主体对于城市建设的关注点与需求不尽相同，如何在满足多元主体诉求的基础上，实现营造高品质城市空间环境的目标，是城市设计管控的重点内容。多元利益的协同是相关主体间相互博弈、妥协的过程，通过城市设计管控搭建的协同决策机制，能够实现多元主体间的协同决策。城市建设是人们思想意志的物化表现，作为城市空间形态与公共空间塑造手段的城市设计管控是多主体管理决策的过程，是人们为了营造高品质人居空间环境而开展的协同决策行为。

民意主体主要由市民公众及相关非营利社会组织构成，市民公众在城市设计管控中更多地扮演使用者与诉求者角色，也可能成为部分城市建设项目的利益相关人。市民公众是城市公共空间的主要使用者，对城市公共空间建设会形成自身理解和使用诉求。公共空间是否宜人舒适、是否充满活力，也可依据市民"用脚投票"的结果加以判断。城市建设的最终目标是为生活在其中的人们提供优质空间场所，作为实际使用者的诉求需要给予充分重视。现阶段的城市设计管控中，市民所能发出的声音较小，仍处于相对弱势地位。原因主要为公众参与机制与方法的不健全、自身理解与专业水平有限等，这导致当权人员无法有效获取，乃至漠视公众诉求，依法开展的公众参与流于形式，并未对城市设计运作与管理带来实质性改善与促进。

城市设计公众参与机制与方法的完善，能够更加有效地捕捉市民公众声音，通过构建

图 2.5 趣城——深圳城市设计地图（部分）
资料来源：张宇星 . 从设计控制到设计行动：深圳城市设计运作的价值思考 [J]. 时代建筑，2014(4)：34–38.

多环节、多渠道、多类型的公众参与方式，为公众表达诉求提供路径支撑。将所搜集掌握的市民公众意图、想法、诉求进行筛选吸纳，并将其融入、落实到城市设计管控之中。自下而上公众参与的开展，能对既有自上而下城市设计管控机制形成补充并完善，有助于形成"双通道"管控机制，推动城市设计管控更加人本化、多元化。在专业技术服务方面，以社区规划师为代表的技术服务提供者的出现，能够为市民公众更加有效地介入城市设计管控，争取自身合理利益提供助力。在明确结构性控制框架的基础上，可探索赋予市民公众以更大的自主权，推动城市设计向全民自发的社会行动转变。如深圳从 2012 年开始启动的"趣城"（图 2.5）城市设计推广与实践活动，鼓励除政府企业直接实施外，由民间团体发起，寻找合适的地点和投资建设主体，进行一系列城市设计项目的实施[9]。因此，市民公众需要利用合理、有效途径积极参与到城市设计运作之中，借助专业技术咨询，向社会发出自我声音。

（2）城市设计数字化管控方法

以大数据、人工智能、虚拟现实等数字技术的应用为契机，城市设计面临着全流程数字化变革，从数据采集与分析到管控与实施等，数字化技术为城市设计的理性运作带来了新的发展机遇。技术方法变革管理机制，数字化技术在为管理带来便利、提升工作效率的同时，也能够有效推进管控多元主体间的协同决策，为城市设计管控公众参与提供便捷途径。管理办公自动化、智能化、程序化，有助于分解管理流程、明确事权，从而实现城市设计管控的扁平化治理等。

在既有管控方法与逻辑的基础上，通过数字化方法的"改造"，以适应新的三阶管控时代发展需求。建立在数据采集、集成与可视化建模基础上的数字沙盘成为城市设计管控的"基底"，数字化的城市设计管控意图成为规则与标准，计算机的属性识别与空间测度成为管控工具，依据实际的城市设计管理程序打造应用场景，通过多样化数字化方法的应用，能够实现基于数字化平台的人机交互式城市设计管控。同时，多样化、市场化的管控方法，如市场化激励机制、城市设计竞赛、城市设计工作坊、城市设计论坛与展览、市民参与性设计活动等的开展，对于促进市民公众、社会积极参与城市设计管控与城市建设大有裨益，能够有效推动城市综合治理进程，重塑政府、市场与公众间的关系格局。

（3）法律制度建设体系化

自 2017 年 6 月 1 日起开始施行的《城市设计管理办法》是我国城市设计制度工具的起步性纲领文件，对于建立并完善城市设计制度具有重要意义。《城市设计管理办法》明确了城市设计的目标、技术体系、管理监督主体、编制重点以及公众参与等多方面内容，更为重要的是其以官方文件的姿态明确了城市设计成果与法定规划相结合的有效途径，并成为城市空间形态管控的重要手段，也为后续城市设计法律法规的制定、城市设计在规划体系中的地位提升打下坚实基础。在地方层面，由法律、地方规章、政策指引、技术规范等层级构成的法规政策体系的逐步建立与完善，政府部门的调整优化，都为适应新时期的城市设计管控需求提供了保障。

2.2 城市设计管控的本质属性

2.2.1 城市设计管控的过程间接性

城市设计管控具有间接性与过程性特征。间接性主要体现在管控的"二次订单"属性方面，绝大多数的管控型城市设计成果并不直接实施落地，而是通过转译为管控规则要点以指导后续设计与开发建设加以落实。整个过程存在城市设计意图的转译、传导与审查等相关流程。过程性更多地体现在管控的渐进式实现路径方面，通过多程序流程的动态调整优化与过程累加，以有效落实城市设计管控意图。

（1）城市设计管控的"二次订单"属性

从狭义视角看，城市设计并不最终设计城市中的任何物质实体要素，其所关注的是制定规则并用以指导、约束后续的地块实施建设，如建筑设计与景观设计等，也清晰地反映

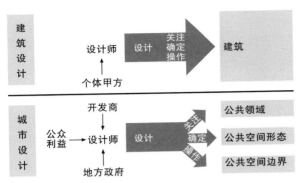

图 2.6 建筑设计与城市设计的分异
资料来源：丁沃沃. 城市设计：理论？研究？[J]. 城市设计，2015(1): 68-79.

出城市设计管控的"二次订单"属性。城市设计的空间多层级性、多特色分异性也强化了该特征属性，从宏观到微观的传导、落实即是建立在"二次订单"属性之上的。建筑设计与城市设计不论是在主体、客体乃至实施落实等方面都存在着明显分异（图 2.6）。

虽然同为人居环境科学体系中的学科方向，城市设计与城市规划、建筑设计、景观设计等存在着属性差异（表2.1）。在管理实施属性层面，城市规划与城市设计都是政府部门干预城市发展建设的手段，但城市规划关注二维平面，城市设计着眼于三维空间。法定的城市规划偏向管理政策制定，同时也对空间布局进行规划设计、管控，但设计落脚点基本落位在地块层面的用地功能布局和控制指标等。在我国法定的城市规划体系中，修建性详细规划能够对三维空间形态进行设计与管控，是由二维拓展到三维空间的规划手段。但面对着动态变化的市场环境，修建性详细规划受限于规划编制的灵活性不强、编制成本高、审批流程复杂等现实问题，而有逐步被边缘化的趋势。建筑设计与景观设计的实施路径较为明确，基本以工程性实施为主，在敲定设计方案的基础上，直接细化、落实到后续施工图加以建设实施。

表 2.1 人居环境科学体系下各学科属性比较

学科门类	城市设计	城市规划	建筑设计	景观设计
目标特性	非终结性	终结性	终结性	终结性
研究对象	城市空间形态布局、公共空间体系化建构	用地功能布局、规划控制指标	单体建筑空间形态与建筑内部功能组织	场地功能组织与空间设计
对象层级	多层级性，从宏观到微观各层面：总体、片区级、地段级城市设计	多层级性，从宏观到微观各层面：总体规划、详细规划、地块出让条件	以微观地块层面为主，兼顾与周边地块关系	以微观地块层面为主，兼顾与周边地块关系
空间属性	以三维空间为主	以二维空间为主	三维空间	三维空间
实施方法	指导性实施、工程性实施	指导性实施	工程性实施	工程性实施
实施属性	间接性为主，直接性为辅	间接性为主	直接性	直接性

城市设计管控的"二次订单"属性决定了城市设计的实施策略与两种实施途径：一是通过具体设计城市建筑物和城市空间来实现；二是可以通过制订指导具体设计的"城市设计指导大纲"（Urban Design Guideline）来实现[10]。前者的实施路径已经接近建筑设计、景观设计，总体来说适用范围较小，只适用于规模不大、能够进行一次性整体设计、开发的工程项目。而现实环境中，城市设计实施更多是通过后一种途径加以实现，即运用规则、条文、图纸说明等形式明确设计意图，并用于指导后续的城市设计、建筑设计与景观设计，彰显"二次订单"属性。通过渐进式设计过程的累加，最终实现城市设计意图的实施落实。整个过程中存在着明显的设计意图传导与反馈需求，正是城市设计管控的主要研究内容，可认为城市设计管控是策略、方法，城市设计的有效实施才是管控的最终目标。

（2）城市设计管控的过程性与动态性

城市设计管控的过程性体现在整体的运作流程之中。正如前文所说，从管控流程角度细分，可将城市设计管控拆分为设计、控制、管理三大块（图2.7），三者之间存在着清晰的前后逻辑关系，过程性特征显著。设计为管控的先决基础，也只有建立在精细化设计基础上的管控，才能够实现城市空间形态的有效塑造。控制阶段是设计与管理之间

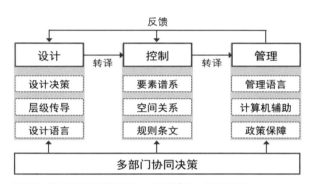

图 2.7 城市设计管控流程、内容拆分与逻辑关系

的中转枢纽，承担着链接设计与管理的重要职责。控制环节兼具设计与管理的双重特性，控制环节中的要点、成果等是对设计环节中设计意图的凝练与归纳，整个过程可以进一步理解为对城市设计的"再设计"。从另一个方面来看，控制要点等内容又是管理环节的重要组成部分，是土地出让、提供地块设计条件的先决要求。管理为应用阶段，通过管理以落实设计意图并指导地块开发建设。城市设计成果的法定化为城市设计管控的实施、落实提供法定依据，总体途径可分为强调实体与强调程序两种不同取向，分别对应着"结果控制"和"过程控制"两种不同方式[11]。在各阶段中均需要进行多层次、多主体的协同决策，以增强城市设计管控的理性、科学性、在地性。

城市建设是个漫长而动态的过程，所受影响因素众多，在不同时期、不同目标导向下，所形成的城市空间形态亦不尽相同。城市建设是多维展开的动态过程，不仅是三维空间形态的塑造，也是城市建设活动在时间维度的叠加，过程性与动态性也体现在分阶段发展逻辑之中。过程构建的意义在于，现代城市设计是一种无终极目标的设计，其成果和产品具

有阶段性意义，目标阶段性实现的同时，又激发产生新的设计目标，故可将它看作是处于不断改进中的复杂设计和连续设计；与此同时，过程具有分解、组合的构造特点，并且具有反馈机制，从而使过程具有自组织能力[12]。不论是在设计阶段，还是在管理阶段，城市设计管控决策总体呈现出渐进式、螺旋上升态势，经过各阶段渐进式决策叠加，最终实现城市设计的管控实施目标。

如在笔者曾参与的苏州城际站站前地区城市设计实践中，苏州工业园区管委会考虑到地块的重要性与门户特征，对整个开发过程采取了十分谨慎的态度，前前后后的城市设计咨询时间跨度长达十年，乃至更长时间，其间参与设计的团队、人员众多，不断变化的新设计条件也更加强化了整个过程的动态变化特征等。在方案设计阶段如此，在后续的地块开发、建设、实施阶段更加如此，发展建设指导思路与设计方案的变更，对后续的城市设计管控产生了决定性的影响，与此等相类似的情形在我国的城市设计管控中屡见不鲜，也为城市设计管控的动态调整提供了可能性。

2.2.2 城市设计管控的空间直接性

城市规划与城市设计是政府干预城市建设的两种重要行政手段，两者之间存在着诸多异同点。归根结底，两者最大的管控区别在于干预空间的方法途径，城市设计是直接指向最终的三维空间形态，形成基于多要素的空间管控体系；城市规划仍属于间接管控，主要借助规划控制指标加以落实（图2.8、图2.9）。通过规划控制指标来对空间形态开展间接管控，最大的问题便是充满了不确定性与不可操作性。正是由于两者在空间干预视角与对象方面的差别，进而导致其管控特长出现差异。与抽象的规划指标不同，城市设计的管控对象是具象、

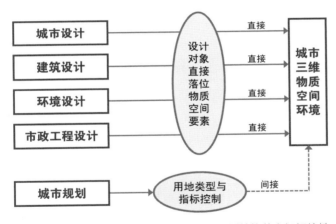

图 2.8 城市设计管控的空间直接性与城市规划管控的空间间接性

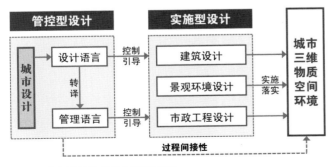

图 2.9 城市设计管控的过程间接性

真实的物质空间环境要素，通过精细化的城市设计方案研究以明确空间组织结构、要素布局原则，并将设计意图转译为城市设计管控规则用以控制和引导后续设计。城市设计管控直接面向要素与空间，能够实现对城市空间形态的精细化管控，且通过管控要素的扩展可有效扩大管控边界，彰显城市设计管控的多元价值。城市设计管控的空间直接性主要体现在以下几方面：

（1）管控对象丰富

正如前文对管控客体对象的梳理可以看出，城市设计管控的落脚点为物质环境要素，从建筑单体到公共空间，从小品设施到植被绿化，等等。广义来看，城市中建筑单体外部的空间环境都成为城市设计管控的对象。面对鲜活的物质空间环境，城市设计可以直接实现对管控要素的设计与组织，如对建筑体量、高度、风貌等的控制与引导，对公共空间边界、形状、大小的管控，管控方法与过程呈现出明显的空间直接性。较为典型的案例如近年在居住用地开发中常用的"高低配"策略。开发商从经济利益视角出发，在兼顾市场产品需求与控规指标要求的同时，最终形成低层联排洋房加百米高层的组合形式，在空间形态上形成极大的尺度反差，所塑造的空间形态效果值得商榷。整个方案设计的最终技术指标都满足规划管理部门所提出的设计要求。面对相同的土地开发控制指标，能够设计出"无数"种符合控制指标的三维空间形态方案（图2.10），这也是仅仅通过控规来管控城市建设容易出现建设无序的最为主要原因，关键点在于城市规划管控的空间间接性，因此需要借助直指空间形态本身的城市设计管控加以辅助，才能够实现对城市空间形态的管控塑造。管控要素的丰富能够为空间的精细化营造提供多元解决途径。基于三维空间形态的直观设计与管控意图表达，不仅有利于多专业技术主体间的协同设计开展，也能够为专业技术知识与要点的有效传播，尤其是专业知识向市民公众等非专业人士的传递提供简单途径。

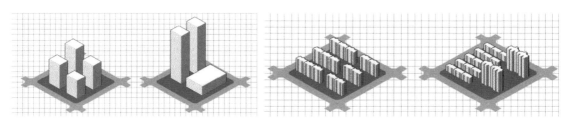

图 2.10 同一指标下的多样化空间形态组合

（2）管控方法丰富

与城市规划管控主要通过控制指标间接、刚性管控的方法不同，城市设计管控方法具有更大的灵活性。在管控方法层面，两者明显的差异在于城市设计管控的自由裁量弹性，通过刚性与弹性的结合，为城市空间形态的设计赋予了更多可能性，创造了多样化的空间形态特征。市场动态需求复杂多变，城市设计管控需要在保证底线控制的基础上尽可能适应并满足市场需求，通过激励机制与方法的运用以提高城市设计管控的灵活性。如在美国的城市设计管控中，采取开发权转移、连带开发、资金策略等激励机制来促进城市设计运作（表 2.2），能够较为灵活地适应市场多元化需求，总体管控效果明显。随着城市建设模式的多元化，参与主体的多样化，我国城市设计管控需要借鉴并灵活运用市场化激励机制，以兼顾多方需求。

城市设计竞赛作为欧洲国家常采用的城市设计运作模式，在当前的互联网时代被赋予了更加丰富的内涵。利用互联网平台，充分发挥其在信息发布与交流、媒体宣传、公众参与等方面的优势，采取城市设计竞赛的运作手段，可以有效扩大全社会参与城市设计运作的范围，从而建立自下而上运行机制，以便更好地明确城市设计决策意图。

如美国创新挑战赛奖，通过互联网平台在全球范围内招募人才以解决政府管理难题。

表 2.2 美国城市设计运作激励技术

名称		主要内容与特征	适用项目与场合	注意事项	性质
资金策略	经费援助	划拨一定数量的公共基金用作项目开发资金	客观上具有良好的公共价值，但由于缺乏明显的利润回报等客观原因，难以对私人开发构成较强吸引力度的开发项目	以政府投资完成基础设计建设，以此拉动私人投资	促进型
	赋税/租地价减免	①降低税率或免除税收②降低或免除国有土地租地价		在计划统一指导下使用，避免应用于可交纳足量税收与租金的开发热土区	促进型
	信贷支持	①创造优惠的贷款条件②发行债券，常与税收增值筹资联用		—	促进型
	赋税增加	增加相关税收税率	部分与社会投资方向不符、有损于公众利益的开发项目	把握税率增加的幅度，避免引发公众抗议	抑制型
开发权转移		将限制性地带开发转移至其他地区进行建设	①具有保护价值的建筑史迹②无法承载过度开发的城市用地，如绿地、广场、街道、农田、湿地等	①通过对开发权的暂时持有加强操作可行性②确保开发权转移前后个人收益与社会收益的均衡	促进型+抑制型

续表

名称		主要内容与特征	适用项目与场合	注意事项	性质
连带开发	强制性连带	将完成相关的附加建设或缴纳相应金额设定为私人开发的必须条件	开发意向过于充足、开发商不愿轻易放弃的项目建设	—	抑制型
连带开发	选择性连带	如果完成相关的附加建设，项目可以获得一定的开发奖励（主要为建筑面积奖励）	经济增长压力强大而可用土地有限、建筑面积奖励具有相当诱惑力的开发项目	① 设置开发奖励的相关极值 ② 设置附加建设的质量规定	促进型
	协商性连带	开发商与政府部门通过协商共同确定项目承担的附加任务与因之获得的奖励	达到一定建设规模（建筑面积、建设造价）或满足特殊条件的开发项目	① 设置开发协定的适用项目 ② 执行严格的开发协定审查程序	促进型

资料来源：高源. 美国现代城市设计运作研究 [M]. 南京：东南大学出版社，2006.

在 2012 年飓风桑迪（Sandy）袭击纽约后，美国政府主办了名为"设计·重建"（Rebuild by Design）的城市设计竞赛，最终吸引了全球 148 个团队报名参赛。在整个竞赛过程中，均开展了深入的公众参与，设计团队、不同层级政府部门、技术专家以及利益相关人等多元主体进行了多层次互动交流，有效推进了城市设计协同决策，实现了设计综合价值最优，也有助于后续的实施建设。自 2016 年起，上海组织开展了"上海市城市设计挑战赛"，以促进城市设计运作与管理的创新探索。专业组与公众组的分类设置，不仅在保证优秀方案遴选的同时，还能有效吸引市民公众参与到竞赛活动中，完善城市设计运行机制。竞赛的公开性、趣味性、专业性、可参与性，以及互联网与媒体的宣传，都能有效扩大竞赛活动的影响力，吸引全社会参与其中。创新城市设计竞赛方法的应用，为城市设计运作开辟了新思路，也为适应动态市场需求提供了新方法。

（3）彰显丰富空间价值

物质实体环境是城市空间多元价值的承载体，通过对空间的设计与组织，能够实现彰显综合价值的建设目标。实体环境的建设是"外功"，空间价值的彰显是"内功"，只有经过"内外兼修"过程，才能营造出高品质、舒适宜人的城市人居空间环境。城市设计管控的空间直接性使得管控能够成为彰显空间价值的重要手段，在保证物质空间有序建设的前提下，通过采取人群活动组织、功能业态设置、历史文脉传承、空间精细化设计等设计手段，以实现物质空间多元价值的发展目标。

2.2.3 城市设计管控的空间多元属性

城市设计管控在城市建设中扮演着重要角色，也发挥着积极作用。从政府部门角度看，它是空间管理的手段；从建设流程方面看，它是渐进落实的工具；从空间营造角度看，它是意图落地的保障；从管控决策角度看，它是多元协同的平台。正是通过有效的城市设计管控，才能实现多元价值协同下的城市空间形态塑造。营造与人和社会需求相匹配的城市空间环境是城市设计管控的出发点和落脚点，通过自上而下、从宏观到微观不断深化的精细化设计，理性谋划城市整体、片区、地块的空间形态，通过设计意图的传导、深化明确，最终落实到后续的地块开发建设中，实现城市设计管控塑造高品质城市空间环境的初衷。空间营造不仅只包括优美的城市景观形象，还需考虑体系化的公共空间、便捷的人流组织、高效丰富的地下空间体系、多样化的人群活动、尺度宜人且充满活力的街道空间等多方面内容；自下而上的市民公众诉求也是空间营造的重要价值导向，管控意图"双通道"运行机制的建立，有助于完善空间营造的目标价值（图2.11）。

图 2.11 城市设计管控的空间多元属性

（1）三维空间形态主导

城市设计管控最明显的特点是直接落位于三维空间形态，通过对空间形态的直接管控来降低意图传导的不确定性。形成以开发地块为最小单元、管控要素为基本对象的管控思路，重点关注地块与地块之间管控要素相互关系的处理，能够从整体视角体系化梳理建筑形体与组合关系、建筑细部构件与风貌、城市公共空间、地下空间、步行流线组织等内容，为后续开发建设制定系统性实施框架。在三维空间形态主导的设计框架中，借由精细化设计能够实现对空间形态的精细化管控。

（2）景观美学特征

美学控制是城市设计管控无法回避的重要议题。基于美学原理的城市空间营造，是城市设计根本出发点与落脚点，其起源于城市美化运动的实际需求，也是城市设计管控的重要目标。城市的艺术形象，是城市形态美的外在表现，是人们接受美和培养美的媒介，是社会生活的本质反映，同时也是规划师、设计师和建筑师思想情感的表现和表达[13]。人的审美具有主观性，城市设计管控对于景观美学的控制需要以公众审美为参照点，基于合理性、最低干预、协调性原则，明确美学控制的下限与负面清单，并规避严重影响乃至破坏城市整体景观美学的不良设计。在城市的不同特征地区，对于美学控制的内容、力度都存在差异，典型的如历史风貌保护区，美学控制在保护区及周边地区的城市设计管控中扮演着重要角色。

（3）场所文脉特征

凯文·林奇（Kevin Lynch）认为认知是城市生活的基础，城市设计应以满足人们的认知要求为目标。城市发展的隐性因素，如政治、经济、文化、历史以及社会风俗等，都会在显性空间形态中留下深刻烙印。城市空间的文脉传承与场所感营造是城市设计管控需要追求的高层次目标。场所文脉是城市集体记忆的延续与再现，是历史文化因素的彰显，是城市独特气质的外在表征与空间载体。城市设计管控中的场所文脉控制与美学控制相反，需要采取刚性管控原则对具有重要影响的管控因子进行强制性保护，通过强制性手段以保证空间场所文脉特征的保留与延续。

（4）人本活力特征

城市空间并不仅仅表现为冰冷的三维实体，正是人的存在赋予了空间人性化温度，塑造出城市中丰富多彩的空间场所。城市设计管控需要在关注空间本身的基础上，更加深入地探究人的活动规律与实际需求，以关联视角综合分析人与空间之间的联动。人的需求决定着最终空间环境建设，反之空间也会引导人的行为活动。从街道空间的优化设计，到绿地、广场等城市公共空间组织，都赋予城市空间以人本活力特征。大数据分析与方法的应用为人群活动量化分析提供了新途径，通过手机信令、LBS 等人群动态数据的采集分析，能够实现对城市中人群行为规律与需求的群体描绘，从而使城市设计由"只见物、不见人"的状态转变为"既见物，又见人"，促使城市设计管控能够更加精准地满足不同人群的真实需求。

（5）空间品质特征

塑造高品质的城市空间环境是城市设计管控的重要目标，但高品质的内涵特征广泛且呈现出非终结性，因此高品质的目标只能趋近而无法最终实现，可认为高品质包含了上述美学、场所与人本特征内涵。精细化管控是提高城市空间品质的重要手段，通过对管控要素的精细组织、要素空间关系的精细安排实现。精细化管控需要经过多技术专业间的协同设计来实现，不仅包括城市设计、城市规划、建筑设计等，同时还需要充分考虑交通规划、市政规划、风景园林、行政管理等专业的决策意见，因为各专业方向都是以实现高品质城市空间环境为目标，只是相互间的侧重点各有异同而已。精细化协同设计成果还需要多部门、多主体间的协同管理来落实。城市设计管控已然超越了单纯的空间形态问题，而变得更加多样、复合，呈现出空间多元属性。

2.3 城市设计管控思辨与未来展望

2.3.1 城市设计管控问题思考

对现行管控体系与方法的总结反思，是为探索更好的优化、提升路径。总的看来，现行城市设计管控较为有效地完成了对城市三维空间形态的控制与引导目标，尤其是以美国所采取的城市设计导则加激励机制的"组合拳"，既能够保证管控底线，也能够基本适应复杂多变的市场需求，为城市提供优质的公共空间场所。但发展在继续，问题也依然存在。以大数据、互联网、人工智能等为代表的新技术发展，为城市设计管控带来了重大发展机遇。数据采集、分析、模拟，动态虚拟环境，人机交互感知与决策，等等，都在推动城市设计管控向新方向迈进。

（1）设计阶段管控意图传导脱节

城市设计的"二次订单"属性决定了设计阶段最为重要的内容在于城市设计意图的有效传导。从政府部门与设计师的视角看，城市设计秉持着自上而下的意图传导路径，从总体城市设计到片区级，再到地段级、地块层面的城市设计，宏观层面定框架、中观层面理系统、微观层面重落实。设计意图传导路径的通畅是城市设计有效实施的关键点。

但在城市设计的实际运作中，各层级间的意图传导经常会出现丢失、变形、衰减的现象，究其原因还在于城市设计成果的凝练、管理与组织不足。通常情况下，城市设计完成后所提交的最终成果为图文并茂的精美文本，但如何利用设计成果？如何进行有效管理？是否需要凝练出在后续设计中需要遵守和延续的设计规则？面对上述问题，既有的城市设计管控中并不能有效解决，这也是造成城市设计意图传导脱节的重要原因。此外，城市设计法定地位的缺失也加剧了上述问题的严重性。规划管理部门面对全面铺开的、各层级海量城市设计成果，对成果进行组织管理也是有心无力。而设计师针对非法定的既有城市设计成果，常采用"不破不立"的指导原则而"另起炉灶"，以彰显设计团队的设计创意。上述行为也是导致城市设计方案被反复编制、管控意图传导脱节的原因之一。城市是个复杂的巨系统，极容易产生空间外部性，通常需要从更大范围内综合考虑局部建设带来的影响。如何处理整体与局部之间的关系？如何有效应对空间所产生的外部性，尤其是负外部性？这也是城市空间形态塑造、城市设计管控中需要重点应对的问题。

（2）控制阶段管控意图转译盲点

城市设计管控与实施涉及工民建方向的诸多学科内容，包括建筑学、城市规划、城市设计、道路交通、市政水电暖通、消防等。学科分工带来各学科研究的专业化、精细化，但同时也加深了专业之间的隔阂。技术力量在管控实施中扮演着重要角色，也需要技术与管理间的协同决策才能保证最终实施的有效性。按照理想状态，作为专业技术沟通"桥梁"的城市设计师理应对各相关专业都有一定了解，以便能够更加有效地发挥"桥梁"作用。但实际情况下，对相关专业的认知不足，导致部分制定的城市设计管控意图明显有悖于相关专业要求，或者是在编制管控要求时未能充分考虑，此所谓专业分工带来的技术盲点，也给城市设计管控带来了消极影响。因此，在城市设计管控中，尤其是控制阶段的意图转译，需要建立有效的多部门、多技术专业协同设计、协同决策机制，以提高管控意图编制的科学理性，降低对后续地块建设的不利影响。

（3）管理阶段管控意图管理低效

管理阶段的工作重点是对管控意图的日常管理，主要包括提供规划设计条件、组织项目编制、项目成果审查、项目成果报批等。流程化的重复工作不仅带来了不良的工作体验、低下的工作效率，也易造成工作中的纰漏。基于规划设计要点的项目审查制度是管理阶段的核心内容，通过规划管理人员来人工处理规划设计要点与项目成果审查是当前管理工作中的常态，审查工作烦琐且低效，重复审查还易造成缺项、漏项、错项等问题。

（4）管控全流程公众参与的缺失

公众参与在我国城市管理中的弱势，有着较为深刻的社会历史背景。我国的经济体制正逐步由计划经济转向市场经济，在计划经济时代，政府掌握着几乎所有资源的调配，城市建设也不例外。城市管理常采用政府集权、统筹安排的思路，通过空间来引导人们的需求，况且在当时物资短缺的年代，人们没有多少可选择的权利。随着经济发展与体制转型、人们公民意识的提高，市民在城市管理中扮演着越来越重要的角色，毕竟市民才是城市公共空间的主要使用者，他们的诉求与需要值得被知晓、被满足。

在当前的城市设计管控中，公众参与更多是结果式参与，即将完成的设计成果在政府部门网站上公示以呈现给广大市民。在过程式参与方面，能够有效收集并落实公众诉求的参与方式较少，究其原因在于既有公众参与机制与方法的不完善，并未给市民提供有效的参与途径。另外的原因可能是计划经济时代所形成的习惯，作为使用主体的市民，多表现出对城市管理事务的冷漠，因为在多数市民眼中，城市管理是政府部门的职责与事权，况且即便表达了自我想法和诉求，也很可能会流于形式，并不会真正得到关注与满足。因此，对于管控中公众参与的有效开展，是未来需要重点应对的事项之一。

2.3.2 城市设计管控未来展望

在国土空间生态文明框架下，城市发展建设被赋予诸多新内涵，城市现代化治理体系的建立，智慧城市、韧性城市等未来发展导向等方面的诉求，都对城市三维空间形态塑造提出更高要求。城市人居环境、公共空间场所以及外在景观形象特征等，已经成为城市参与区域竞争的重要展示窗口，是评价城市竞争力与吸引力的重要指标。人们对于建设美好城市的诉求也越来越强烈，面对激烈的市场竞争，品质化、特色化、舒适宜人的空间体验也成为开发建设主体吸引人流、聚集人气的重要手段。

精细化的城市设计还需要依托精细化管控，在保证设计意图有效传导、转译、落地实施的前提下塑造出高品质的人居环境。在政策方面，国家与各省市级层面都给予了高度重视，强调城市设计与管控在精细化发展阶段的重要地位与实践价值，多元因素的合力推动都为城市设计管控的发展带来了新机遇。数字化时代下的城市设计精细化管控在充满发展机遇的同时，也面临着诸多挑战。城市的发展建设越来越复杂，管控视角从城市整体到微观地块的巨幅波动，公民意识的觉醒促使市民公众参与城市建设的意愿加强，多元主体参与的开发建设协调难度加大，上述的诸多发展趋势都为城市设计管控的发展带来挑战。

（1）数字化时代的新机遇

在当下的信息与大数据时代，数字城市、数字社区、数字街道等概念与应用不断出现，城市信息化越来越受到人们的重视，提高城市建设与管理的数字化、信息化水平已经成为全球性的发展热点。大数据是当代城市规划数字化技术的重要与典型的科技手段。大数据在采集、存储、管理、分析方面具有远超传统数据库与软件工具的能力范围，是高频海量数据集合，具有数据规模庞大、数据流转快速、数据类型多样等特征，近年来以极其迅猛的姿态楔入城市建设管理的各行各业。

蓬勃发展的互联网和物联网、BIM、云计算、大数据、人工智能等先进技术为城市管理与设计转型发展带来契机：学者、规划师、城市管理部门基于多源大数据开展城市现象与问题的分析、监测与预警；住房和城乡建设部多次发文鼓励推进 BIM 技术的应用；CIM（City Information Modeling，城市信息模型）的概念被提出，CIM 以三维 GIS 与 BIM 技术为基础，集成多源大数据，通过对城市数据采集、挖掘、分析、整合和展示，构建多尺度下真实物质城市的数字镜像，用于城市规划决策、城市建设与管理等实际工作。信息化、数字化技术的发展应用为城市空间形态的设计、管控、治理提供了坚实的技术保障，也创造了广阔的发展机遇。

（2）管控主体市场化

经济转型在消解政府单一权力运作的同时，也促使城市建设与管理的管控主体向市场化与多元化方向发展。未来会有更加多样化的主体参与到城市设计管控中，包括技术专家、社区规划师、社会团体、个人公众、NGO（Non-Governmental Organization，非政府组织）、私有企业等等，多元主体间的协同决策难度加大。如何能够更加高效地对主体诉求展开协同，并获得综合最优的决策结果，是城市设计管控的重点与难点。在灵活多变的市场环境下，市场需求动态变化，如何积极有效地运用城市设计管控以实现既定城市建设目标，是管控面临的挑战。

（3）管控视角多层级变化

城市设计的多尺度特征决定了管控视角的多层级变化需求。从宏观层面的山川格局、城市与自然相互关系的梳理，到中观层面的城市设计体系建构，再到微观层面强调对街区、地块、单栋建筑物、街头公园、街道场景等的精细化管控，管控视角与尺度的巨幅变化为城市设计管控带来了不小的难度。如何有效地衔接宏观与微观层面的设计意图是管控有效运作的关键点。同时，城市设计与管控的巨型化趋势，使得设计对象已经远超出传统城市设计的视角与设计范畴，需要借助数字化工具以辅助决策。

（4）管控要素精细化

精细化的实施建设需要以精细化的要素管控为手段，可以在要素类型与要素空间关系测度等方面展开拓展研究。在传统的建筑高度、密度、强度基础上，扩展落实到对建筑单体与装饰构件、城市公共空间、街道尺度、景观眺望、设施小品、园林植被等多要素的管控，有效拓展城市设计管控边界与要素门类。如何能够实现更加有效、高效的多要素、精细化管控也是未来的管控挑战。基于点、线、面、体的管控要素空间关系测度能够为精细化管控提供新思路，但仍需要借助数字化手段并进行更加深入的研究探讨。

（5）管控流程动态化

城市设计管控的动态化也是精细化管控的重要内涵。城市的发展建设是动态渐进的过程，发展条件的变化会导致管控运作的相应调整。面对专业技术综合性高、编制数据海量、实施管理周期长、管控条件动态变化等现实问题，常规的城市设计管控手段已难以满足实际需求。如何实现对动态城市建设的实时监测、有效反馈、同步调整，也是考验城市设计管控成效的重要环节。

总而言之，新需求的产生会对现行管理机制带来挑战，现行机制是否能够满足城市精细化管理的实际需求？如何对现行管控机制进行优化提升？城市的复杂性、多元性带来了巨量的城市管理工作，需要开展多主体、多部门的设计与管理协同，如何才能更加有效、高效地整合管理工作，实现城市设计精细化管控目标？上述问题都是新需求、新技术发展背景下需要重点应对的挑战。

城市设计管控作为落实城市空间形态管理意图的重要手段，在城市发展与建设中发挥着积极作用。从主体与客体视角来看，其展现出内涵丰富的特征，城市建设的多元主体影响与诉求协同在未来发展中占据着首要地位，城市中形形色色、丰富多彩的物质实体要素都可能成为管控的客体对象。与以控制性详细规划为代表的二维、间接式管控不同，其主要通过对地块用地性质与建设指标的管控来干预城市建设。而城市设计管控针对城市三维空间形态提出直接而明确的管控要求，以强化管控意图的有效实施与落实，具有明显的过程间接性、空间直接性等特征。对三维空间的直接管控是开展精细化建设的必要手段，也成为城市设计管控研究的出发点。城市物质空间环境并非仅仅是物质要素的堆集，在物质载体中还蕴含着多元化的空间属性，包括人本、空间美学、场所文脉以及空间品质等，使得城市设计管控目标也由单纯的物质空间形态控制与引导，向多元综合价值导向演替。城市的发展愈发复杂多元，精细化、动态性、市场化、多视角等特征对城市设计管控提出了更高要求，数字化时代的来临为城市三维空间形态管控带来重大发展机遇，本书以数字化技术为依托，旨在探索城市设计管控的有效应对之道，提升其在城市物质空间环境塑造中的积极影响。

参考文献

[1] 司马晓，孔祥伟，杜雁．深圳市城市设计历程回顾与思考 [J]．城市规划学刊，2016(2)：96-103．

[2] 唐子来，李明．英国的城市设计控制 [J]．国外城市规划，2001，16(2)：3-5．

[3] 深圳市规划与国土资源局．深圳市中心区 22、23-1 街坊城市设计及建筑设计 [M]．北京：中国建筑工业出版社，2002．

[4] 刘奇志，祝莹，刘李琨，等．武汉市城市设计体系的构建与应用 [J]．城市规划学刊，2010(2)：86-96．

[5] 朱郑炜，陈琦，陈毅伟．厦门城市设计"一张蓝图"管控体系构建研究 [J]．城市规划学刊，2018(7)：16-22．

[6] 叶伟华，赵勇伟．深圳融入法定图则的城市设计运作探索及启示 [J]．城市规划，2009，33(2)：84-88．

[7] 戴冬晖，金广君．城市设计导则的再认识 [J]．城市建筑，2009(5)：106-108．

[8] 黄卫东．城市规划实践中的规则建构：以深圳为例 [J]．城市规划，2017，41(4)：49-54．

[9] 张宇星．从设计控制到设计行动：深圳城市设计运作的价值思考 [J]．时代建筑，2014(4)：34-38．

[10] 张庭伟．城市高速发展中的城市设计问题：关于城市设计原则的讨论 [J]．城市规划汇刊，2001(3)：5-10．

[11] 唐燕．城市设计实施管理的典型模式比较及启示 [C]// 城市时代，协同规划——2013 中国城市规划年会论文集．青岛，2013．

[12] 王建国．现代城市设计理论和方法 [M]．2 版．南京：东南大学出版社，2001．

[13] 徐苏宁．城市形象塑造的美学与非美学问题 [J]．城市规划，2003，27(4)：24-25．

管理就是决策。

——赫伯特·西蒙 [①]

---

① 　赫伯特·西蒙（Herbert Simon）是美国卡内基－梅隆大学（Carnegie Mellon University）计算机科学与心理学教授，他由于对经济组织内的决策程序所进行的开创性研究，获得瑞典皇家科学院颁发的 1978 年诺贝尔经济学奖。

决策理论视角下的城市设计数字化管控机制

3.1 决策理论视角下的城市设计管控逻辑

随着城市设计实践的发展，城市设计实施问题逐渐浮现，因此融合了管理学、公共政策学等学科理论的探索逐渐在城市设计研究中展开。正如乔纳森·巴奈特（Jonathan Barnett）所说："一个良好的城市设计绝非是设计者笔下浪漫花哨的图表与模型，而是一连串都市行政的过程，城市形体必须通过这个连续决策的过程来塑造。因此城市设计是一种公共政策的连续决策过程，这才是现代城市设计的真正含义。"[1]

3.1.1 决策理论与城市设计管控

（1）决策理论概述

在社会发展、企业运行、人类繁衍过程中，需要经历无数次的选择与决断，从广义视角看，选择过程即是决策过程。随着学者对选择过程、主客体、要素与机制等方面理论研究与实践探索的深入，决策学逐渐发展成为一门稳定的学科，并对社会运行、企业决策、政府管理以及个人抉择都产生着深刻影响。决策学诞生于二十世纪二三十年代，兴起于第二次世界大战以后的 50 年代，随之在世界各国蓬勃发展。决策学的兴起有其历史必然性：从社会发展需求看，科技进步带来的社会变革，导致管理与决策所涉及内容愈发复杂，需要借助科学理论与方法加以指导；从学科发展方向看，战后出现的控制论、系统论、信息论等理论与学科的发展，为决策学研究提供了理论参考与方法借鉴，同时作为管理学分支的决策学，其自身发展与认知也在推动着学科不断向前。总的来看，决策理论的发展演变大致经历了以下三个阶段：古典决策理论（Classical Decision Theory）、行为决策理论（Behavioral Decision Theory），以及当代决策理论（Contemporary Decision Theory）。

古典决策理论又称规范决策理论，该理论主要以"理性人""经济人"假设和信息完全对称为立论基础，把现实世界中的决策问题抽象和概括为可推理、可量化的数字和模型，代表了人类对决策结果理想化、严密性和可比性的追求[2]。古典决策理论认为，经济角度是决策行为的根本，决策的最终目的在于为组织获取最大的经济利益。理论的主要内容包括以下几点：第一，决策者必须全面掌握有关决策环境的信息情报；第二，需要充分了解有关备选方案的情况；第三，应该建立一个合理的层级结构，以确保命令的有效执行[3]。建立在决策者绝对理性、对信息充分了解与信息完全对称基础上的理论假设，能够得出理想中的最佳决策方案，但理想结果却会与实际情况产生明显出入。在理论假设的决策行为中，未能充分考虑非经济因素在决策中发挥的作用，与现实条件下的决策环境相去甚远，得出的结果也无法正确指导实际的决策活动。决策行为受到多方面因素的综合影响，不仅包括经济、社会、文化因素，还会与人的行为习惯、情绪等紧密相关，无法通过单纯的定量分析加以描述。

与古典决策理论"绝对理性"与"最优原则"不同，行为决策理论从另外的角度诠释了管理的决策过程，进而提出"有限理性"与"满意原则"，能够更加合理地解释和指导实际决策行为。赫伯特·西蒙（Herbert Simon）作为行为决策理论学派的核心学者，他在著作《管理行为：管理组织决策过程的研究》（*Administrative Behavior: A study of Decision-Making Processes in Administrative Organizations*）中指出，理性的和经济的标准都无法确切地说明管理的决策过程，还需要充分考虑决策者的心理与行为特征，如态度、情感、经验和动机等因素的影响。行为决策理论抨击了把决策视为定量方法和固定步骤的片面性，主张把决策视为一种文化现象，强调决策的综合因素影响与价值判断。

总结起来，行为决策理论的主要内容包括：人是有限理性的，在进行决策行为时无法做到绝对理性，多方面因素都会对决策产生影响，进而导致决策结果的非线性特征。决策者在提出问题、解决问题时容易受自我感知偏差的影响，导致在进行决策时，直觉判断常优先于逻辑分析。面对决策时间、可利用资源等条件限制，决策者即使在充分了解和掌握决策相关信息的前提下，也只能做到部分掌握备选方案情况而非全部。面对决策风险，决策者对待风险的态度影响更加显著，通常倾向于选择风险较低的决策方案，而非单纯从经济利益视角出发。最终的决策结果只求令人满意，在既定标准之上且能够保证决策行为的顺利进行，而不是努力去寻求最佳方案，因此在决策中总体表现为有限理性与秉承满意原则。

针对"绝对理性"的批判与挑战，不仅包括行为决策理论的"有限理性"，查尔斯·林德布洛姆（Charles Lindblom）的"渐进决策"[4]也对其产生怀疑。林德布洛姆认为社会政治过程存在四种基本形态：第一，政治体系是价格体系，政治家需要权力、公众需要服务，双方在供求关系中相互制约与平衡；第二，政治体系是自上而下的层级体系，每一级都受到上级控制；第三，政治体系是多元体系，存在着不同利益者间的相互竞争；第四，政治体系是议价体系，多元主体在经过博弈、妥协后才能就问题达成共识[5]。在上述四种形态中，都无法实现理性化的最优决策，而需要经过长期的渐进优化过程，才能实现决策结果的渐趋合理。决策并不存在所谓的固定程序，而需要根据组织内外部条件的变化进行适时补充与调整。

当代决策理论的进一步发展，是将古典决策理论与行为决策理论有机结合的过程，不仅强调人的主观影响，也明确在决策中利用科学理论、方法与手段的重要性。定性与定量方法的综合应用，有助于更加全面地开展决策。决策行为的运行包含决策目标、多个可行的备选方案、决策实施以及目标优化等内涵，是决策者、决策信息、决策对象等三要素的组织作用过程[6]。基于对组织内外部条件的分析研究，确定决策目标，构思实现目标的可行方案并对方案进行比较、评估从而做出择优选择，最后对确定的方案展开实施，并保持定期检查、监测、调整以确保既定目标的最终落实。科学方法与工具的应用，包括系统论、运筹学与计算机科学等，为决策行为的科学运作提供了重要手段。如2010年上海世博会（世界博览会）园区规划建设中三维仿真可视化管理系统的运行[7]，2014年青岛世界园艺博览会园区交通组织的仿真模拟[8]等计算机方法的应用，为规划方案的设计决策提供理性支撑，增强了决策与管理的科学性。

（2）决策理论视角下的城市设计管控

现今国内外对于决策研究主要分为两个方向：一是由瓦尔德（Abrahom Wald）创立的以统计学、运筹学为基础的统计决策；二是以赫伯特·西蒙为代表的基于心理学、社会学、组织学的决策行为研究，侧重公共决策及政府决策领域[9]。城市设计管控不仅只涉及空间形态的研究，同时还包含人群行为、市场经济、政策法令、心理认知等多方面因素的影响。从多元视角出发，决策理论视角下的城市设计管控关注城市物质空间、人本行为特性、市场运作机制、群体心理特征等普适性价值因素，能够基本适用于我国国情下的管控语境，因此对决策行为的综合研究于城市设计管控而言具有更大价值与意义。

在决策理论视角下，城市设计管控呈现出以下三大特征：决策有限理性、决策过程理论，以及决策信息系统支撑（图3.1）。三者互为支撑，推动着城市设计管控的完善落实。总体来看，有限理性与过程决策是城市设计管控中主体的内在行为特征，而决策信息系统则更显现出明显

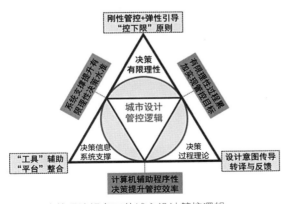

图 3.1 决策理论视角下的城市设计管控逻辑

的技术工具特性，能够为推动有限理性与过程决策水准与效率提供助力。三大特征在城市设计管控中分别表现出以下原则与内容要点：一、决策有限理性原则下的刚性管控与弹性引导相结合，采取"控下限"的管控决策原则；二、决策过程理论原则下的设计意图传导、转译与反馈机制；三、决策信息系统支撑下的决策"工具"辅助与"平台"整合原则。同时，三大特征两两之间也存在互相促进的可能性，形成计算机辅助程序性决策以提升管控效率，系统支撑提升有限理性决策水准，以及有限理性过程累加实现最终管控目标等相互间的良性互动。

城市设计管控可认为是政府部门基于法定化的城市设计技术成果，对城市空间形态、公共空间等进行控制与引导的公共管理行为，其间包含多专业技术学科、多元主体间的协同决策。在管控中，三大特征之间相互配合，可形成以决策信息系统为支撑，连续有限理性决策相累加，而渐进实现既定管控目标的城市设计管控过程。

3.1.2 城市设计管控的"有限理性说"

在古典决策理论视角，经济学家以"理性人""经济人"为前置条件来开展经济分析，强调经济人的行为是合理的、理性的，所追求的是利益最大化目标。但西蒙的学说却认为，在现实情况下，个人和企业的决策都是在有限度的理性条件下进行的[10]，信息缺失、人为主观判断等因素的影响，使得人们的认知很难让每次决策都达到绝对理性要求，因此"有限理性说"能够更加合理地解释人们的决策行为。从目标导向与决策路径层面，

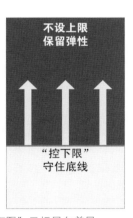

图 3.2 "争上限"与"控下限"目标导向差异

两种理论与思维方式形成了截然不同的应对逻辑，"绝对理性"导致决策人寻求最佳结果，而"有限理性"则引导决策者寻求符合要求或令人满意的结果。一个是在制定最高标准并力求实现；另外一个则是在制定最低标准，并不对上限作出任何其他要求，由此带来了两种截然不同的目标逻辑："争上限"与"控下限"（图 3.2）。

城市设计是对空间环境的谋划与落地过程，从设计到管理，再到建设实施，其间会经历数不清的决策循环，通过决策的累加最终实现既定建设目标。在有限理性的框架下来理解城市设计管控，可以认为每一次决策都是决策者在自身认知的局限条件下做出的，每个决策者的认知水平都呈现出"有限理性"特征，不同的决策者所认知的内容也不尽相同。

比如在城市设计方案设计阶段，设计团队可以从不同视角、切入点对场地进行谋划，方案的不同视角也反映出不同设计团队对于城市认知角度和深度的差异。由此产生的决策结果也是令人满意而非最优解，毕竟没有任何团队能够实现"绝对理性"地认知城市并作出方案决策。因此在上述决策背景下，需要尽可能地提升每一次决策的认知与理性水平，尝试借助城市空间信息决策系统的辅助，以提高整个管控决策链条的科学性与综合理性。

城市设计管控不是为了事无巨细地对后续设计进行"束缚"，管控的目的在于制定规则、标准，后续设计需要在保证达到标准要求的基础上进行更加深入的设计决策，不仅为后续设计工作开展保留了弹性，同时也制定了刚性管控规则基础。随着城市设计深度的逐渐增加，空间尺度也由宏观不断向微观聚焦，相应的刚性与弹性管控规则经历了多轮"制定—完成—重新制定"的更新迭代与细化过程，总的类型与数量不断扩充，但其最终的管控逻辑仍然以"控下限"为原则，为设计师、建筑师的发挥留有足够弹性。

（1）设计阶段的有限理性

设计阶段是城市设计发挥想法与创意的过程，但与单纯的艺术创作不同，城市设计创作还必须遵循基本的理性规则与科学原理，总体呈现出科学与艺术结合、理性与感性并置的特征。从目标属性来看，城市设计的目标是不断进化的非终结性目标，而不是一般设计的终结性目标，实现城市设计目标是多种相关学科或专业领域的共同任务，不是单一学科或专业领域可以完成的，目标的特殊性决定了城市设计能够成为为相关设计领域建构逐步接近既定目标通用"法则"的有效手段[11]。

城市设计牵涉的影响因素众多，且处于动态变化之中，包含社会、经济、文化、空间、美学、生态、功能、交通、人群等诸多方面，进而导致城市设计的目标呈现动态性、非终结性特征。每次的设计过程都呈现出有限理性特征，不同的设计团队所产出的设计成果切入点与侧重点也不尽相同，或强调综合最优，或主张公共交通主导，或强调生态环境优先，或基于空间美学架构，或以功能组织合理化为根本等。因此在设计阶段需要更加多元化的设计思路，以便能够为最终方案的敲定提供多元设计视角。多元化设计的最终目的在于有限理性的不断累加，从多元化视角来提升城市设计方案的综合理性水平，以降低决策失误风险。最终敲定的城市设计方案也是在综合了多元视角理性分析思路的基础上，得出的有限理性综合最优方案。

设计深度也是影响城市设计理性水平的重要因素。总体来说，设计深度与城市设计空间尺度具有较大关联性，两者呈现出反向关联特征，即空间尺度越大，相应的设计深度[①]

---

① 此处的设计深度是以最终实施建设要求与条件为参照标准，而非指各阶段城市设计的设计深度。

越浅；反之亦然。城市设计空间尺度越大，如总体城市设计、分区城市设计等，设计中需要考虑的因素、对象纷繁复杂而使设计充满了不确定性，最终成果多以框架性、系统化引导为主，对城市设计体系内容进行系统化建构与梳理，设计成果引导性强于控制性。随着设计尺度的聚焦，在地段级乃至地块级城市设计方案中，场地影响因素逐步明晰且理性可控，设计师对场地内外可能的影响因素全面掌控，能够基于专业知识做出较高理性水平的设计决策，

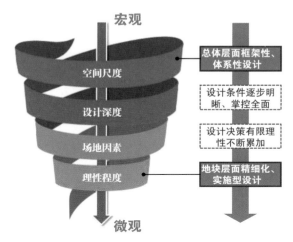

图 3.3 从宏观到微观设计决策有限理性的累加

设计成果中的控制要点得以更加明确。城市设计从宏观到微观落实的过程，是设计决策有限理性不断累加的过程（图 3.3），意图的有效传导也是实现设计意图落地实施的必由之路。理性、精细化的城市设计成果是后续管控的重要基础，只有建立在精细化设计基础上而由此提炼的管控要点，才是城市设计管控与实施的主要技术支撑。

（2）控制阶段的有限理性

控制阶段是设计与管理间的过渡阶段，需要将设计意图转译为管理语言，通过对设计意图进行总结、提炼、归纳、精选而形成管理控制规则，整个转译过程呈现出有限理性特征。管控型城市设计并不直接设计任何的最终物质实体，但需要对实体要素与空间的组织、相互关系等作出系统性安排。管控规则要点的提出需要给后续的深化设计，包括建筑设计、景观设计、实施型城市设计等留有足够空间与弹性，以保证在确定的刚性管控意图有效落实基础上，不影响后续设计的可操作性。控制阶段的有限理性特征主要表现为"控下限"，即严格控制城市设计意图中必须刚性落位的管控要点，如历史特色风貌区的整体建筑风貌控制要求、重点地标建筑的视觉廊道控制、体系化的公共空间组织等，最终目的是构建"刚性控制＋弹性引导"的刚柔并济管控机制，刚性控制守住底线"控下限"，弹性引导明确方向"无上限"，以通过渐进式原则推动有限理性决策水平逐步提升。

（3）管理阶段的有限理性

管理阶段的运作是建立在控制阶段完成的管控要点基础上，主要工作是以管控要点为参照与手段，对后续深化设计开展"提要求、审方案、批项目"的过程，也是方案协同审议与审查、方案评审与审批等行政管理行为开展的过程。有限理性特征主要表现在整条管理路径所采取的决策原则方面，从以"控下限"原则所制定的管控要点为基础，到对设计

方案的部门审议、专家评审、成果审查及最终审批，均是有限理性不断累加的行为表现。

规划要求与设计条件的提出，采取的即为"控下限"原则，目的是给予设计团队足够的空间来创作优秀的设计作品。部门审议、专家评审、成果审查、最终审批等行为，也是针对设计单位提交的方案，从现状情况匹配度、方案构思与设计、可操作性、与其他相关专业衔接等方面作出的有限理性水平提升过程，最终目的是通过多元化、多主体间的协同决策以提升城市设计理性水平，更好地完成管控与实施运作。

多元决策主体对场地与设计方案有其擅长的理性认知范围，正如设计团队擅长方案设计与体系组织，规划管理人员对现状情况了解深入，规划评审专家擅长技术把关，城市领导具备综合性决策视野，相关专业部门能够从其他技术专业视角提出理性建议，公众可根据自身诉求提供真实有效想法，等等。多元决策主体都能基于自身主观认知，并作出有限理性判断与决策。多元主体间有限理性的协同、累加，为城市设计管控实施提供多方助力。

城市设计管控是对未来城市空间形态与公共空间进行控制与引导的过程，现状环境与条件是设计基础，但最终落脚点为未来的规划人居环境。未来的发展充满弹性与不确定性，因此需要在秉承"控下限"的原则下，为未来发展留出更多弹性。

3.1.3 城市设计管控的"过程决策说"

城市建设与规划的动态性决定了城市设计是一种连续性的决策过程，其首先面临的是利益归属与分配问题，而不仅仅是就其内容所反映的城市形态环境问题[12]。从城市设计的设计阶段，到管理、建设实施、运营维护及实施评估，整个过程存在着正向传导与逆向反馈机制（图 3.4），通过决策意图的传导与反馈，进一步提升城市设计过程决策有限理性水平，完善城市设计管控与实施路径。

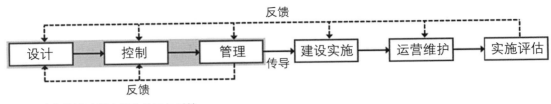

图 3.4 城市设计过程决策的传导与反馈

在整个决策过程中，上一阶段的决策结果成为下一阶段的决策条件，下一阶段决策是对上一阶段决策的贯彻落实与深化细化。通过不同阶段决策研究行为的有限理性累加，并基于过程间的决策意图传导与反馈，进而实现有效的城市设计过程决策。通过对流程与步骤进行组织、设计，依托城市空间信息决策系统以建构程序化的日常管理与协同决策机制，并落实程序化决策以提高城市设计管控的整体决策效率。

（1）设计阶段的过程决策

设计阶段的过程决策特征主要表现为设计方案的逐步深化、细化。具体来说可分为两种情况，即空间尺度上从宏观到微观的意图过程传导，以及时间脉络上从过去到现在的意图过程延续。

在空间尺度方面，不论国内城市采取何种城市设计阶段划分标准①，整个过程都具备明显的从宏观到微观过程传导特性，从宏观的总体城市设计到微观的地段、地块级城市设计，最后到实施型建筑设计与景观设计等。以城市设计项目为载体，逐步深化、细化城市设计内容，并将宏观城市设计意图逐步落实到微观层面，实现城市设计阶段的意图过程决策。"真理越辩越明。"在城市设计意图传导过程中，微观层面的设计是对宏观设计意图的传承与反馈修正，随着设计条件的逐步清晰、影响因素的逐渐稳定，城市设计方案的理性与精细程度也越来越高，并能将设计意图最终落实到规划管理与实施之中。

在时间脉络方面，它体现的是同一地块在不同时间节点、不同阶段，所完成的设计成果中设计意图的延续过程。城市设计重复编制有着一定的必然性，随着设计条件的动态变化，对于地段的空间形态组织也需要进行相应调整。城市重点地段的开发建设，如城市中心区、滨水区、门户地区、历史风貌保护区等特色意图地区，在敲定最终实施方案前，都需要经过漫长而反复的城市设计方案推敲过程，通过多元化的设计团队、多视角的方案构思来全面考虑地区建设可能性。城市重点地段就意味着场地所涉及的影响因素多、设计条件复杂、不确定性大，基于有限理性决策原则，无法依靠一次设计就能全盘把握其中重点，而重复设计就成为通常采用的操作方法。重复设计的目标是追求过程理性的累加，可以从多元化视角对场地与设计方向进行更加理性的认知，因此在重复设计阶段，不同背景的设计团队、多样化的设计方案构思是整个过程所要追求的目标与手段。

城市设计目标与条件的动态变化特征也会强化重复设计的过程跨度，当场地中的内外部条件发生重大变化而导致设计目标发生变化时，相应的城市设计构思与方案势必也会发生重大变化。每一阶段的方案设计都是设计团队在自我认知基础上开展的有限理性决策过程，该阶段的最终设计成果能够为下一阶段的方案设计提供参考，也是设计意图在时间脉络方面的过程延续。正是在空间尺度与时间脉络的双向过程发展框架下，城市设计意图传

---

① 国内城市对于城市设计的阶段划分标准不一,如深圳依托五层次规划体系,将城市设计分为总体层面、次区域层面、分区层面、法规图则以及详细蓝图层面等五个层次;厦门将城市设计分为总体层面、片区层面、专项与街区四个层面与三个层次;武汉将城市设计分为总体层面、分区层面、局部以及街坊层面等四个层次等.

导与有限理性水平能得到有效落实与提升。

（2）控制阶段的过程决策

控制阶段作为设计与管理之间的过渡阶段，相应的过程决策特征不甚明显。可将对城市设计方案展开的管控要点归纳、提取、凝练，看作是方案的"再设计"过程，过程中需要综合权衡城市设计方案与管控意图间的相互关系，才能够有效地将城市设计语言转译为规划管理语言。"再设计"的过程在于取舍，需要明确城市设计方案中哪些内容是需要进行刚性管控加以传导落实的，哪些是需要弹性引导的内容，进而将设计阶段优秀的城市设计方案凝练为简要、明确的管控规则要点，将其作为控制阶段的决策成果落实到后续管理之中。根据管控特征与内容的差异，"再设计"过程凝练得出的管控要点主要包括管控目标、管控力度、管控要素、管控内容、管控指标等。最终的要点成果可通过文字加图示语言的方式加以表达，以便能够更加清晰、明确地传递城市设计管控意图。

"再设计"的过程仍是城市设计专业技术流程，主要由城市设计师来主导并操作，整个过程也并非只是设计师们的"自说自话"，还需要开展多部门、多技术专业的协同审议，尤其是规划管理部门的全程参与，最后经过各相关技术专业的专家把关，才能保证最终的"再设计"成果有用、能用、好用。管控规则要点在后续城市设计、管理阶段以及实施建设中都发挥着重要作用，是开展城市设计管理的技术基石，也是彰显城市设计公共政策属性的技术保障。

（3）管理阶段的过程决策

管理阶段的工作主要由规划管理部门来主导，整个工作流程较为稳定、明确，也具有明显的过程属性特征。从城市设计的前期准备与任务发布，到方案沟通汇报、部门审议，再到专家评审、方案审查、规委会审议以及最终成果审批，并开展管理阶段全流程、自下而上的公众参与，整条流程的运行可基本归属为渐进式的过程决策。其中每一个步骤都构成一次过程循环决策，下一阶段工作也需要在上一阶段成果与修改意见的基础上继续深化、优化。渐进式的过程决策不仅能够有效、扎实地推进城市设计日常管理工作，还能够借助过程决策以尽量降低重大决策失误与风险出现的可能性，如若发现问题只需对其中某一特定过程进行修正，避免了彻底推翻重来的严重后果，具有一定的抗风险属性。

管理阶段中也存在潜在的风险因素。城市高层领导班子，尤其是最高行政长官在我国城市建设与管理决策中具有绝对权威。在科层制的行政体系下，长官意志对整个城市设计运作具有决定性影响，有时领导的主观意愿可能将已接近完成的运作流程彻底推翻，这点在中小城市的规划管理中尤为明显。通过建立与高层领导班子间的信息传递机制，将高层领导的决策意图置入管理流程中，能够实现双方有效互动，降低城市设计运作风险。过程决策伴随着意见反馈机制，经由正向传导与逆向反馈机制并行，能在过程决策中形成管理闭环，从而更加有效地提升管理的有限理性水平。对程序化决策与非程序化决策的区分是行为决策理论的重要观点，城市设计日常管理工作需要逐步建立明确的程序化决策路径，基于责任人事权的明晰、流程分工的细化落实，推动管理工作更加高效运转。

3.1.4 城市空间信息决策系统辅助决策

计算机辅助决策是现实需求，是未来发展趋势，也是决策理论的重要主张。面对愈发复杂的城市建设与管理场景，需要借助计算机的理性测度以辅助决策。城市空间信息决策系统是基于计算机技术，通过对城市时空大数据，如地理空间信息与数据、时间动态数据等的采集、集成，并借助人工智能、数学算法等工具，对城市实体与空间要素及其相互关系进行识别、计算、预测、模拟，能够实现对城市空间环境的"四维精控"，即问题特征精细分析、管理要素精确量化、决策资源精密集成、管理方案精准决策[13]。

总体来看，空间信息决策系统是个相对笼统的概念，包含的内容也十分广泛，是包括如运用在城市规划、城市设计、交通管理与模拟、市政管线等方向的计算机辅助工具的总称。本书所研究的城市设计数字化平台可认为是决策系统中的重要分支，重点以城市三维空间形态的可视化、模拟分析、测度管理等为研究内容，能够为城市空间形态管控决策提供理性支撑。

数字化时代的来临为城市设计管控提供了新的发展机遇。基于 GIS 空间分析平台，对城市空间数据的采集、存储、计算、分析与可视化等，能够实现对城市物质空间的虚拟建模，并在此基础上进行空间形态的设计与管控探索。以信息数字技术为代表的建筑学科科技平台的创新[14] 将会是未来城市设计发展的重要方向。在新时代背景下，城市设计应对的问题、工作内容和操作程序等越来越综合复杂，"技术创新"和"制度创新"都是强化城市设计运作成效的关键途径[15]。建立以城市设计数字化平台为代表的城市空间信息决策系统（图 3.5），能够有效应对城市设计管控的实际需求。

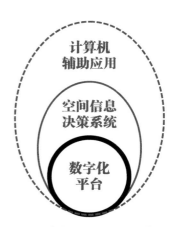

（1）"工具"与"平台"

城市设计数字化平台能够为城市设计管控的理性决策提供技术支撑，借助大数据、人工智能、机器学习等数字技术的应用，探究城市内在空间发展与人群活动规律，为城市设计的理性决策助力。它既是决策辅助"工具"，更是决策

图 3.5 数字化平台与空间信息决策系统之间的关系

协同"平台"。

"工具"的含义是能够为决策者提供更加有效、高效的方法与手段，以解决城市设计运作中所遇到的问题，提升城市设计决策的理性水平。城市设计管控是连续决策的过程，过程中牵涉多元主体，包括政府部门、开发商、市民公众、规划设计单位、行业技术专家等。城市设计数字化平台的使用，能够有效提升规划管理效率、管控精细度；但最终决策权仍掌握在人的手里，数字化平台扮演着理性决策"工具"的角色。基于数字化平台的理性决策，建构人机互动的城市设计决策机制，并依托稳定的程序化决策路径，可以提升城市设计管控的实效性。

"工具"意味着管控效率提升、效果精细化，在理论层面属于量变的过程。由技术创新引发的机制创新则能为城市设计管控带来质的飞跃。城市设计数字化平台的应用，能够优化既有的城市设计管控机制（图3.6），通过基于"平台"的协同决策，有效整合多元主体意图，促进多部门协同决策，引导公众参与的开展。利用"平台"辅助，意味着能够建立更加扁平化、去中心化的协同决策机制（图3.7）；实现全流程、三维可视化场景下的数字化公众参与，为完善城市设计自上而下、自下而上"双通道"管控提供有力支持。数字化时代的"平台"应该更加强调数据集成与耦合分析，从需求端与数据端入手加以整合，成为链接多元化用户与多源大数据的智能、集成化终端。

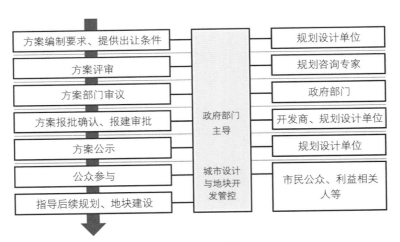

图 3.6 传统以政府部门为中心的城市设计管控

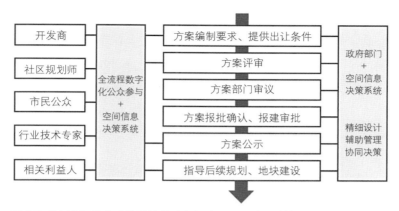

图 3.7 基于空间信息决策系统的城市设计 "双通道" 管控

（2）设计阶段的计算机辅助决策

在城市设计阶段利用计算机技术进行辅助设计已有较长时间的应用历史，从最初的 CAD（Computer Aid Design，计算机辅助设计）到当下的 DAD（Data Augment Design，数据增强设计）、大数据分析方法应用、人工智能模拟预测等，计算机辅助设计也由最初的工具辅助逐步发展成为人机交互辅助决策的应用模式，数字化城市设计也成为学科当前发展的重要方向。尽管在人机交互模式中，仍然无法改变计算机作为城市设计辅助工具的终极定位，但其所扮演角色的重要性已然超越了普通设计工具，逐渐成为设计过程中不可或缺的组成部分。

当前城市设计实践的巨型化、人本化、动态化特征明显，尤其是中宏观层面的大尺度城市设计，对于数据分析支撑的需求越来越强烈，分析与应用类型也多种多样。大尺度城市设计由于空间尺度巨大，如部分总体城市设计的设计范围总面积已达数百平方千米。面对如此巨大的空间研究范围，设计师已然完全丧失了对空间的认知与感知能力，故而需要借助数据分析以建立理性决策基础。与此同时，移动互联网、3D GIS 以及大数据分析技术、多样化设计应用软件等技术与方法的蓬勃发展，也为设计应用提供了更多可能性。

总结起来，设计阶段的计算机辅助应用可分为辅助现状分析、辅助设计决策以及辅助成果表达三部分。从数据的采集、清洗、落位，到分析、研究、应用，再到模拟、预测、反馈及最终成果表达，计算机技术在城市设计中发挥着越来越重要的作用，也能够为设计师的设计决策提供理性支撑。大数据的应用还存在着应用范围与应用场景的选择问题，部分数据的精度限制也对数据的应用范围产生影响。总体呈现出中宏观层面数据类型多、应用范围广，而微观层面应用范围相对较小的特征，并与设计师对空间的认知与感知能力相辅相成。基于人机交互机制的城市设计运作，能够有效提升城市设计有限理性水平。

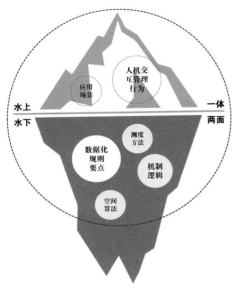

图3.8 数字化平台实际应用的"水下"与"水上"内涵

在本书的讨论中，针对设计阶段的计算机辅助决策，更多地关注最终的应用结果，而非技术的应用过程。城市设计管控强调的是对最终设计成果的传导、转译及实施落实，设计阶段的最终城市设计成果成为后续控制阶段、管理阶段的工作基础。运用计算机进行辅助设计的目的是提升成果理性水准，以便凝练出合理、理性的城市设计管控意图。

（3）控制阶段的计算机辅助决策

控制阶段为管理阶段奠定基础，为保障管理阶段能够充分发挥计算机特长，提升城市设计管控效果与工作效率，控制阶段的工作重点为基础数据准备与明确方法应用场景。控制阶段明确实际应用的运行机制与逻辑体系、空间测度方法以及规则要点的数据化，可归纳为实际管理应用的"水下"部分；而管理阶段注重实际应用场景及人机交互框架下的管理行为特征优化，展现出的是"水上"部分特征（图3.8）。

控制阶段的计算机辅助决策目标是构建数据分析基础与空间测度方法，并为后续的场景应用提供保障。关键内容为城市设计管控意图的数字化，即将归纳、凝练而来的管控规则要点转译为计算机语言，并确保计算机能够进行读取、识别与开展空间计算等。管控意图的数字化可以通过文本语义、空间测度计算等思路加以实现，在完成CAD制图与规则要点文本编写的基础上，借助GIS平台工具，实现对部分管控要点的智能化测度。传统基于CAD软件的城市设计导则编制，也是计算机辅助方法之一，能够有效提升管控精准度，但展现的更多是技术工具属性；计算机的应用场景主要为辅助设计师将城市设计意图电子化，可归类为制图工具。基于城市设计数字化平台的辅助决策，不论是在设计、控制还是管理阶段，所追求的目标是基于人机交互的计算机理性决策辅助，充分发挥计算机在空间测度与计算等方面的优势，为人们的最终决策提供参考。集成化、智能化、实时化是数字化平台未来的发展方向。

（4）管理阶段的计算机辅助决策

城市的数字治理已然深入人心，城市设计的数字化管控是未来发展的重要方向。在政府部门的行政管理中，对数字技术如互联网、信息管理系统等的应用经历了不同的发展阶段(表3.1)，从最初的单向逐步向多极互动方向发展。城市设计管控不仅涉及行政管理内容，还呈现出明显的专业技术特征，是专业技术与行政管理的结合体，兼具两者的管理属性。技术管理强调目标导向，行政管理强调程序导向。在管理阶段，既定的、明确的技术目标是日常规划管理的参照对象，规划管理便以完成既定目标为基本准则，正如城市设计管控规则与要点成为后续项目审查、审批、入库的参照条件。作为行政管理属性行为，日常管理要遵循相对稳定的运作程序，以规划管理部门为中心，寻求规划设计团队、相关专业管理部门、行业技术专家、城市高层领导班子等多元主体间的协同决策与互动反馈。

表 3.1 政府管理方式发展阶段概括

所处阶段	运行模式	特征	技术特点	应用情况
第一阶段：信息（Information）	利用互联网发布信息	受众单纯接受信息，无主动服务，维护和管理水平较低，无专职维护和系统升级人员；设计简单，定义模糊；无相关链接	单向	仍有大量应用
第二阶段：交互（Interaction）	公众通过电子邮件（Email）和电子信箱（E-Box）提交在线表格，允许在线下载某些特定形式的资料和文件	公众容易获得公共服务，政府提供服务灵活性增强；但反馈相对缺乏，不同部门之间要求公众提交私人信息时不同的内容和形式增加系统烦琐度；导航界面功能欠缺	双向	大多数国家政府门户网站
第三阶段：提交（Processing）	自动完成网上提交服务申请，可离线编辑提交内容	信息及服务更强调以人为本，关注功能完备；反馈和技术的应用使管理者更接近服务受众；信息获得方式克服语言及残疾障碍	交互	地方政府
第四阶段：交易（Transaction）	政府信息、服务整合，形成多机构、多服务的政府管理系统	关注政策或战略的制定，为公众和企业提供更有效的全方位在线服务媒介；借助外部的技术和人力资源进行支持	多极	地方政府管理革新

资料来源：Criado J I, Ramilo M C. Performance in E-Government: Web site orientation to the citizens in Spanish municipalities[C]//Proceeding of European Conference on E-Government, Dublin, 2001.
转引自：王双. 城市公共管理理论演进、实践发展及其启示 [J]. 现代城市研究, 2011, 26(10): 91-96.

管理阶段的计算机辅助决策需要从技术管理与行政管理两方面加以展开，在实际管理过程中，两方面内容是相互交织、相互配合的。在技术管理方面，借助计算机长于空间计算的特点，不仅能够有效提高管理工作效率，还能为管理决策提供理性支撑。在行政管理方面，程序性决策是日常管理的主要工作内容与表现形式，基于计算机的辅助能够提升程序性管理的整体效率及精细程度，并实现优化程序性管理路径的目标。与此同时，数字化平台的数据集成、精于计算、精细表现等特征，能够为多元主体间的协同决策、全流程与多渠道的数字化公众参与提供优化途径。

归根结底，决策理论视角下的城市设计管控强调基于计算机新技术的有效应用与辅助决策，并对既有管理行为特征与管理路径进行优化完善。管理行为特征受制度与技术两方面内容的影响，在当前体系制度保持相对稳定。在技术创新大步向前的时代背景下，探讨技术创新对城市设计管控可能产生的影响与变化，不仅有助于强化既有管控行为特征，为有限理性决策与过程决策提供技术"工具"支撑；更能够基于"平台"架构，实现多元主体协同决策、既有决策路径优化提升的更高层次目标。技术创新作为触媒，为城市设计管控整体效率的提升、有限理性水平的增加、协同决策路径的优化提供了改善的可能性。因此，本书重点探讨的主要内容都与上述影响与变化相关联，包括城市设计数字化管控的体系建构、机制优化、方法应用、路径完善等方面内容。数字化时代赋予城市设计管控重要的发展机遇，利用数字化技术能够有效整合资源，实现城市空间形态管理的数字化变革，推动城市设计管控的精细化、公平化、多元化发展。

3.2 基于数字化平台的城市设计管控技术机制

数字化时代为城市物质空间的管控带来了根本性变革，通过对城市物质空间的数据采集、清洗、落位、集成，人们能够在虚拟赛博空间（Cyber Space）再造一座全息的"数字孪生"城市。随着信息技术的进一步发展，万物互联的时代即将到来，借助计算机强大的运算与存储能力，能够实现万物单独身份认证的终极目标，并以此对其属性进行数字化管理。这座数字城市的运行呈现出高效率、高精度、低成本、能扩展等诸多特征。城市设计管控作为数字城市运营、管理层面的重要组成部分，同样受到数字化技术的变革影响，因此本书的重要创新点之一即为讨论、梳理数字化技术支撑下城市设计管控的新机制。探寻基于数字化技术应用，城市设计管控意图的多尺度层级传导、网格化管理、数字化转译、全要素管控，以及虚拟空间建设与人机交互、多部门协同、数字化公众参与等相关内容。

城市设计管控同时具有专业技术与行政管理特征，在技术机制层面重点讨论如何利用数字化技术实现基于数字化平台的城市设计管控，主要包括城市设计意图的传导与反馈机制、城市设计意图的转译机制，以及计算机空间测度机制、模拟预测机制等（图3.9）。

首先，传导与反馈机制主要关注设计阶段的城市设计意图多尺度传导与衔接内容，从宏观总体城市设计的结构性、框架性意图如何逐步落实到微观地块层面的实施性、精确性

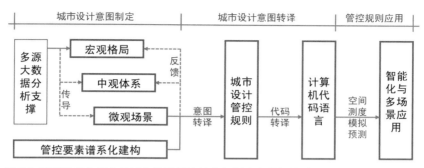

图 3.9 基于数字化平台的城市设计管控技术机制内在逻辑关系

意图，在保证意图上下传导路径通畅的基础上实现意图的无损传导。其次，转译机制是将城市设计语言转译为管理语言、计算机语言的过程与方法，考虑到数字化平台建构的实际需要，转译过程将从需求导向出发对管控要素进行谱系化、要点编写规则化，最终通过管控规则的数字化、代码化，实现城市设计语言向计算机管理应用语言的转译，并为后续实现计算机智能化测度、多场景应用奠定基础。最后，空间测度机制与模拟预测机制的研究内容介于规则代码化与场景应用之间，可将其理解为计算机进行智能化应用的阶段，是规则代码化的高级应用阶段，也是管理阶段多场景应用的"水下"技术支撑。

3.2.1 城市设计意图传导反馈机制

城市设计意图的数字化自上而下传导、自下而上反馈，是协调整体与局部、宏观与微观、设计与管理等的主要策略，在延续既有城市设计、建设管理路径的前提下，旨在借助数字化技术，对既有逻辑进行优化完善。城市设计不仅着眼于宏观，且需落实到微观，通过将上一层级的设计意图向下传导至下一层级，以控制和引导下层级的城市设计，乃至街区与地块设计及开发建设，因此传导路径的通畅成为城市设计管控的关键点。

城市设计意图数字化可通过矢量边界、空间分析、三维模型、文本语言等多元途径加以实现，通过矢量化、数据化等技术手段，旨在打破不同尺度层级、不同要素类型之间的隔阂，为后续的传导、转译奠定基础。归纳起来，城市设计意图的数字化大致包含两部分内容：一是城市设计意图的多层级间传导，二是设计语言向管理语言的传导转译。两条传导路径的通畅是城市设计意图有效落实的坚实保障。

设计阶段是整个管控运作的基础，只有建立在精细化设计基础上的管控，才能实现城市设计塑造优美城市空间形态、提升公共空间品质的目标。城市设计不同于建筑设计、景观设计，存在明显的间接性与"二次设计"特征，同时表现出层级性与多类型性。因此，城市设计意图在不同层级、不同类型、不同设计主体间的有效传导、转译就变得异常重要且颇具难度。设计决策是设计意图从宏观传导至微观，并从微观反馈至宏观的互动过程，其间需要多专业技术团队、咨询专家以及政府部门等主体进行多轮协同决策，以理性确定地块设计意图。多层级城市设计是个动态、连续的过程，每一次的设计决策结果都成为下一次设计的基础，为保证刚性意图有效落实的基础上同时保留足够的设计弹性，设计决策需要在有限理性的框架内实现"控下限"目标。数字化技术的应用不仅能在各层级城市设计方案中提供理性决策辅助，也能为城市设计意图的有效传导提供助力。

（1）数字化技术辅助理性设计决策

设计阶段面对的中宏观层面城市设计呈现出范围大、层级多、内涵广的发展趋势，在传统城市设计方法体系下，面对宏观视角的城市设计分析常显得方法不足、理性程度不高，部分巨型城市设计尺度已然远远超过设计师的认知范围，只能通过设计师的感性判断以建构整体设计框架。数字化技术的应用能够填补宏观视角理性认知的缺失，帮助设计师更加理性、全面地认知设计对象，提高城市设计的有限理性水平。总体来看，数字化技术对城市设计决策的影响可分为两类：对既有传统方法的强化，以及新数据与新方法的应用。

对既有传统方法的强化。 通过对传统方法的数字化"改造"，使其能够更加精准、高效地应对大规模空间分析与计算需求，适应城市设计在宏观尺度的拓展。对于城市空间形态的分析计算，传统方法更多依赖人个体的计算能力，导致方法的应用边界受到较大限制。计算机强大的运算能力能够将研究边界大大拓展，进而实现对传统方法的数字化强化。典型案例如数字化平台基础沙盘中集成的城市三维空间数据，传统的处理方式更多是基于三维建模软件人工生成。当面对巨型尺度的建模需求时，传统方法的可操作性遇到瓶颈，不仅工作效率低下，而且可实施性较低。考虑到宏观尺度下对城市空间形态的研究重点在于整体把握、探寻规律，对于单体建筑数据精度要求较低，故可借助数字化采集技术从网络上爬取所需的城市三维模型（图 3.10），以便能够高效、便捷地完成城市设计基础数据的采集工作，这也是对传统城市设计方法的有效强化。

图 3.10 宏观层面的大规模基础数据采集

新数据与新方法的应用。大数据时代人们能够分析利用的数据类型多种多样，从静态数据到动态数据，从显性数据到隐性数据。对多源大数据采集、分析与应用，已然成为提升城市设计综合理性的有效手段，不仅能够为设计师提供新的分析方法，还可以带来新的设计思路。如基于手机信令、LBS 等数据的人群描绘与动态特征研究，能够真实地了解城市中不同特征人群对空间、功能业态的需求，并在设计中寻求空间设计与人群特征需求间的耦合，从而改变传统城市设计"见物不见人"的窘境。城市物理环境看不见、摸不着，但又实实在在地影响着人们的感知、生理乃至心理健康，风环境、声环境与热环境等都对人的舒适体验产生显著影响。在城市设计愈发强调人本关怀的原则下，对城市外部公共空间的物理环境优化也需落实到城市设计管控中，以提升城市设计综合理性。在城市设计中借助物理环境分析软件对设计方案进行模拟分析，如风环境的 Phoenics、声环境的 Cadna/A、热环境的 Ecotect 等，并建立"模拟—设计—再模拟—再设计"的设计与反馈机制，通过将软件模拟优化全流程深度介入城市设计过程（图 3.11），能够实现基于物理环境数字化模拟分析的城市空间形态互动设计，为优化城市空间体验、调整城市设计方案空间布局提供参考。

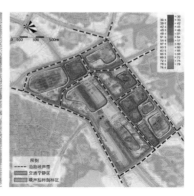

图 3.11 城市设计中物理环境模拟的交互反馈
注：从左至右分别为热环境、风环境、声环境分析。

其他的新数据、新方法应用还包括街景图像识别技术体系下的街道空间品质提升与空间环境优化、基于水文特征与水环境量化模拟分析的城市空间布局与规模控制、基于功能业态 POI 量化测度的城市功能与空间优化等等。新方法的应用为城市设计综合理性的提升提供新思路，也强化了学科间交叉融合趋势，丰富拓展了城市设计的边界与内涵。在深圳前海国际方案征集中，詹姆斯·科纳（James Corner）领衔的设计团队以"非常规"的城市设计视角来组织整套方案体系，从生态景观视角的剖析、建构来统领场所空间，以水为脉的理性阐述使其赢得了最终的方案优胜，引领了景观都市主义的设计风潮。城市设计方案不可能在每个方面都做到理性最优，各场地均有其独有的特征与个性，对于场地个性的把握而形成的理性分析视角，能够最大限度地提升城市设计的综合理性水平。同时，新视角、新方法、新数据的应用，为有效提升城市设计理性、谋划更加合理的空间布局方案、实现更加理性的城市设计管控提供了助力。

（2）城市设计意图的空间层级传导与反馈

城市设计的间接性与"二次设计"特征使得城市设计意图的层级传导成为城市设计管控中的"必需品"，也只有通过意图有效传导才能实现城市设计整体视角的协同设计。其中最典型的传导路径是城市设计意图从宏观到微观的逐级落实（图3.12），宏观层面城市设计的设计目标、内容以及手法等均有别于微观层面。在空间设计的逻辑关系上，宏观设计需要对微观设计加以控制与引导，而微观设计是对宏观设计的细化与落实，两者之间同时存在着传导与反馈机制。宏观层面的城市设计主要定结构、塑框架，对空间布局形成结构性引领；微观层面的城市设计主要抓落实、重实施，对空间形态进行精细化设计。整个城市设计意图的传导过程也是设计有限理性的累加过程，通过不同视角的分析、不同设计主体的认知、不同设计深度的推演以及不同专业学科的协同，最终实现城市设计意图的传导、明确与理性累加。

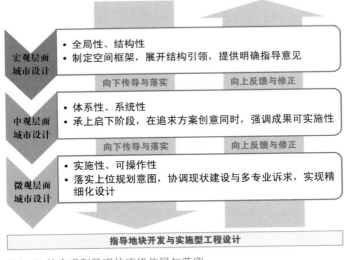

图3.12 从宏观到微观的逐级传导与落实

宏观层面城市设计。宏观视角下开展的城市设计是对城市或分区进行全局性、结构性城市设计的方法，主要目标是统筹与协调，为城市发展制定框架结构，并为后续深化设计提供明确的指导意见。该阶段的城市设计成果以框架性、原则性内容为主，以便用于指导后续中微观层面的详细设计，重点对影响整体空间格局、风貌特色塑造与核心节点的设计要素进行管控，总体以弹性引导为主。设计成果的转译过程是录入城市设计数字化平台的前置工作，将城市设计意图规则化、条文化之后嵌入数字化平台并实现精准落位，通过城市设计成果的数字化管理方式变革来实现城市设计意图在多层级尺度下的关联互动。

中观层面城市设计。中观层面城市设计扮演着承上启下的角色，向上落实、细化宏观设计意图，向下明确对微观层面设计的控制引导。成果更加具体、细致，强调对设计对象的体系化梳理，管控成果通常以城市设计导则的形式加以落实，成为城市设计意图有效传导的重要策略与工具。在追求城市设计方案创意、合理的同时，也更加强调设计成果的可实施性。设计重点在于管控要素的体系化梳理、控制、引导，包括公共空间体系、人行流线体系、视廊眺望体系等，通过对城市设计意图的精准落位，来实现以地块为最小单元的特色化管控，管控力度为刚性与弹性并重。

微观层面城市设计。微观层面城市设计介于城市设计方案推演与最终实施建设方案之间，与宏观层面城市设计的框架性、指导性、结构性原则，中观层面城市设计的体系性、系统性不同，微观层面城市设计的视角则更加精细化，强调实施性与可操作性、工程技术性，与宏观层面城市设计分别扮演着城市设计"顶天"与"立地"的角色。在微观视角下，城市设计不仅需要对上位规划设计意图进行落实，还需要协调包括现状建设情况，以及建筑、市政、土地、交通等专业学科的相关规划要求，在此基础上通过多专业间的协同决策，提高城市设计最终方案的可实施性与综合理性。

各层级的城市设计成果还可以融入相对应的法定规划，以寻求法定化途径来强化城市设计意图的层级间传导。宏观层面与总体规划衔接，中观层面对接控制性详细规划，在微观层面对接后续的建筑与景观工程设计，需将城市设计意图融入土地出让条件中，并以"一书两证"的形式体现（表3.2）。

表 3.2 城市设计体系融合的方式、内容及特点一览

类型	方式	内容	特点
整体城市设计	通过纲要或研究专题的形式融入总体规划	空间格局、总体风貌、重要节点、开放空间等	设计导则体现战略性、框架性
局部城市设计	以设计导则的方式落实于片区或局部地段的控制性详细规划	空间组合、景观系统、特色要素等	设计准则体现控制性、引导性
地块城市设计	以设计条件的方式落实到地块的出让条件中，以"一书两证"的形式体现	建筑体量、高度与组合形式等，街道界面与色彩、绿化景观等	设计条件体现技术性、实施性

资料来源：赵亮 . 从"失效"到"实效"：快速城镇化背景下的我国城市设计体系研究 [J]. 城市规划，2011, 35(12): 91-96. 作者局部有调整 .

基于管控要素的城市设计意图数字化传导。对管控要素的梳理、谱系化建构成为实现以数字化平台为依托，城市设计意图数字化传导的关键点。管控要素的特点在于全尺度、多场景适应性，通过要素属性的变化能够组合出多样化的城市空间形态，可将其视为城市设计管控的最小单元。在不同尺度层面要素的精度与颗粒度会发生变化，随着尺度视角的逐渐聚焦，管控要素的颗粒度也会更加精细。尽管如此，管控要素门类并不会出现衰减、丢失现象，不同层级间的要素管控可理解为全要素管控体系下的不同场景，城市设计意图能够实现在不同场景间的有效切换。通过管控要素来直接管控城市空间形态会带来大量的管理工作，尤其是需要将城市设计意图与要素进行精准挂接以实现特色化控制引导，这在传统的技术方法框架下几乎无法实现。而数字化平台能够充分发挥计算机特长，在保证计算机能够对管控要素进行识别与定位的前提下，实现基于全要素谱系化建构的城市设计管控，保证城市设计意图能在多重尺度间进行无损传导与反馈。

城市设计意图能够在不同尺度间进行无损传导，是意图落实的关键点。在设计阶段，从宏观、中观以及微观视角出发，设计内容与深度等均存在一定差异。微观地块级城市设计需要遵循宏观层面所制定的原则与要求，并对其进行细化、落实；宏观层面的管控则更多的是对微观层面设计内容的凝练与总结，以分层、分级原则，从重要性、结构性角度，提炼出级别高、力度强的规则进行针对性管控。通过对城市设计要素的数字化谱系建构[16]，建立一套要素分类、分级管控逻辑，可以强化设计意图在不同类型、不同层级要素间的无损传导。

整条自上而下城市设计意图传导的逻辑较为清晰，也是设计有限理性不断提高的过程，为保证传导路径的通畅，需要采取城市设计意图数字化的手段加以实现。通过将各层级、各类型的城市设计意图进行数字化，并集成到城市设计数字化平台中，相应的城市设计意图或转译为空间边界，或为图示语言，或为文本规则，或为空间结构等，数字化集成的最大优势在于精确、高效、综合，可根据时间脉络、空间尺度、场地特征等特点将相应的设计意图落实到与之匹配的空间场地，能够实现全面、高效而精确的意图传导。城市设计具有明显的尺度差异，从宏观层面城市设计到微观地段级城市设计，需保证城市设计意图能够在不同尺度层级间进行精确传导与反馈，才能确保城市设计过程决策中的有限理性有效累加。

3.2.2 城市设计意图转译机制

设计语言向管理语言的转译是传导转译机制的另一个环节，其最终目的是依托计算机进行识别、读取与空间计算，因此保证"设计语言—管理语言—计算机语言"的转译路径通畅至关重要。在完成城市设计要素谱系化建构的同时，通过对设计语言进行拆解，并以计算机二进制语言为根本来组织管控规则，进而实现精确、无损的数字化传导与转译。在完成计算机语言转译后，以采集的城市地理空间数据为基础沙盘，实现对城市三维空间形态的实时测度与计算，针对空间要素、空间关系等进行计算机智能化测度，以精确数值代替经验判断，为人的最终管控决策提供理性参考。

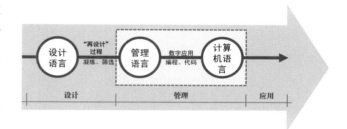

图 3.13 城市设计意图转译路径

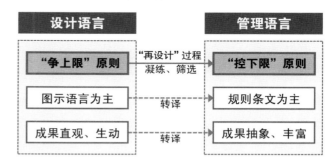

图 3.14 设计语言与管理语言的差异与转译

（1）控制阶段决策与意图转译

控制阶段决策是对最终敲定的城市设计方案进行总结归纳、提炼的过程，对需要进行管控的对象、意图进行谱系化建构，以理清内在逻辑并嵌入城市设计数字化平台。因此如何将精细化设计的成果、要点、指引等落实到控制环节也是城市设计管控的核心内容。控制环节兼具设计与管理的双重特性，规则与要点等成果是对设计环节意图的凝练与归纳，整个过程可理解为对城市设计的"再设计"，遵循"控下限"原则。同时，控制规则要点又是管理环节的重要组成部分，是土地出让、提供地块设计条件的先决要求。在城市设计数字化平台建构中，整条意图转译的路径包括"设计语言—管理语言—计算机语言"，转译过程意味着对决策信息的有效筛选与凝练，明确城市设计管控决策的重点内容，最终目标是实现计算机对城市设计意图的读取与计算，为管控决策提供理性支撑（图 3.13）。

（2）设计语言至管理语言转译

设计语言与管理语言遵循着两套不同的管控逻辑与信息传递方式，设计语言强调方案最优的"争上限"，而管理语言则采取"控下限"原则（图 3.14）。设计语言更擅长用图示加以表达，表现形式直观、生动、简洁，但专业性较强且不同主体对于成果的认知程度不一。管理语言主要以规则条文为主，成果抽象但内涵丰富，利用计算机能够实现高效管理与检索。管理语言需要清晰、明确地表达管控意图，通常采取指标量化的方式加以表述。尤其是在刚性管控规则中，需要尽量避免模棱两可的表述内容。两者具有各自特点与特长，对城市三维空间形态的要素管控内容繁杂，通常需要将图示语言与规则语言配合使用，以更加全面、有效地表达城市设计意图。为便于借助数字化平台进行城市设计管理，将设计语言转译为管理语言成为有效途径。

设计语言与管理语言的内容形式差异。 设计语言是城市设计方案所要表达的设计意图，内涵体系较为丰富，表现手法也多种多样，可以通过文字、图纸、多媒体、动画乃至交互感观体验等方式来表达，最终目标是为清楚、有效地传递设计理念与意图想法。最后的城市设计成果可归纳为政策（Policies）、规划（Plan）、准则（Guidelines）和计划（Programs）四个方面[17]。以控制性详细规划编制为例，规划方案的推敲、论证需要经过多元主体间的协同决策，并最终确定方案的目标定位、用地功能布局、空间结构、控制指标等，但最后落位于日常规划管理的抓手还是确定的用地性质以及容积率、建筑高度、建筑密度、绿地率等相关技术指标，究其原因在于管理语言需具有简洁性、明确性、可操作性，能够在有效控制"底线"的基础上，满足日常管理与市场的多样化需求。城市设计成果的转译同样遵循着类似的逻辑，因此可认为设计语言向管理语言的转译是意图筛选、凝练的过程，是对城市设计成果的"再设计"，是设计阶段"争上限"向管理阶段"控下限"逻辑思路转变的过程。

设计语言与管理语言的内容逻辑差异。 在设计阶段可以追求认知范围内的设计理性最大化，从多途径、多视角来完善方案设计，具有"争上限"特征，城市设计无终极目标特性也强化了该特征，设计的深化是有限理性逐步累加的过程。城市设计管理需要把握和协调前后工作阶段之间的关系。城市设计管控的过程间接性，要求转译后的城市设计意图不仅需要落实设计方案的意图与想法，还需要尽可能地降低对后续实施型设计产生不合理的限制。

因此，管理语言的"控下限"逻辑就成为必然选择，通过对城市设计意图的凝练、提取，明确后续设计中需要进行刚性控制的内容，如建筑高度控制、特色风貌控制等，并将其简洁明了地落实到管控规则要点中，构建"控下限"管控基础。同时还可采用弹性引导方式，对必要的设计意图进行指引，指明方向但不做严格限制要求，以适应多样化的市场需要。后续的实施设计只需要满足刚性控制要求，顺应弹性引导要求，便可最大限度地发挥设计创意，进而实现城市设计意图的落地实施。

设计语言向管理语言转译的目标需求。 总结起来，需要将设计语言转译为管理语言的必要性与目的主要包括以下几点：首先为管理需要。城市设计管理阶段需要简明扼要、易于操作、意图明确的管控规则要点为管理实施工具，通过对"争上限"精细化城市设计成果与意图的精炼筛选，形成"控下限"的管控规则，并将规则经由法定化途径赋予法律效力以保障实施落实。文本条文形式的管控规则也更便于数字化平台的管理与应用，实现城市设计的数字化管控。其次为易于落实。城市设计阶段秉持"争上限"原则，方案设计创意与深度都追求最优，城市设计意图纷繁复杂，若将所有城市设计意图都转译为管控规则要点，不仅没必要，而且还可能为后续设计带来限制。一方面，每个城市设计方案都是各设计团队的一家之言，为实现综合理性最优仍需要进行多循环的设计决策，因此无须将所有的设计意图全部转译；另一方面，为后续设计设置大量、不必要的规则约束，不仅会增加后续工作的难度，也限制了后续实施设计的工作开展，毕竟城市设计师自身的专业知识范围无法有效覆盖全部工程技术学科。因此，采取"控下限"原则对城市设计意图进行提炼、转译，明确管控规则要点与刚性弹性管控力度，将有利于设计语言向管理语言的有效转译。为保证城市设计意图的有效传递，常见的管控工具与内容形式包括规则要点、设计图则、管控引导示意图纸、数字化矢量文件等，通过各种形式的组合应用，形成图文并茂、意图明确的管控要求，进而有效指导后续设计与实施建设。

（3）管理语言至计算机语言转译

该转译过程是适应数字化平台应用需求而衍生出来的步骤，转译的最终目标是实现通过计算机辅助，以最大限度地提高城市设计日常管理效率，并为人为决策提供辅助支撑。如何才能让数字化技术充分应用到日常管理之中？计算机的精确"读取"是其中关键点，只有在实现识别读取的基础上，才能进一步开展计算机的智能化空间测度。

经过层级编码的矢量化管控要素能够实现计算机识别并展开空间运算，测度内容包括如管控要素边界、空间位置、面积大小等点、线、面、体的要素属性与空间特征关系。管控规则要点是表述城市设计意图的主要手段，表现形式为文本条文，为实现计算机的顺利"读取"，需要将文本规则进行代码化处理，即从管理语言转译为计算机语言。借助数字化、代码化之后的管控规则与计算机的空间测度能力，能够实现计算机智能、半智能化自动处理，有效提高日常管理效率与成效。伴随着科技水平的进步，计算机在城市设计管控中计算机扮演的角色也逐步由最初简单的制图辅助工具，向长于分析、精于计算、善于表现的智能化信息决策系统转变。

3.2.3 计算机空间测度与模拟预测机制

随着计算机逐步智能化与应用场景的成熟，数字化平台在城市设计管控中的技术定位逐渐摆脱单纯的制图、可视化辅助工具，而向更加综合、全面的空间决策系统转变。基于管控要素的空间关系测度，基于多源大数据集成的耦合分析，借助机器学习来实现对空间形态的模拟、预测与自组织优化等等，都需要在未来的研究中进一步探索。

（1）管控要素空间关系测度

从技术层面看，城市设计管控可理解为是对管控要素属性及相互间空间关系的组织过程，基于多类型的最小单元管控要素，最终实现营造整体城市空间形态的目标。通过管控要素的层级编码体系，以及要素属性的赋予，能够实现计算机对特定类型要素的识别。对管控要素空间关系的测度是未来需要重点拓展的方向。

作为城市设计精细化管控的拓展方向之一，为落实特定的城市设计意图需要对要素间的关系进行量化测度。最为常见的是街道贴线率的管控，为了保证街道界面齐整、功能业态连续而需要控制沿街的建筑界面。在数字化平台中便能够通过计算机测度建筑边界与规划建筑控制红线之间的关系来进行测度，并对其进行动态管理。

空间关系的测度能够更加理性地对要素间相互关系进行组织，将城市设计空间形态设计由传统美学感观决策转向空间测度理性决策（图3.15）。在传统技术方法框架下，城市设计管控中无法实现对审查方案的实时空间测度，而更多地依赖人为主观判断。数字化平台中集成开发的空间形态测度算法，能够为城市设计管控提供智能化工具，并提高城市设计管控决策理性水平。对于管控要素的空间关系测度，需要以应用场景需求为导向，并在数字化平台中通过算法步骤加以实现，进而推动数字化平台的智能化发展。

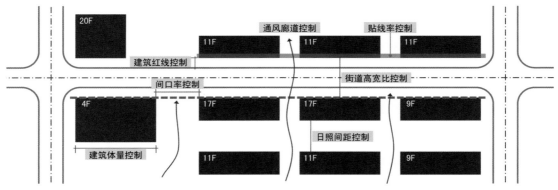

图 3.15 城市设计管控要素空间关系测度

（2）多源大数据集成耦合分析

数字化平台集成了多源大数据类型，能够实现多源大数据间的耦合分析，以进一步探究城市内在运行机制，为城市设计理性运作提供支撑。城市大数据的研究与实践应用历经三次迭代发展：从最初的数据可视化，到单类大数据的深度分析，再到多源大数据的交叉耦合分析，对大数据的利用与分析愈发综合、理性。

城市设计管控的最终落脚点为城市空间，多源大数据的分析同样需要在空间上落位，突破城市大数据进入实践应用领域的壁垒，其关键在于"空间＋"。城市大数据研究应明确"源于数据，落于空间"的研究脉络，梳理大数据研究的理论内核、方法技术和效用评价等[18]。数字化平台中集成的地理空间数据、城市规划数据、三维模型数据等成为大数据分析应用的空间载体。多源大数据在地理空间落位的叠加耦合分析，为探究城市内在发展规律，优化城市空间形态布局，实现城市设计管控人本、品质、活力的综合价值提供了新方向与新方法。随着数据采集与利用、分析技术的发展，在城市设计中能够进行耦合分析的大数据类型多种多样，包括功能业态、人群活动、空间形态与物理环境数据等。大数据耦合分析的结果能够提升城市设计方案理性，为精细化管控奠定基础。

（3）基于机器学习的城市三维空间形态自优化

机器学习能为实现智能化的城市设计与管控提供有效途径，其本质是通过学习既有城市空间形态数据中的要素组织规律，来应对新问题与新需求。通过对现状空间形态、管控要素等数据的学习，通过规则制定让计算机逐步掌握空间形态设计规律，进而实现对城市空间形态的自优化。基于对大量既有空间形态与要素组织数据的收集、存储和分析，形成组织经验和形态记忆库；当面临新问题时，通过对数据库中的相关组织方式进行检索、推理等适应性调整后运用于目标问题，再通过测试和优化得到解决方案；最后将生成的形态方案作为新样本存储于数据库中，完成一整套问题解决和经验积累的过程[19]。机器学习的方法也可以对编写完成的大量管控规则要点进行学习，旨在探索城市设计管控中的计算机智能化应用场景。

3.3 基于数字化平台的城市设计管理机制

作为行政管理行为的城市设计管控能够在数字化平台技术支撑下实现管理机制革新、管控流程优化。数字化平台在城市设计日常管理与运作中不仅扮演"工具"角色，还能作为"平台"以协同多元主体需求，成为多技术专业协同设计工具；通过程序化决策优化管理流程，明确责任主体、提升管理效率。总体来看，基于数字化平台的城市设计管理机制主要包括人机交互的数字化管理、数字化平台协同决策、全流程数字化公众参与，以及城市设计管控实施评估与反馈机制等。通过数字化平台的应用与辅助，实现城市设计管控向城市建设数字化综合治理方向发展。

3.3.1 数字治理理论与数字化平台的治理属性

城市设计管控的多元综合发展趋势，推动城市设计日常管理逐步向城市综合治理方向发展，管控的价值也由空间导向转变为社会、人本、文化、经济等价值的多元导向。数字化方法的应用为城市政府治理提供了新途径与新方法，数据驱动决策、数据辅助决策，数字治理成为城市政府治理的重要发展方向。数字化平台作为多源异构大数据的集成平台、数据耦合分析平台、方案协同设计平台、多元主体协同决策平台等角色，能够在价值导向日渐多元的城市设计管控治理中发挥积极作用，为管控决策提供理性分析参考，优化既有日常管理流程，促进城市设计管控决策协同，对于实现城市设计管控的综合治理具有重要意义。

（1）数字治理理论与政府治理模式

虽然城市设计管控具有明显的工程技术专业属性，但其是城市政府所承担的解决公共问题、提供公共服务、维护公共秩序等管理行为之一，整个运作过程也可看作是城市政府职能的履行过程，是政府治理的过程。在二十世纪七八十年代开始的强调以市场为基础的新公共管理运动（New Public Management），以及互联网、计算机等信息技术的飞速发展影响下，政府治理的逻辑与范式也在发生着深刻的变化。尤其是依托电子政务与信息技术而蓬勃发展的城市数字治理模式，为政府治理工作的开展带来了重大变革，其积极而深远的影响已然能够从各国家、城市间的应用中一窥究竟，从智慧城市到城市大脑，从智慧政务到智慧交通、智慧社区，等等。虽然其中仍有需要不断完善与拓展的研究、应用，但总体的数字化治理浪潮已然滚滚向前而蓬勃开展。新冠病毒席卷全球，在一定程度上更加猛烈地推动了全社会的数字化发展进程，不仅包括企业的数字化，同时也对政府数字治理模式的实际应用形成助力。

治理（Governance）不同于传统的统治（Government），强调的是建立政府部门、私人机构以及非政府组织（NGO）等共同管理社会公共事务的社会管理模式。探寻政府治理的历史发展脉络，可将其归纳为工业社会的科层治理、后工业社会的竞争治理以及网络社会的整体治理等发展阶段[20]。数字时代的来临为整体发展趋势的强化提供了明显的推动力，数字治理在政府公共管理中发挥着愈加重要的作用。

数字治理(Digital Governance)的理念最早是由美国南加州大学传播学院的曼纽尔·卡斯特尔（Manuel Castell）在其 1996 年出版的著作《网络社会的崛起》（*The Rise of the Network Society*）一书中提出的，后经多位学者的深入研究、架构、拓展，而逐步系统性地建构出数字治理理论框架。可以认为，数字治理理论是整体性治理理论在当下数字时代的延伸与再演绎，数字时代的治理核心在于强调服务的重新整合，运用整体的、协同的决策方式以及电子行政运作广泛的数字化 [21-22]。数字时代的到来使得信息技术成为重要的治理工具，数据库和信息系统的应用打破了公私部门之间以及私人部门之间纵向和横向的信息壁垒，促进了治理主体之间信息和知识共享 [23]。总的来说，数字治理强调结合数字时代的背景特征，充分利用互联网、大数据等数字技术，为政府的公共治理提供新的思路框架与实用工具。

（2）城市设计数字化平台的数字治理属性

数字治理可从广义与狭义两方面进行不同理解。从广义上看，数字治理不仅仅是信息与数字化技术在公共事务领域的简单应用，而是一种与政治权力和社会权力的组织、利用方式相关联的社会—政治组织及其活动的表现形式，主要包括对经济和社会资源的综合治理，并涉及如何影响政府、立法机关以及公共管理过程的一系列活动；从狭义上看，数字治理是指在政府与市民社会、政府与以企业为代表的经济社会的互动和政府内部的运行中运用信息技术，易化政府行政，简化公共事务的处理程序，并提高其民主化程度的治理模式 [24-25]。在城市设计管控中，随着数字治理内涵的不断丰富，管控目标也逐步由狭义向广义方向拓展，彰显城市设计管控的多元综合价值。

根据内容层次的区别，可将数字治理的整体内容切分成两大部分，即政府部门与其他相关主体间的互动，以及政府部门自身的内部管理与运作。前者主要包括政府产品和服务的提供、信息交换、交流、审批和系统整合等活动；后者主要指所有后台办公过程和整个政府内部行政系统之间的互动 [26]。可以认为，内部运作与外部互动是相互交织在一起并相互影响的运行过程，良好而高效的内部运作，也是为了能够更加有成效地推动外部互动。

随着数字治理方法的发展与应用，在城市设计管控中寻求数字化技术的辅助支撑已经成为必然选择。在当前的城市设计管控中，数字化方法的应用主要集中在方案设计阶段，从早期的 CAD、SketchUp 软件制图，逐步发展为以 3D GIS、多样化模拟分析软件以及大数据分析等多途径应用场景并行发展的局面。在管理阶段的数字化方法应用相对缓慢，近年来随着 3D GIS 技术的逐渐成熟与普及，基于 GIS 平台的城市空间管理工具也取得了较大的进步，能够为推动城市空间的数字治理提供良好的技术基础。

城市设计数字化平台作为城市三维空间集成、管理、预测的平台工具，是实现城市立体空间治理的有效手段，具有明显的数字治理属性。对内来说，能够有效提升城市设计管控的工作效率，提高管理部门的行政管理与决策水平；同时整合并优化内部管理程序，细化分工、明确主体责任，构建科学、高效的管理路径。对外来说，通过数字化平台能够建立基于数字体系的多元主体协同决策机制，提高管控决策的理性水准；同时可增强政府治理的透明性与公平性，并积极推动城市设计管控过程中的民主决策进程，推动公众参与等行为的开展与落实，保障公众诉求的满足与实现。正是基于数字化平台的三维空间数字治理，能够为城市设计管控的日常管理、有效实施提供助力，并实现管控的透明性、民主性、高效性，增强管控决策的有限理性水准。

（3）数字化平台在城市设计管理中扮演的角色

数字化平台的应用为城市设计管理带来变革，不仅能够提高日常管理工作效率与专业水平，还能够重塑治理机制，实现技术与管理层面的双重优化。基于平台的数字治理在扮演管理"工具"的同时，也为协同治理搭建了沟通"桥梁"，对于实现城市设计管控的多元综合价值具有积极作用。新技术融合发展最显著的特点在于需求牵引与技术推动的紧密结合，对企业管理的影响在于其将不断拓展管理者的能力，使管理更科学、全面、精准与快捷，同时也将给政府与企业的管理思想、模式、体制、方法等各方面带来更多挑战[13]。

"平台"重塑治理机制。数字化平台在城市设计管控中所能发挥的功效绝不仅仅是扮演工具的角色，同时还能对未来的管控机制产生深远的影响。技术变革最终会带来机制乃至相关制度的变革，为实现更加高效、民主、协同的政府治理提供更多的可能性。城市设计管控作为政府部门所提供的公共服务之一，需要更加强调多元主体间的协同治理以提高决策的理性水准。借助于数字技术的辅助，不仅能够实现工具理性的提升，同时也能够完善制度理性。

总的来说，数字技术对于政府治理的变革主要体现在以下几方面：首先，能够实现基于数字化平台的多元主体协同整合，实现跨部门的高效治理；其次，借助计算机与互联网的技术与信息优势，能够大力推进城市设计管控运作中的民主化决策进程；最后，基于计算机空间测度以及办公自动化等思维逻辑，可有效推动日常管理中的程序化决策，在提升决策效率的同时，实现对权力的分解与下放，也更加有利于公众对政府部门行使权力的监督，提高公共管理的透明度。

强化专业技术管理。不同于一般的城市行政管理，城市设计管控本身具有明显的专业技术属性，需要规划管理人员具备一定的专业知识与素养，以便能够更加有效的应对管理工作中的实际需求。在实际情况下，总体来看我国城市设计专业管理人员呈现短缺现象，专业水平参差不齐，尤其是经济发展相对落后的中小城市为甚，出现了部分非专业人士从事相关专业技术管理工作，为实际的工作开展带来了一定的困难。在2015年针对规划管理人员专业知识背景的网络问卷调查中，有城市规划专业背景的规划管理人员占42.27%，而非相关专业的管理人员占比最高，占总数的42.98%[27]。因此，数字化平台最为明显的工具属性，能够为城市设计日常管理提供帮助，从工具理性视角出发，能够有效提升管理效率与管理决策理性水平，为强化城市设计管控的专业技术管理提供有力支撑。

推动跨部门、多主体间的协同治理。 城市设计管控涉及多元主体，不仅包含政府机构内部的多管理部门，同时还与市场私人机构、其他非政府组织、市民公众等密切相关。以政府部门为例，城市设计管控涉及住房和城乡建设局、自然资源和规划局、城市管理局、交通运输局等。如何将各部门进行协同整合以发挥更高的运作效率，是管控运作中需要思考的主要问题之一。基于城市设计数字化平台，能够实现依托一套系统、一套标准的城市建设数字化资源体系建构，将各相关部门的基础资料、管理流程、有效数据等集成到平台之中，从而实现对整体资源的有效整合，借助数字化平台工具，消除各部门间的隔阂与壁垒，并通过程序化决策流程，提升跨部门治理能力与效率，推动城市设计管控多部门协同治理进程。

推进民主决策进程。 在现阶段的城市设计管控中，以公众参与为代表的社会民主决策的开展总体效果较为差强人意，更多的只是结果式参与，公众并未能有效地介入整个管控过程之中，更无法实现多元主体的协同治理。数字技术的出现，不仅为公众参与提供了新的途径与方法，同时也能从机制层面对整个参与流程产生变革，有效推动城市设计管控中的民主决策进程。数字化技术的高度发达，将破坏以权力集中为特征的官僚体制的技术基础，必然导致城市政府管理的民主化[28]。多元主体意见的融入与协同，不仅有利于规避决策风险、提升决策理性，也能够积极推进民主决策进程，实现城市空间的多元化综合治理。

权力分解与程序化决策。 在传统的科层制体系下，政府部门在城市治理中占据着绝对中心的位置，通过对权力的行使与控制，实现干预城市空间发展的特定目标。伴随着互联网、大数据、移动通信等数字化技术的应用，政府部门对于信息的掌控能力明显被削弱，这为推动政府治理向更加公平公正、提升透明性等趋势发展提供了重要契机。同时，在政府部门内部可借助数字化技术，如数字化平台、办公自动化（Office Automation，OA）系统等，也能够实现将权力分解并逐步下放的新机制，通过对管理流程的细分并逐步落实到相关责任人，进而在此基础上形成相对稳定的程序化决策路径，有效提升城市设计管控的工作效率，塑造高效、透明的决策机制。

3.3.2 基于人机交互的数字化城市设计管理机制

作为"工具"的数字化平台能够为城市设计管控带来新方法、新体验与新机制，计算机的逐步智能化使得其能在管控中发挥更大作用，人与计算机的分工合作能够建立人机交互的城市设计管控新机制。人机交互是实现人与计算机之间进行信息交换的有效途径，伴随着科技与计算机技术的发展，其已逐步发展到多通道的智能人机交互阶段[29]。数字化平台的建设能够实现虚拟与现实联动、人为决策与计算机测度交互的城市设计管控，推动管控运作更加精细、高效、理性。以地块为最小管控边界，以管控要素构件为最小单元，进而实现自下而上的要素精细化管控，整条思路也是在现行管控逻辑基础上的传承与延续。借助数字化方法可以实现管控要素从微观层面至宏观的归集，建构传导与归集双向运行的"双通道"机制，完善城市设计管控整体框架。

数字化平台的应用为实现城市设计人机交互管控奠定基础，虚拟环境的建构为交互管控提供载体，人工智能、空间测度与大数据分析为交互管控提供方法支撑，交互通道的多样化为人与计算机间的互动提供更多选择，多媒体技术的发展为交互提供多样化的展示场景，不仅在设计阶段，在管理阶段数字化技术也将发挥更加重要的作用。

（1）人机交互下的优势互补与"双通道"机制

在基于数字化平台的城市设计管控中，需要强调人与计算机的各自优势与特点，同时还要强化两者间的互动配合（图3.16），实现人机交互机制下的高效管理，推动城市设计管控有效运作。计算机的特长是场景可视化与数据分析运算，在明确的指令下计算机能够高效、快捷地完成空间计算任务，并在成果表达与可视化方面具有很强的表现力；人的特长是协调、综合和决策能力，尤其针对管控中无法进行量化分析的内容、需要综合权衡与协同各方需求等，人有着明显优于计算机的比较优势。在城市设计管控中，基于交互设计的动态模拟及体验性动态交互装置已经成为动态规划设计的前沿。在数字化管理层面，利用数字化管理平台的集成与耦合分析、计算、模拟，已经能够实现半智能化的人机交互数字化城市设计管控。

总结来说，人机交互机制下的数字化城市设计管控整体呈现出以下四大特征：空间数字孪生、全息模拟仿真、人机交互判断，以及网格互馈管理。正是基于对现状问题的分析，并结合数字化技术特点，以"问题＋目标"为导向，建构人机交互机制下的城市设计数字化"双通道"管控框架（图3.17）。实现人机交互的城市设计管控是数字化平台建设的基本目标，在管控意图传导转译、基于最小单元的要素管控与组织、地理空间数据采集，以及多

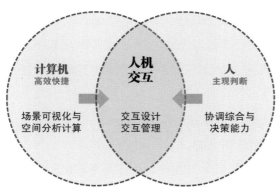

图3.16 城市设计管控人机交互机制中人与计算机的角色扮演

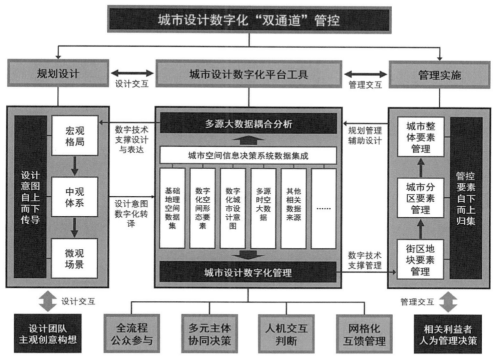

图 3.17 数字化平台支撑下的城市设计数字化 "双通道" 管控框架

源大数据耦合分析与集成等技术方法的支撑下，探寻人机交互的 "双通道" 管理机制。"双通道" 管理机制主要强调城市设计意图的自上而下传导、管控要素的自下而上归集，以及基于数字化平台的人为决策，在数字化平台的支撑下实现人机交互的城市设计管控决策。计算机对于空间的测度运算，能够从空间量化分析视角为城市设计管控决策提供理性参考，多源大数据的耦合分析也能够提升城市设计方案的理性水平，优化城市设计管控基础。计算机对于管控要素的识别、归集，为从底层视角展开城市设计管控提供了全新视角。

　　数字化平台的建构为城市设计管控提供了理性判断、高效决策的工具，但其角色定位仍旧是 "工具"，最终的决策与落地实施仍然需要管理者、市民公众、利益相关人等进行综合的协调、博弈与评判。通过建立以街区、地块为基本管理单元的网格管理方法，能够有效将城市设计与空间形态管理工作与数字化平台进行衔接，实现基于数字化平台的城市空间形态人机交互与网格管理。

（2）管控要素数字化的自下而上归集机制

　　自下而上的城市设计管控要素数字化归集是顺应现实管理需求，借助数字化平台以实现精细化、智能化、高效率管理的重要手段。城市空间形态是由海量的管控要素按照一定规则排列组合而成的，通过对管控要素的精细化管理，便能从底层视角谋划整体城市空间形态，从微观的城市街道场所，到宏观的山海城画卷。管控要素的数字化为自下而上归集管理奠定基础，通过要素谱系化建构、层级编码、空间挂接、网格管理、身份 ID 认证[30]等方法手段，可实现城市设计全要素的数字化管控。

基于城市设计的全样本、全要素数字化管控，可建立人机互动的网格管理机制。通过建立以街区、地块为最小管理单元的网格管理法，能够有效将管控要素、地理空间信息、地块编码、属性信息等进行精准挂接[31]，并实现对管控要素的精细化管控。在网格管理机制下，基于"片区—街区—地块—管控要素—要素构件"的一整套编码逻辑，能有效赋予绝大多数城市设计物质实体要素以明确、唯一的身份 ID，进而借助城市设计数字化平台对具有固定明确 ID 的管控要素进行精细化管控，实现管控要素数字化的自下而上归集管理。

网格管理是运用数字化的技术方法，对城市设计管控要素采取以街区、地块为最小管理边界单元，实施全要素编码、精准化、精细化管理的方法。数字化城市设计管控需要对传统营建逻辑进行基于数字技术的优化调整，从传统的自上而下逻辑，转变为自下而上与自上而下相结合的"双通道"互馈营建逻辑。网格管理为自下而上营建的主要手段，其意义在于通过对城市整体、上位设计意图的传导落实，并将管控意图传导到城市设计管控的最小单元边界——城市地块，用以指导城市各地块的设计布局与空间建设。在实际的营建过程中，地块遵循设计意图，而城市整体空间形态即是由城市中数量庞大的地块共同组合而成，通过对每个地块的精细化设计与要素网格管理，能够实现对城市空间环境的要素构件级别管控，为城市设计管控与空间营造提供了策略与工具。

3.3.3 基于数字化平台的城市设计管控多主体、多部门协同

数字化平台的重要内涵之一，在于其能够成为沟通、协同多元主体、多部门、多技术专业的"桥梁"，进而实现城市设计管控的多元综合治理（图 3.18）。随着积极参与到城市建设中的管控主体越加多元化，城市开发建设的复杂程度不断提升，对市民公众利益与诉求的重视程度增加等，城市设计管控面临着更加综合而多元的协同需求。管控已然超越了单纯的物质空间要素，成为城市空间综合治理的重要手段。数字化平台的集成性、高仿真可视化特性、可编辑模拟、可交互等特点，使得其能够成为空间协同治理的重要工具与沟通平台，从而推进城市设计管控的有效运作与综合理性。标准协同成为数字化平台建构的基础，也是开展后续工作的支撑。在城市设计管控的各阶段，从设计阶段、控制阶段到管理阶段都存在多元协同的实际需求，以便能够有效提升管控的多元综合价值。

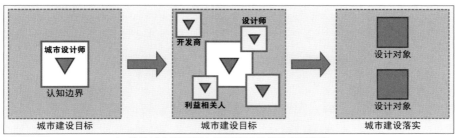

▲ 传统城市设计师主导环境下的管控意图落实

▼ 多主体协同决策环境下的城市设计管控有限理性提升

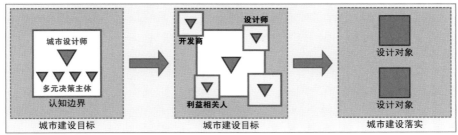

图 3.18 多主体协同决策下的城市设计管控特征变化

（1）标准协同

基于数字化平台建设对数据标准、成果规范等方面的要求，对城市设计管控中涉及的重要内容进行协同统一，是保障数字化平台有效运行，开展设计协同、控制协同与管理协同的基础。技术标准应当是城市设计形成法律法规制度体系、进行立法完善的重要支撑[32]。技术标准的统一不仅能够规范海量编制的城市设计成果，尤其是需要用于后续规划设计管理的转译成果，标准化的成果编制有利于管理工作的开展。同时，标准化约束也成为城市设计编制单位与规划管理部门的行为准则，也是社会公众对城市设计管控运作进行监督的技术依据。

基于一套系统、一套数据标准的建构原则，对数字化平台中集成的多类型数据进行协同统一，以实现多源异构数据间的精准集成。城市设计数字化成果是平台中集成的重要数据内容，通过对空间坐标系、成果文件格式、图层命名规则等方面的标准化、规范化，以保障数字化平台的有效运作。在标准规范体系总体设计的基础上，对平台建设中涉及的数据类、指标模型类、系统类以及管理类等内容进行标准协同，以整合当前各相关部门、各规划设计单位、各多元主体间的数据标准差异。

（2）设计协同

对城市设计方案实施属性的关注已变得愈发重要，从管控与实施视角来考虑城市设计方案，方案编制需要经过多技术专业的协同设计以提高设计方案的可实施性。城市设计项目的整体操控需要一个专业齐全的设计团队，既可以是由数个机构组成的大团队，也可由各个专业精英组成的小团队[33]。多专业间的设计协同是提高设计方案综合理性的有效途径，城市建设涉及诸多学科内容，随着关注视角的多元化与综合化，需要更多专业团队参与其中，从城市设计、建筑、景观，到交通、历史文化、市政，再到生态、经济，等等。城市设计方案视角的综合全面，能够为设计意图的传导、转译与实施提供帮助。

跨专业的设计协同带来的是思维方式、设计内容、运行逻辑等多方面的碰撞与交流，因此直观、可交互、多维视角的设计协同平台成为必须。数字化平台能够为设计协同提供明显帮助，数据集成与立体动态视角能为方案探讨提供直观展示，虚拟数字空间的可编辑特性能为方案即时动态调整提供技术基础。在设计阶段，城市设计专家、市民公众、政府相关部门以及利益相关人等主体诉求的引入，也能为设计协同、方案优化提供建设性意见。数字化平台为多技术专业、多主体间的沟通与协调提供了"平台"与"桥梁"。

2020年4月印发的《住房和城乡建设部 国家发展改革委关于进一步加强城市与建筑风貌管理的通知》明确提出："探索建立城市总建筑师制度。住房和城乡建设部制定设立城市总建筑师的有关规定，加强城市与建筑风貌管理。支持各地先行开展城市总建筑师试点，总结可复制可推广经验。城市总建筑师要对城市与建筑风貌进行指导和监督，并对重要建设项目的设计方案拥有否决权。"总师制度在部委官方文件的出现对于城市设计管控与实施落实具有重要意义，赋予了该制度以"官方身份"，为发挥制度功效提供了强大推动力。城市设计管控的专业技术特征明显，从开始的设计决策，到最终依托城市设计管控意图的工程项目决策与管理，其间涉及大量、多学科专业技术的综合协同。在整个管控传导过程中，需要进行无数次的多专业协同决策，因此亟须能够开展技术统筹并协调各主体方意见的技术专家从中进行平衡，以保证管控意图的有效实施，总师制度的推广能够满足相应需求。总师制度的建设仍处于探索阶段，还需要进行更加深入的探讨，并完善与制度相匹配的配套政策，以更大限度地发挥制度优势。

（3）控制协同

控制协同与设计协同类似，综合、理性的编制成果都是建立在多元主体协同决策的基础上，而设计阶段是"争上限"过程，控制阶段是"控下限"逻辑。由于城市设计技术标准的缺位，城市设计编制成果并无统一要求与规定，在设计阶段多样化的表达方式可能不会带来过多困扰，但控制阶段的编制成果将直接用于后续城市设计管理，因此需要对编制成果进行标准化、规范化要求。控制协同需要兼顾设计与管理两方面需求，需要设计师与规划管理部门的全程介入：不仅需要对管控内容与要点进行协同决策，以提升管控意图的综合理性，还需要对编制成果进行标准化、规范化引导。

控制阶段作为城市设计成果的转译、归纳过程，通常由城市设计师"一手操办"，按照自身的专业理解来制定后续管控规则。由于受到自身专业领域范围的限制，设计师对于超出专业理解边界的管控内容无法做到科学理性，从而无法实现对后续设计的控制引导，有时甚至会造成障碍与困难。因此在控制阶段，通过多专业视角的控制协同，明确各专业方向的城市设计管控意图，对于后续的管控实施具有积极意义。同时考虑到管理工作中的实际需要，规划管理部门需要全程参与，对编制成果提出格式、类型、内容等方面的标准要求，以便转译成果能够有效适用于后续管理工作中。

（4）管理协同

管理阶段是城市设计管控意图的具体实施、落实阶段，其间必然涉及大量多元管控主体间的协同博弈，包括开发商、市民公众、政府部门等。博弈通常是指决策主体在受到其他决策主体行为影响时所采取的决策行为[34]，它来源于棋局对弈，强调的是主体间决策行为的相互影响。城市设计管控涉及多方面的主客体因素，尤其是在面对既有建成环境的城市设计实践，多元主体间的利益关联错综复杂，协调难度更大。管控主体间的利益导向、决策动机等存在差异，导致多元主体间的认知与诉求存在相互矛盾与冲突的可能性。决策主体均秉承自身利益最大化原则，当彼此间的目标与利益存在不一致，甚至相互矛盾时，如公共利益与私人利益、私人利益之间出现矛盾，此时常引发决策主体间的相互博弈。

多元主体间的博弈是城市设计管控民主化的手段，最终的博弈结果有好有坏，能形成正向促进并获得协同最优解，也会使博弈陷入僵局而不了了之，更有甚者会对城市空间形态的塑造产生负面影响。多元主体间的博弈也是追求管控综合理性最优的路径，是多元价值相互协同、妥协与磨合的过程。最终在管理协同中达成的多元主体间的价值共识，是实现城市空间综合治理的有效途径，数字化平台的建设能够在协同与博弈过程中彰显其"桥梁"价值。城市设计管控与实施过程即为多元主体间协同决策过程，需要权力、技术、市场、公众间的相互协作，才能保证管控意图的有效落实。

3.3.4　基于数字化平台的全流程公众参与

从狭义视角看，市民公众是城市空间环境的主要使用者，亲身经历的体验使其能够深度感知空间环境的优劣，因此其诉求对于优化空间感受、提升空间品质具有重要价值。公众参与的目标之一便是对市民公众需求的搜集与反馈回应，进而优化城市空间建设。从广义视角看，公众参与的本质在于决策权力的分配，以及利益的博弈平衡，通过民主决策进程的有效推进，实现对城市空间环境的综合治理。公众参与城市设计是一种政治过程，是一种基于民主权利发展和社会政治变革的产物，城市设计从"为人的设计"走向"与人的设计"是人类社会发展的必然趋势[35]。公民社会（Civil Society）、城市治理模式变革都为推动公众参与起到关键性作用。政府集中权力的分解、政府管理的民主化都为城市治理带来新变化，数字化、网络化技术方法的应用能够有效推动公众参与进程。

随着城市空间综合治理进程的加速，作为多元主体之一的市民公众的意见与诉求成为城市建设中不可或缺的组成部分。城市设计管控的公共政策属性愈发突显，已从空间环境与专业技术主导转向技术与制度并重的发展阶段。也只有在充分协调市场、政府、市民公众与专业技术等多方面要求与关系的基础上，通过协同决策充分发挥集体智慧，才能有效推进城市设计管控实施落实。基于多途径、全流程的公众参与，旨在扩大公众参与的广度与深度，推动城市空间治理意图落地。

（1）基于数字化平台的全流程公众参与

基于数字化平台的城市设计公众参与主要呈现出以下三大特点：首先，平台决策透明，能让市民公众、利益相关人等直观了解城市设计整体运作过程与步骤，并可全程参与到城市设计管控流程中；其次，平台即时反馈，对于公众参与结果可迅速反馈、统计、分析，并将结果用于指导城市设计编制工作；最后，数字化平台覆盖面广，通过网络化、信息化手段，可推动并吸引更多市民参与到城市建设与设计过程中。公众参与作为城市设计运作中的重要环节，成为政府、市民公众以及设计师等主体相互沟通的主要手段。为提高公众参与的有效性与参与深度，其应该整体介入城市设计运作的全流程之中，从前期准备阶段的项目立项与征集，到中间阶段的方案编制与协同讨论，再到后期成果的评审、审议以及审批等流程，通过公众参与的方式听取、掌握、了解并落实市民公众的诉求与意见。

在我国，传统的公众参与方式类型多样，但总体表现为形式大于内容，结果式参与重于过程式参与，参与效果不佳。城市设计的滞后性不利于市民公众对运作流程的感知；方案设计的短周期性会压缩公众参与开展的时间与空间，甚至从项目立项开始的公众参与也很难及时收集到市民公众的诉求与意见，难以落实到后续方案构思与设计中；公众参与方式的类型与标准不统一，缺乏固定、统一参与平台等，会给公众参与的推广带来困难；城市设计较强的专业技术属性也可能对信息的有效传播与理解带来隐患。

谢莉·安斯汀（Sherry Arnstein）根据公众参与程度将其划分为非参与、形式性参与以及实质性参与等三个层次（表 3.3）。随着参与层次的提高，市民公众在城市设计管控中发挥的作用与影响力越大，从结果式告知逐步向交互式参与、公众城市设计行动等更高级别方式发展；基于数字化平台的公众参与能够为公民设计交互、信息交互提供操作平台，还能为主体间协同决策提供"桥梁"，实现从"象征性参与"向"权利参与"的转变[36]。

表3.3 安斯汀的公众参与梯子理论

参与层次（Levels of Participation）							
实质性参与 Degrees of Citizen Power			形式性参与 Degrees of Tokenism			非参与 Non-participation	
市民控制 Citizen Control	权力委任 Delegated power	公私合作 Partnership	安抚 Placation	咨询 Consultation	告知 Informing	治疗 Therapy	操纵 Manipulation

资料来源：Arnstein S R. A ladder of citizen participation[J]. Journal of The American Institute of Planners, 1969, 35(4): 216-224.

（2）多样化、互动设计公众参与方式

传统的公众参与方式主要包括听证会、面向市民公众的报告会、座谈会、宣传册、新闻报道、现场参观等，数字化方法的使用能够成为传统方法的有效补充，并提供更加多样化、交互式的参与体验。基于数字化平台能够实现信息交互、设计交互等互动参与方式，在提高趣味性、吸引力的同时，实现市民公众的诉求与意愿收集的既定目标。

偏好采集与故事地图。城市设计过程式参与系统面向市民公众开放，使市民公众能够参与到城市设计全过程之中。依托地理空间基础数字沙盘，市民公众可随时随地分享自己的生活故事，并对现状与规划城市空间环境进行评议；在城市设计过程中能够提出对城市空间与生活圈的设计构想；在方案评价和实施评估阶段对设计方案与建成空间给予评价和反馈。故事评议、设计构想及评价反馈均以地理标记信息的形式在基础数字沙盘中进行集成、管理和分享。

信息交互社区的形式为市民公众发表自身意见提供了有效途径，基于地理空间的注记方式也便于意见落位，数字化的参与方式便于结果的统计与整理。通过对偏好标签、分类印象、情绪地图等的采集（图3.19），并对采集结果展开文本语义、词频统计分析，能够挖掘市民公众对于城市空间环境的意见与想法，并将其落实到后续城市设计中。

虚拟场景游览未来。基于数字化平台虚拟空间的未来场景展示也是开展公众参与的途径之一。与多媒体宣传片等形式的单向属性不同，虚拟场景体验是双向交互的，通过计算机硬件的支持能够实现多重感观的人机交互体验，为参与者提供真实、可感知的城市空间场景，并能在此基础上发表对城市建设的看法与建议，提高参与的互动性。依托数字化平台还能够实现基于WebGIS（网络地理信息系统）的轻量化传播途径，通过互联网技术以扩大公众参与的范围广度。

图 3.19 基于数字化平台的信息交互社区

3.3.5 基于数字化平台的城市设计管控实施评估、监测与反馈

在实施评估与监测方面，数字化平台也可发挥其优势，实现对实施过程的动态监测与评估反馈，以及对实施后建成空间的建设评估与空间品质活力评价，并通过反馈机制对城市设计管控运作进行优化。实施过程中的监测与反馈能够实现管控的动态调整优化，结合建设过程中出现的新条件、新问题、新变化，以及多元主体与专业学科诉求，在落实协同决策意图的基础上，对后续管控运作展开动态优化。实施后的评估为检验城市设计管控整体效果提供了重要途径，通过对建成空间的使用情况、空间品质与活力、运营状况，以及与城市设计管控引导要求的比对分析，能够明确管控运作流程中，包括管控意图、管控要素、管控深度、实施机制等等方面可能存在的问题，进而使后续的管控运作能够加以优化改进，实现更加高效而富有成效的城市设计管控。

（1）实施过程动态监测与评估反馈

城市设计管控实施的动态性与长周期性决定了整个过程并非一蹴而就，实施过程中出现的新条件变化会对后续运作产生影响，尤其是在空间范围较大的新区、新城建设中。通过对实施过程的动态监测与评估反馈，能够及时掌握管控实施中的情况变化与潜在问题，并在此基础上对管控实施作出相应调整。整个监测与评估流程（图 3.20）遵循着确定对象、制定方案，以及比对分析、评估反馈等大致步骤，通过对实施情况的调研、采集、分析，奠定动态监测与评估反馈基础。

过程实施情况信息的掌握是开展动态监测与评估的根本，在传统信息获取途径的基础

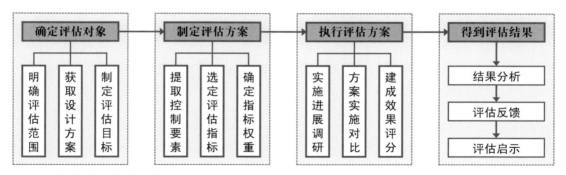

图 3.20 城市设计实施评估流程
资料来源: 袁青, 刘通. 城市设计实施评估研究: 以哈尔滨市哈西地区城市设计为例 [J]. 城市规划, 2014, 38(7): 9-16.

上, 利用便捷的城市三维场景采集与建模工具, 如倾斜摄影与激光雷达点云等, 能够实现对实施信息的高效采集, 为动态评估提供支撑。动态评估与反馈是个交互过程, 建立在定期、定点原则下的动态交互, 为城市设计管控的持续优化提供了有效途径。基于城市设计数字化平台的倾斜摄影与激光雷达点云数据集成, 能为实现管控的时空交互、动态优化助力。与此同时, 建设地块的最终实施方案在数字化平台中的精准落位与集成, 也为实施过程的动态管理提供了新途径, 能够实现管控要点、报批方案以及实际建成空间三者间的互动校核。

（2）管控要素视角下的城市设计实施评估

要素是城市设计管控的主要对象, 也成为建设实施评估的重要视角与抓手。城市设计管控的主要目标为营造高品质的城市空间环境, 物质空间要素是数字化平台管控的基本单元。对建成场景的数据采集, 并结合管控运作过程中的设计方案变更记录, 能够从中探究市场需求、公众需求等因素在管控中的作用影响机制与方法, 从而为后续管控工作开展奠定基础。实施评估的关键不在于评估城市设计的成果是否得到落实, 而是评估过程中在方案设计、成果转化、实施机制和政策设计等方面获得的经验与教训 [37]。

刚性管控要点成为实施评估的重点内容, 可利用数字化平台进行分析测度, 对后续实施方案与建成空间环境突破刚性管控的方面提出预警, 并对突破缘由、应对措施、未来改进等内容进行归纳总结。基于管控要素的城市设计实施评估是体系性内容, 从要素谱系化中的公共空间体系、交通慢行体系, 到建筑形态风貌体系、景观眺望体系等, 从天际线、地标, 到街道贴线率、功能业态与空间活力, 等等。通过管控规则与建成空间环境的比对分析, 探究城市设计管控实施过程中的要点变更与影响机制。数字化平台的应用能够为实施评估提供高仿真、动态、多元视角与方法支撑。

（3）大数据应用场景下的空间品质与活力评估

大数据分析方法对空间品质与活力的测度能够成为传统问卷法、调研法等的有效补充，为城市设计实施评估提供新的视角。管控要素视角下的实施评估重点关注物质空间形态，包括规划设计结构、建筑形态与组合、公共空间等内容。随着城市设计管控逐渐进入多元综合价值导向阶段，对于空间品质与活力的测度也成为实施评估的主要内容，空间本体与其承载的内涵均成为评估空间建设水平的标准。数字化平台中集成的大数据能够成为空间品质与活力测度的新工具。人群属性与动态行为特点，功能业态POI类型与空间分布，街景大数据与倾斜摄影、激光雷达点云，人流与车流强度特征等数据的采集与分析，能够从侧面反映出空间的利用效率、使用方式、吸引人群，进而实现对空间品质与活力的有效评估。

决策理论学说为理解城市设计管控提供了新的视角，"有限理性说""过程决策说"以及计算机辅助决策所构成的理论"三角"特征相辅相成、互为支撑。在整体理论框架中，计算机能够扮演重要角色，为城市设计管控有限理性的提升、过程决策程序的优化提供助力。城市设计管控的"控下限"逻辑能够在保证刚性要点有效传导、落实的前提下，为后续设计保留足够弹性与可操作性，为设计阶段的"争上限"提供框架与方向。程序性的日常管理工作在数字化平台的支撑下，也可以实现对既有管理流程的优化与效率提升。数字化平台在管控中不仅能够扮演"工具"角色，而且能够成为推动城市空间综合治理的多元主体间协同决策的沟通互动"平台"与"桥梁"。

一方面，城市设计管控具有技术内涵特征，管控运作涉及多专业学科间的协同，同时在数字化平台建设中也需要多样化技术方法作为保障；另一方面，城市设计管控作为政府部门对城市发展建设进行合理干预的有效手段，呈现出明显的行政管理特征，涉及法律、制度、管理、社会公平、多主体协同等方面内容。基于数字化平台的应用，会对既有的城市设计管控逻辑与方法进行调整优化，以适应数字化管控需要。如何将城市设计意图传导、转译至数字化平台之中，并实现计算机的有效识别、读取与测度，推动平台的智能化等问题的探索，是技术层面所需要重点关注的核心内容。在空间管理层面，平台如何优化日常管理，实现人机交互的"双通道"管控机制，其在协同设计、协同管理、公众参与，以及城市设计管控实施评估与监测反馈等方面扮演何种角色，发挥何种作用，也是本章的主要阐述内容。随着城市设计管控价值导向的多元化、综合化，多元主体参与到城市建设中的意愿与程度不断提高，推动空间管理向综合空间治理方向发展。

数字化平台的应用提供了技术变革触媒，为保证城市设计管控的有效实施提供方法与技术支撑。技术变革会带来机制、方法与制度的革新，数字化技术的应用为城市设计管控治理带来发展机遇。城市设计管控的综合、多元价值导向对管理工作提出了更高要求，复杂多变的市场环境、不同主体的差异化诉求、城市空间环境的高品质建设目标等，都成为日常管理需要面对与权衡的影响因素。管理阶段是面向市场、市民公众、非政府组织等多元主体诉求的主要工作阶段。数字化平台的应用能够为日常管理工作开展提供多视角支撑，从辅助城市设计管理，到促进多元主体间的协同决策与沟通博弈，再到数字化、全流程的公众参与方式，以及城市设计管控实施评估、监测与反馈等方面，吸引多元主体积极参与到城市建设相关事务之中。数字化平台在彰显"工具"属性、提升工作效率与精细程度的同时，也能够承担"平台"与"桥梁"角色，推动城市设计管控的综合价值突显，实现从城市空间管理向空间治理的转变。

应用场景是数字化平台在城市设计管控中最终呈现的"使用功效"。场景的谋划与实际需求密切相关，也与平台的特点与优势紧密相连。平台能够优化城市设计日常管理流程，建构高效率、程序化的管理路径；平台能够协助开展多部门、多主体间的协同管理与决策，实现城市设计管控的理性与多元综合价值。在公众参与方面，基于平台的全流程数字化的公众参与能够成为传统方式的补充，促进公众设计的开展；同时，在城市设计评估与实施监测等方面也能够为管控治理助力。随着平台的逐步智能化、集成化、实时化，会出现更加丰富的应用场景，从而实现更加理性、综合与价值多元的城市空间治理。

参考文献

[1] 巴奈特．开放的都市设计程序 [M]．舒达恩，译．台北：尚林出版社，1983．

[2] 于博．"完全理性"、"有限理性" 和 "生态理性"：三种决策理论模式的融合与发展 [J]．现代管理科学，2014(10)：54-56．

[3] 周三多．管理学 [M]．2 版．北京：高等教育出版社，2005．

[4] 于泓，吴志强．Lindblom 与渐进决策理论 [J]．国外城市规划，2000，15(2)：39-41．

[5] 吴元其，周业柱，等．公共决策体制与政策分析 [M]．北京：国家行政学院出版社，2003．

[6] 邓苏，张维明，黄宏斌，等．决策支持系统 [M]．北京：电子工业出版社，2009．

[7] 吴志强，王德，干靓，等．2010 年上海世博会园区规划建设三维仿真可视化控制管理系统 [Z]．上海：同济大学，2008．

[8] 王德，朱玮，王灿，等．2014 年青岛世界园艺博览会园区交通组织仿真 [Z]．上海：同济大学，2016．

[9] 胡娟，方可，亢德芝，等．城市规划视野下公共决策研究 [J]．城市规划，2012，36(5)：51-56．

[10] 西蒙．管理行为：管理组织决策过程的研究 [M]．杨砾，韩春立，徐立，译．北京：北京经济学院出版社，1988．

[11] 余柏椿．城市设计目标论 [J]．城市规划，2004，28(12)：81-82，88．

[12] 赵志庆，徐苏宁．城市设计过程论探究 [J]．哈尔滨工业大学学报（社会科学版），2008，10(1)：47-52．

[13] 陈晓红．新技术融合必将带来管理变革 [J]．清华管理评论，2018(11)：6-9．

[14] 王建国．21 世纪初中国建筑和城市设计发展战略研究 [J]．建筑学报，2005(8)：5-9．

[15] 唐燕．城市设计运作的制度与制度环境 [M]．北京：中国建筑工业出版社，2012．

[16] 杨俊宴，程洋，邵典．从静态蓝图到动态智能规则：城市设计数字化管理平台理论初探 [J]．城市规划学刊，2018(2)：65-74．

[17] 时匡，加里·赫克，林中杰．全球化时代的城市设计 [M]．北京：中国建筑工业出版社，2006．

[18] 杨俊宴．城市大数据在规划设计中的应用范式：从数据分维到 CIM 平台 [J]．北京规划建设，2017(6)：15-20．

[19] 唐芃，李鸿渐，王笑，等．基于机器学习的传统建筑聚落历史风貌保护生成设计方法：以罗马 Termini 火车站周边地块城市更新设计为例 [J]．建筑师，2019(1)：100-105．

[20] 郑志龙，李婉婷．政府治理模式演变与我国政府治理模式选择 [J]．中国行政管理，2018(3)：38-42．

[21] Dunleavy P. Big Era Governance: IT Corporations, the State, and E-Governance[M]. London: Oxford University Press, 2006.

[22] 韩兆柱，翟文康 . 西方公共治理前沿理论述评 [J]. 甘肃行政学院学报，2016(4)：23-39.

[23] 韩兆柱，单婷婷 . 网络化治理、整体性治理和数字治理理论的比较研究 [J]. 学习论坛，2015, 31(7)：44-49.

[24] Backus M. E-governance and developing countries[EB/OL]. (2001-05-14) [2005-09-24]. http://www.ftpiicd.org/files/research/reports/report3.pdf.

[25] 徐晓林，刘勇 . 数字治理对城市政府善治的影响研究 [J]. 公共管理学报，2006, 3(1)：13-20.

[26] 徐晓林，周立新 . 数字治理在城市政府善治中的体系构建 [J]. 管理世界，2004(11)：140-141.

[27] 金广君 . 城市设计：如何在中国落地 ?[J]. 城市规划，2018, 42(3)：41-49.

[28] 徐晓林 . "数字城市"：城市政府管理的革命 [J]. 中国行政管理，2001(1)：17-20.

[29] 张凤军，戴国忠，彭晓兰 . 虚拟现实的人机交互综述 [J]. 中国科学：信息科学，2016, 46(12)：1711-1736.

[30] 姜爱林，任志儒 . 网格化城市管理模式研究 [J]. 现代城市研究，2007, 22(2)：4-14.

[31] Portman M E, Natapov A, Fisher-Gewirtzman D. To go where no man has gone before: Virtual reality in architecture, landscape architecture and environmental planning[J]. Computers, Environment and Urban Systems, 2015, 54: 376-384.

[32] 王剑锋 . 城市设计管理的协同机制研究 [D]. 哈尔滨：哈尔滨工业大学，2016.

[33] 蔡震 . 关于实施型城市设计的几点思考 [J]. 城市规划学刊，2012(S1)：117-123.

[34] 雷翔 . 走向制度化的城市规划决策 [M]. 北京：中国建筑工业出版社，2003.

[35] 王卡，曹震宇 . 城市设计过程保障体系 [M]. 杭州：浙江大学出版社，2009.

[36] 黄卫东 . 城市规划实践中的规则建构：以深圳为例 [J]. 城市规划，2017, 41(4)：49-54.

[37] 郑宇，汪进 . 广州珠江新城城市设计控制要素实施评估 [J]. 规划师，2018, 34(S2)：44-49.

计算机没有什么用处，它们唯一能做的就是告诉你答案。

——巴勃罗·毕加索（Pablo Picasso）

数字化平台建构逻辑下的城市设计管控技术方法

·4·

4.1 城市设计数字化平台建构逻辑与流程

数字化平台建构包含倾斜摄影、激光雷达点云、BIM、三维模型、人群动态数据等多源数据的集成与耦合分析，并将城市设计意图数字化，且细化至最小单元并与地块进行链接，强调数字化转译、谱系化等多种技术方法的集合应用，同时涉及城市设计、计算机科学、智慧城市等多学科的交叉融合，其建构过程本身就具有一定的创新性。

数字化平台的建设与应用建立在一系列技术与方法组合运用的基础上。平台建构技术是支撑整套系统正常运作的基石，不仅包括数据集成、数据编码、数据存储、空间计算等技术方法，同时还涉及交互操作界面、多源大数据耦合分析、人工智能与机器学习等方法应用。因此需要在技术方法层面，重点讨论数字化平台的建构逻辑、整体流程、核心步骤详述、相关应用技术与方法，以及未来平台发展方向等相关内容，从技术视角建构数字化平台运作逻辑与框架。

4.1.1 数字化平台建构逻辑

城市设计数字化平台是在现有管控逻辑与方法的基础上，为适应计算机辅助决策需求而建构的基于多源大数据集成、空间计算、人机交互决策、仿真可视化等功能为一体的空间信息决策系统。针对现状问题与需求、规划愿景与目标，从两条路径来共同谋划数字化平台建构的逻辑、方法、流程与应用场景。总的来说，数字化平台的建构逻辑是从现状基础数据出发，基于城市设计意图的引入，运用大数据耦合分析、空间测度计算、人工智能、机器学习等技术方法，谋求平台逐步向自动化、智能化方向发展，并以现实管理与研究需求为导向，进行多应用场景的开发设计。整个建构流程主要包括：建立基础数字沙盘、导入多源大数据、嵌入管控智能规则、应用空间测度方法进行智能化分析与计算、模拟与预测，谋划多元化应用场景。根据建构逻辑的差异，数字化平台建构逻辑可分为目标与愿景逻辑、需求与问题逻辑两部分。

目标与愿景逻辑。科技进步为诸多学科的发展插上了翅膀，城市研究等相关学科同样受益匪浅。数字化技术在城市研究中的广泛应用，为研究与实践开展提供了新方法、新视角和新机制。从研究范围看，整体跨度非常巨大：从二维平面到三维空间，乃至四维时空；从区域等级结构到用地功能布局；从新技术应用到政府行政治理；等等。

城市设计管控兼具技术、管理、设计、制度、法律以及民主公平等多元特征。德国社会学家马克斯·韦伯（Max Weber）将理性分为两种类型，即工具理性（Instrumental Rationality）与价值理性（Value Rationality）。前者更偏向强调手段与过程，其核心是对效率的追求；后者更加强调结果与目标，是人本价值的最终体现；两者相辅相成、互为统一。从目标与愿景逻辑来看，数字化技术的应用为城市设计管控带来的绝不仅仅是工具理性，也能够通过对管控机制的优化来实现多元协同的价值理性，最终目标还是为人们提供舒适宜人、精致优美的城市空间环境。

需求与问题逻辑。现实需求与问题为城市设计数字化平台的构建提供了另一条逻辑思路，正是基于对需求与问题的研判，寻求通过平台建构以解决相应的问题、满足既有需求，彰显数字化平台的工具理性。在技术方法层面，需要对数字化平台建构的内在逻辑进行梳理，明确数字化技术在实际管控中扮演的角色。在城市设计管控中，为什么需要量化分析，量化什么，如何量化，等等，都是平台建构背后的本源思考。

4.1.2 数字化平台建构流程与框架

（1）数字化平台建构流程

通过对平台建构逻辑的组织与梳理，明确数字化平台建构的整体框架，进而采取相应的技术方法加以实现，并最终敲定总体建构流程。整个流程是基于现实技术方法的利用，同时考虑到未来发展趋势，为实现数字化平台建构逻辑而进行的多元技术方法组合应用过程。从最初的数据采集与集成，到数据分析与空间算法应用，再到结合实际需求的应用场景，整条建构流程可分为以下步骤（图4.1）：

基础数字沙盘集成。数字化平台建设最基本的"底座"便是现状数据，数据是实现城市设计数字化管控的根本。基础数字沙盘是多类型数据集成

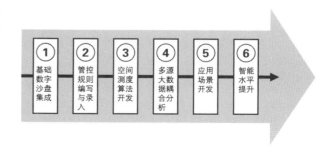

图 4.1 城市设计数字化平台建构流程

到数字化平台中的结果，是海量数据集合。根据数据类型的差异，相应的数据标准与格式千差万别。因此为实现数字沙盘集成，需要对多类型数据进行处理，并以统一的地理空间坐标系为标准，将多类型数据集成到数字化平台中，最终形成数字化平台基础沙盘。多类型数据的有效集成，是后续所有基于数字化平台开展的空间计算、应用开发、模拟预测等功能的数据基础。

管控智能规则编写与录入。基础数字沙盘中集成的多类型数据包含大量的现状数据，反映的是城市现状特征与问题。城市设计管控视角着眼于未来，针对的是未来城市空间形态的控制引导，因此需要将城市设计管控意图嵌入数字化平台之中。现状数据为管控基础，而规划意图为管控方向，两者间的相互配合才能够实现对城市设计管控意图的有效落实，塑造高品质的城市空间形态。

空间测度算法开发。对城市空间形态的计算机自动测度是数字化平台智能化发展的技术体现，平台的逐步智能化即可理解为计算机自主进行空间算法应用的过程。空间测度算法的应用主要体现在以下几个方面：首先，空间测度算法的应用能够大幅提升日常管理工作效率，将人们从简单而重复的工作中解放出来；其次，基于计算机的空间测度分析，分析结果能够为人们的决策提供理性参考，且通过要素测度能够实现城市设计精细化管控；最后，空间测度算法的应用能够推动数字化平台逐步向智能化、自动化方向发展演替。

多源大数据耦合分析。多源大数据的耦合分析贯穿于城市设计管控全流程，从设计阶段的辅助方案决策，到管理阶段的实施动态监测与评估等。多源大数据提供的全样本、实时、动态、多样化的分析基础，为优化设计方案、提升设计理性、监测实施成效等提供了技术支撑。通过大数据分析能够从多元视角优化城市设计方案布局，提升最终设计方案与管控规则要点的综合理性。

应用场景开发。应用场景开发主要基于现实需求引导，只有在强力需求的推动下才能更加有效地将应用场景落地。数字化技术的应用为解决城市设计管控现状问题与难点提供了新途径，在海量数据基础与方法应用的基础上，寻求借助计算机加以有效解决。问题导向的应用场景开发固然重要，目标导向的应用场景也不能忽略。基于目标应用场景构建以引导需求，也是场景开发中的重点，技术进步为多元化场景的谋划提供了便利与可能性。

智能化水平提升。数字化平台的智能化发展可认为是平台建设的起点，也是追求的目标。借助计算机进行辅助设计、辅助管理，建设初衷便是通过计算机应用以实现自动、智能化的分析计算，以便提升城市设计管控工作开展的效率与效果。智能化是起点、是美好的发展愿景，也是关键点与难点，需要在未来研究与实践中进一步探索。

正是基于上述从数据到方法、从现状到未来、从需求到目标、从分析到应用的整条数

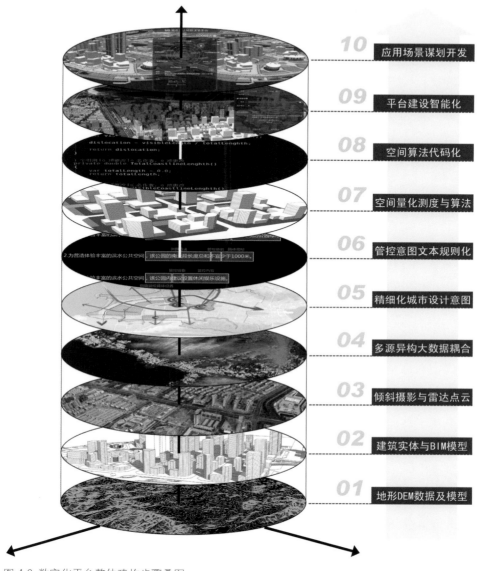

10 应用场景谋划开发
09 平台建设智能化
08 空间算法代码化
07 空间量化测度与算法
06 管控意图文本规则化
05 精细化城市设计意图
04 多源异构大数据耦合
03 倾斜摄影与雷达点云
02 建筑实体与BIM模型
01 地形DEM数据及模型

图 4.2 数字化平台整体建构步骤叠图

字化平台建构逻辑与步骤（图 4.2），保障城市设计数字化平台能够在设计、控制与管理阶段为多元主体提供辅助设计、辅助管理"工具"，协同设计、协同管理决策"平台"，为城市设计管控的理性决策提供系统支撑。

（2）城市设计数字化平台整体技术框架

在明确数字化平台基本建构流程的基础上，系统的有效运作还需要软件与硬件等的有效支持，人工智能、移动互联网、云计算等技术为平台的有效运作提供助力，因此数字化平台的整体技术框架如图 4.3 所示：

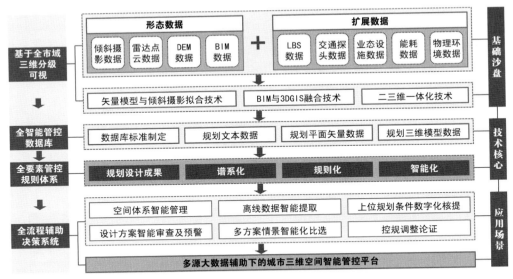

图 4.3 数字化平台整体技术框架

4.2 数字化平台基础数字沙盘建构

4.2.1 城市设计管控运作数据需求

数字化平台的构建需要对多源大数据进行集成与耦合，而集成的数据类型多种多样，数据标准也是五花八门。不同类型、不同坐标体系、不同数据标准的数据源，如何在数字化平台中进行集成、叠合？如何将数据处理到精准匹配的目标要求？如何将数据与要素进行链接等？上述问题都是平台建构过程中需要解决的技术难点。

在城市物质空间环境方面，随着对城市地理空间数据采集、计算、存储等能力的有效提升，以倾斜摄影、激光雷达点云、3D GIS 等相关技术的飞速发展，数字化技术正为城市空间形态的塑造与管控赋予新能量。从三维场景的数字建模，到物理环境的模拟反馈，再到人群活动行为的动态捕捉等技术方法的应用，为城市设计管控多元价值彰显提供助力。正是数字化技术的数字化、可计算、容量大、速度快、全样本、可编辑、可交互、能预测等特征，使得城市设计管控的数字化赋能成为现实。

（1）城市设计管控的数据需求特征

物质空间形态是城市设计管控的重点与落脚点，因此对于物质空间形态数据的采集成为平台运行的根本需求。在数字化平台应用中，数据需求与功能开发、场景应用等紧密联系，丰富的数据类型能够为后续开发与应用提供更多可能性。总结起来，数字化平台的建设对于数据的需求呈现出以下几点特征：

科学理性特征。大数据分析在城市设计中的应用，为城市设计的分析与研究带来了数据定量的科学理性。城市设计兼具科学与艺术特征，在营造优美城市空间形态的同时，也需要遵循城市自身内部发展规律。大数据分析方法的应用为发展规律探究提供了新方法，因此应用数据需表征出城市发展的内在科学规律，强化数据的科学理性，彰显数字化技术方法辅助决策的优势所在，并有效提升城市设计方案与管控的综合理性。

精准性特征。城市设计管控的最终目的是控制与引导城市实施建设，具有明显的工程技术属性。实施建设中对于数据的精准性，尤其是地理空间数据等具有非常高的要求。我国的城市建设主要依托测绘地形图加以开展，尽管根据空间尺度与比例尺的差异，测绘地形图存在不同的测绘精度，但数据的精准性是需得到保证的，都与实际物质空间环境相匹配。在数字化平台建设中需要集成与应用的多源大数据，需要在保证数据精准性的同时，还能够与既有规划管理数据（测绘地形图）无缝衔接。

精细仿真特征。城市设计数字化平台面对着广泛的使用对象，从专业技术人士到城市领导、市民公众等，因此数字化平台的场景可视化效果需要兼顾专业人员与非专业人员的共同需求。精细仿真的真实化场景体验能够增强代入感，帮助设计师更好地理解场地及其周边环境、规划方案与现状环境之间的关系，也便于从城市整体视角对场地设计进行综合把握。对非专业人士而言，真实场景有助于其在熟悉环境中更好地认知场地，作出基于自我认知的理性决策。借助倾斜摄影、激光雷达点云等地理空间信息采集技术，能够实现城市三维空间环境的快速建模，营造基于真实空间体验的应用场景。

4.2.2 数据采集类型与数据标准

（1）数据采集类型

面向城市设计的大数据类型可分为动态大数据、静态大数据、显性大数据以及隐性大数据四种应用维度（表 4.1），分别表征着城市物质与感知两个层面内容[1]。根据数字化平台建设的数据应用需求，可将数据分成两大类：核心数据与扩展数据。核心数据以空间形态数据为主，主要包括倾斜摄影、激光雷达点云、地形 DEM、三维模型以及 BIM 数据等。扩展数据以采集的多源大数据为主，包括 LBS、功能业态 POI、物理环境、建筑能耗、视频探头数据等，强调数据的动态引入与相互间的耦合分析。

表 4.1 动、静、显、隐四种维度大数据的基本内涵区分

数据分类	数据定义	具体描述
动态大数据	带有精细时间信息的数据	包含表征人群活动的手机信令数据、公交通勤活动、地铁通勤活动、浮动车流等数据
静态大数据	带有物质空间信息的数据	从城市尺度建构从建筑单体、用地地块、道路街巷、街区单元到地形地貌的精细化大模型
显性大数据	主体对城市的纯主观认知	包含微博、Flick 等公众用户认知城市的转译数据
隐性大数据	客观而不可见的数据	隐含在城市内的支撑城市有序运营的社会、生产、生活及各类型服务职能 POI 的空间位置、产业类别及机构属性等信息数据集成

资料来源：杨俊宴，曹俊 . 动·静·显·隐：大数据在城市设计中的四种应用模式 [J]. 城市规划学刊，2017(4)：39–46.

核心空间形态数据。鉴于对三维空间形态的设计、控制、引导是管控的核心内容，因此空间形态数据是开展城市设计管控的必需品。在统一的地理空间坐标下，需要将城市设计管控所需的二维平面图纸、三维模型、地形 DEM、倾斜摄影、激光雷达点云等数据进行有效集成，奠定基础数字沙盘建构基础。通过对核心数据中的点、线、面、体等实体要素的识别与空间关系计算，能够实现后续数字化平台的智能化应用。BIM 数据的集成嵌入能够有效拓展管控要素的计算机识别精细程度，有助于实现基于数字化平台的城市设计要素精细化管控。

动态扩展数据。扩展数据是对核心数据的补充与外延，主要为外部接入的多源大数据，是实现大数据耦合分析的数据支撑。类型多样的动态扩展数据能够增强数字化平台的开发应用可能性，统一的数据标准是平台集成的基本要求。

（2）数据集成标准

标准规范体系总体设计。需要以成果要求为基础、以管理需求为导向，综合考虑城市设计管控传导与转译内容和地理信息技术要求，制定与规划设计体系、传导体系和管控管理体系相契合，涵盖规划编制、规划实施、规划监测评估预警等内容的标准规范。标准规范按用途类别划分为数据类、指标模型类、系统类和管理类。

数据类标准是针对各类数据的生产建库、数据质检、数据汇交、数据共享等各个方面所指定的标准规范，可包括术语标准、分类与编码标准、制图标准、数据库标准、数据汇交标准、数据库质量检查细则等；指标模型类标准是针对规划传导管控核心指标和基本模型的含义、计算方法、数据来源等内容的标准规范；系统类标准是面向应用系统开发、配置和集成的相关规则；管理类标准是支撑和确保规划传导管控过程中的管理体系、制度、方法以及相关运行保障的标准和规范。

系统运行数据标准。系统运行数据标准的确定是基础数字沙盘建构的开端，也是城市设计数字化平台建设的起点，也只有在明确标准的前提下，才能为多类型数据的集成、嵌入提供参照，保证整体数据标准统一。整套系统的运行需要软件与硬件间的相互配合，基于地理信息系统软件平台，如 ArcGIS、超图（SuperMap）等开展数字化平台建设。系统数据标准主要包括统一的空间坐标系、高程基准、制图精度以及地图投影方式等。例如，采用国家 2000 坐标系、1985 国家高程基准、高斯－克吕格投影模式，以米为单位并精确到小数点后两位等相关数据标准来建构数字化平台。数据标准的确定为后续工作开展提供了参考标尺，只有在满足标准要求的基础上才能将数据集成嵌入，并实现平台的交互计算，其中包括采集的多源大数据、现状与方案设计模型以及平面图纸等。

设计成果文件入库标准规范。现状数据仅仅是起点，城市设计管控是对城市空间形态的未来谋划与设计，其中会包含大量的城市设计方案，方案的数字化成果在全部应用数据中占据较大比重。因此，为保证城市设计成果能有效嵌入平台，并可利用计算机展开识别与计算，需要对数字化成果进行标准化、规范化。数字化成果包含多类型的数据格式，如 *.dwg、*.shp、*.doc 等，在集成嵌入数字化平台前，需要对包括文件数据标准、文件类型、文件命名规范，以及文件中的部分图层属性等内容进行统一、规范。

成果文件标准规范是为保障数字化平台有效运行而制定的明确规则标准，适用范围包含所有需要嵌入平台的设计数字化成果。城市设计管控涉及的人、物、事纷繁复杂，如不同城市设计项目、不同设计编制单位、不同地段空间属性等，各自为政的处理方式势必造成设计成果数据的混乱，从而降低数据的可利用性与价值。整套标准规范的建立，是保证数字化平台正常运作的前提。在符合标准规范的基础上，城市设计方案成果文件能够顺利导入平台，并开展相应的计算机测度。

总的来说，城市设计与建筑设计方案成果是平台集成数据中空间范围广、更新频率高、牵涉主体多的成果类型，更需要制定相应的成果标准规范加以统一。如《城市设计 CAD 制图规范及成果提交规范》《城市设计规划编制成果要素编码与符号样式规范》《城市设计规划成果空间数据库建设规范》《规划建筑设计方案空间数据库建设规范》《规划建筑设计方案提交规范》《规划建筑设计方案制图规范》等。以《城市设计 CAD 制图规范及成果提交规范》为例，标准对城市设计 CAD 成果文件的编制具有明确规定，包括坐标系、高程基准等基础数据标准，以及图层管理规定、图形规范、成果内容提交规范等方面内容。

4.2.3 数据集成与基础数字沙盘建构

（1）基础数字沙盘建构逻辑

基础数字沙盘建构是以多类型数据的集成为策略方向，强调数据的稳定性、精确性与动态更新。整体的建构逻辑是在地理信息系统软件平台上实现多类型数据集合的过程，包括以倾斜摄影、激光雷达点云为主的高仿真三维实景模型，地形地貌特征数据、二三维空间形态数据，以及采集的多源大数据等。

倾斜摄影与激光雷达点云能够实现城市三维实景的快速建模，高仿真特性能够增强平台在可视化方面的真实感与代入感。地形地貌特征是城市设计方案开展的基础，也是数字化平台应用场景展示的基底。二三维空间形态数据包括现状与规划方案两部分，是表达城市设计意图的主要载体，也是实现计算机空间测度的主要要素对象。BIM 数据的引入，使得城市设计管控要素的精细化组织与管理成为可能。基于要素编码与要素属性，能够实现计算机的识别与测度计算。动态嵌入的多源大数据为认知城市内在发展规律，提升城市设计方案理性助力。

基础数字沙盘是平台运作的动态数字"底盘"，需要保持数据的定期、动态更新，保留对外部动态数据引入的接口，呈现出动态性、可扩展性特征。动态性是根据数据的特征变化及时进行数据更新并输入平台，以保持数据"活力"。可扩展性是指平台保有无限接入新类型数据的接口，能够满足未来多类型数据的集成需求。城市设计管控的多元需求，多类型数据源的扩展接入，都能为平台的应用提供更多可能。同时，针对部分经过授权的、需与管理部门进行实时对接的数据类型，数字化平台能够实现对数据传输、学习、反馈、决策等的自动化处理，形成全链条、智能化的决策系统。正是核心空间形态数据、动态扩展数据的采集与集成，以及数据自动接入，共同构建了完整的基础数字沙盘。

（2）基础数字沙盘中三维建模方法讨论

城市设计管控是对城市三维空间形态的控制与引导，因此数字化平台中三维模型成为分析、计算与可视化的重点对象。如何更加有效地实现对城市物质空间环境建模，并满足平台应用的数据要求，也是需要重点讨论的问题。目前常用的建模方式包括传统实体建模、测绘倾斜摄影建模，以及精细化 BIM 建模等。在数字化平台中，上述三种模型都已经实现集成嵌入，但三者也分别具有各自特点并扮演着不同的角色。

传统实体建模主要基于 CAD、SketchUp、3DS MAX 等建模软件进行，基于测绘地形图的建模过程能够与现有的规划管理数据进行无缝衔接，实现局部地区的精细化建模。但面对数字化平台建构过程中，城市整体范围内的海量建模需求，通过传统精细化建模方式来实现城市建成环境的虚拟仿真，不仅任务量巨大、工作周期长，而且在数据动态更新能力方面受到一定限制。考虑到城市设计管控的要素边界，在退而求其次的原则下，可通过体块模型来实现数字化平台的场景应用，包括建筑群落与形态的测度等。由于受到模型精细程度的限制，无法实现计算机对建筑构件类管控要素的识别、计算与管控，而更多以人为判断决策为主。

BIM 技术的引入能够有效拓展传统实体建模的精细程度，作为数据库模型的 BIM 构件蕴含内容丰富的参数与属性信息，包括编号、尺寸、材质等等，能够成为计算机运行计算的对象，实现计算机对管控要素的识别计算。但当前 BIM 技术应用仍处于发展阶段，应用范围受到一定限制，未来可逐步要求进入数字化平台的城市核心区三维建筑模型以 BIM 为主，实现对建筑构件的一体化、数字化管理，并结合物联网实现数字化平台向智慧城市大脑的拓展。

倾斜摄影建模是通过航空摄影的方式实现城市三维形态快速建模的方法，并通过激光雷达点云数据对航拍过程中缺失的细节进行修补，从而实现城市高精仿真三维建模。可认为倾斜摄影模型就是一张具有三维空间坐标信息的"立体图片"，具有场景高仿真、建模快速、建模成本低、文件量较小等优势。但在如何将模型中的各类要素进行单体化并赋予属性，以便于计算机的组织管理，以及与现行的管理方式有效衔接等方面，仍需做进一步探索。

因此，上述三种模型相互配合，充分发挥各自特征（表 4.2），可以实现数字化平台的智能化计算与仿真可视化。

表 4.2 数字化平台中三维模型数据特征对比

数据类型	模型特征	优劣势	扮演角色
传统实体模型	模型体块	建模速度较快，但模型精细程度受限	计算机测度的"体"要素
倾斜摄影模型	航空摄影图片	建模速度快、文件量小，但无法有效分离管控要素并赋属性	基于真实场景的外显可视化
BIM	构件可带属性的数据库模型	模型构件带有丰富属性，有利于计算机组织管理，但目前应用范围较小，且建模速度较慢	未来精细化、数字化要素管控的拓展方向

（3）基础数字沙盘的"显隐"双重属性

基础数字沙盘建构不仅要与既有管理工作体系无缝衔接，还需要满足计算机针对管控要素进行识别计算的要求，因此沙盘建构过程，集成了"一显一隐"两套数据体系，分别应对要素管控与空间计算、场景可视化展示需要（图4.4）。在平台中将"一显一隐"两类数据进行精准叠合，从而展现基础数字沙盘的双重属性。显性形态数据主要为倾斜摄影模型，隐性形态数据主要包括二维平面图纸、三维模型、BIM、地形DEM等。"显隐"数据组合能够充分发挥多类型数据的优势与特点，既保障了现行管理工作体系的无缝衔接，也拓展了城市设计管控中计算机应用的广度与深度，两者分工合作、各取所长。

图 4.4 基础数字沙盘的"显隐"双重特征

4.3 城市设计管控意图的数字化传导、转译路径与方法

　　城市设计管控从最初的设计到最后的实施落实，需要历经多专业、多视角的转译与协同。转译路径是否通畅、传导方法与机制是否奏效，都决定了整条管控路径的成败。规划设计语言如何无损地传导至管理语言？如何在实际的精细化管控中落实规划的管控要点？如何将确定的管控意图进行数字化转译，进而录入数字化平台，并与地块及管控要素进行精准链接？其内在的转译机制与逻辑为何？上述关键问题都需要在研究过程中加以探讨，以保障整条管控路径的通畅。

　　数字化转译探究的是设计语言、管理语言如何能够有效数字化，并转译成计算机能够"理解"的计算机语言的过程。首先，通过将谱系化之后的管控意图进行拆解，细分到一条条的智能规则之中，赋予计算机以明确指令，使得其能够以二进制逻辑读取规则中相应的管控意图并进行空间测度与计算。然后，将与地块对应的大量智能管控规则与地块进行链接，从而实现管控意图的数字化转译。

本书在前文的论述中，已经对城市设计管控的客体要素进行了梳理，为全要素的谱系化建构奠定基础。基于最小要素单元的管控思路，是实现计算机管理的有效途径。通过计算机对要素的识别与管控，能够从底层视角建构数字化管控逻辑。整条逻辑的

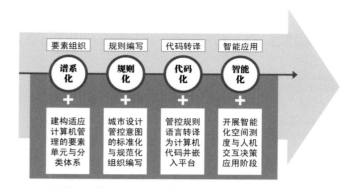

图 4.5 管控意图数字化传导、转译路径

实现需要从多方面展开研究与相互配合，是将城市设计管控意图最终落实到数字化平台规则代码并实际应用的过程，整体流程可归纳为谱系化、规则化、代码化、智能化等四步骤（图 4.5）。

谱系化是对管控要素的组织与梳理，并建构适应计算机管理的要素单元与分类体系；规则化是将城市设计管控意图按照标准化、规范化的语言组织结构进行编写，形成基于最小管控要素与开发建设地块为单元的城市设计管控规则，是城市设计日常管理的重要标准；代码化便是管控规则语言转译为计算机代码的过程，通过对管控规则中的要点进行提取，建立计算机逻辑语言框架，并最终以代码语言的形式组织并嵌入数字化平台；智能化是最终的应用阶段，是利用计算机基于代码语言开展智能化空间测度的阶段，是利用数字化平台辅助进行人机交互决策的阶段。整条流程从谱系化、规则化，到代码化、智能化，是城市设计意图逐步提炼、分解、再组织与应用的过程，也是实现城市设计数字化管控的可操作方法。

4.3.1 城市设计管控全要素谱系化建构

城市设计管控不仅具有多尺度、多要素特征，同时还具有多地段特点，在不同的尺度与地段中，城市设计管控的客体要素与精细程度也不尽相同。是否存在一套完整的管控要素体系能够满足不同场景中的管控需求？如何处理不同尺度、地段间的相互关系，尤其是在数字化平台的完整架构中？不同地段与尺度场景中的管控边界如何确定？是否存在相互交叉的可能性？不同尺度间的设计意图如何无损传导等？上述问题对于建构整套数字化管控逻辑具有重要意义，也是研究过程中需要重点突破的难点之一。

所谓谱系化，即将城市三维空间管控的对象、意图等分解为标准化、类型化、层级化的基本要素，并按规定格式将这些要素绘制成按类编制的对象集合，其目的是能够更好地

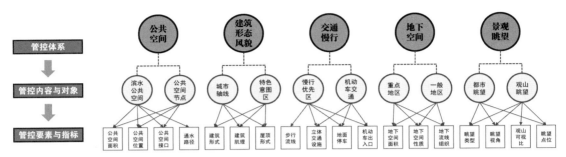

图 4.6 城市设计管控要素谱系化建构（部分节选）

将零散的管控要素进行系统化、整体化，进而建立通畅的传导与转译路径。谱系化建构（图4.6），是将城市设计语言转译为计算机语言的有效路径，是数字化转译机制的工作基础。

借助虚拟空间与计算机进行数字化管控，能够将管控精细度显著提升。但对于城市设计管控来说，相应的管控边界在哪？管控的精细程度、颗粒度需要细到何种程度？这是需要深入探讨的内容。通过对城市设计管控全要素的梳理，明确各管控要素类别的精细程度，进而展开谱系化建构，奠定城市设计数字化管控的实践基础。

谱系建构是在对管控意图上下传导、横向分类关系梳理的基础上，进而对管控要素进行分类、归集的方法与过程。城市设计管控的客体对象要素纷繁复杂、种类繁多，各要素之间呈现出明显的上下传导与横向分类关系。城市设计管控意图需要在不同尺度层面进行无损传导，管控的精细度也需要进一步提升。通过谱系化建构，能够有效梳理并理顺多类型要素在横向、纵向之间的平行、层级关系，对于有效落实管控意图具有重要意义。

（1）管控要素谱系化建构逻辑

在城市设计管控中，通常存在三种不同的视角，即要素类型管控视角、空间层级管控视角以及场所特征管控视角（表4.3）。要素类型管控视角是将城市设计管控分解为对多类型要素的控制与引导，如建筑体量、建筑装饰、建筑屋顶、公共空间边界、立体交通设施点位等，通过无数管控要素的向上归集机制，从而构建城市整体空间形态。空间层级管控视角是考虑宏观、中观以及微观视角的管控内容差异而形成的层级间差异化管控。与空间层级管控视角着眼于空间尺度差异不同，场所特征管控视角更加关注场所区位与功能定位间的差异而导致的管控差异，如中心区、滨水区、历史风貌保护区以及沿山地区等等。空间层级管控视角与场所特征管控视角可看作是对要素类型管控视角的进一步修饰，或从尺度角度，或从特征角度，或从重要性角度，但最终的管控落脚点还是要素，只是赋予的要素属性具有特色化内涵。由此清晰地构建出数字化平台基于管控要素计算机管理的逻辑思路。

表 4.3 城市设计管控中的"三视角"特征

管控视角分类	管控视角逻辑	管控对象细分
要素类型管控视角	基于要素最小单元的精细化管控	建筑形态与组合、公共空间、立体交通设施等
空间层级管控视角	宏观、中观、微观尺度下的差异化管控	宏观框架性、中观体系性、微观实施性
场所特征管控视角	不同区位、定位特征下的差异化管控	滨水区、中心区、历史风貌保护区等

（2）管控要素谱系化建构

管控要素的谱系化建构是建立在对城市设计管控客体梳理的基础上，并对客体要素进行筛选、组合的过程，以便于后续计算机的组织管理。鉴于计算机的管理对象为明确的物质实体要素，因此谱系化建构确定的分类标准，需以最终落脚到物质实体要素管控为原则。通过对管控要素构件的属性与空间关系测度，实现数字化平台的精细化、特色化管控。在此建构原则下，最终形成公共空间体系、交通慢行体系、建筑形态与风貌体系、景观眺望体系、地下空间体系等五大类，并明确相应的管控要素、管控内容以及管控方法等内容（表4.4，完整内容详见附录 B）。本书重点关注以空间形态管控为主线的核心要素谱系化建构，而针对扩展要素门类暂时不做过多讨论，但谱系化建构的原则与逻辑是一致的。谱系化建构是综合考虑城市设计方案成果、多层级与多类型管控需要，以及管控要素的计算机管理等多方面内容，而形成的管控要素标准化、分类型管理框架（图 4.7）。

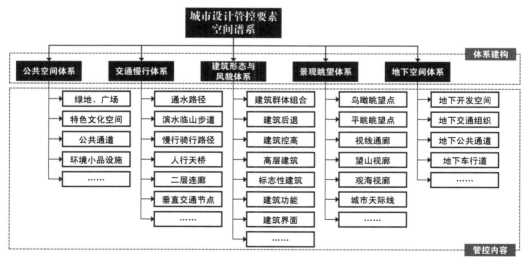

图 4.7 城市设计管控要素谱系化建构框架

表 4.4 城市设计管控要素谱系化建构（节选）

谱系化类别	管控要素	管控内容	管控量化指标	管控方法
公共空间体系	公园绿地、广场 街道空间	公共空间边界、形状 建筑灰空间 景观小品设施 绿化植被	公共空间最小尺度 空间连通度 小品绿化体量 绿化植被色彩引导	视觉模拟 数字阈值管控 刚性＋弹性管控 人工＋计算机识别
交通慢行体系	地块机动车交通组织 人行交通组织 特色慢行流线组织	交通设施位置 慢行流线 二层连廊体系 人行、车行出入口	步行道最小宽度 人行通道数量 地面停车比例	数字阈值管控 刚性＋弹性管控 人工＋计算机识别
建筑形态与风貌体系	建筑形态组合 建筑功能业态 建筑风貌与装饰 建筑界面	建筑高度、体量 建筑屋顶、外墙立面 建筑色彩 用地兼容性、混合度	体量控制 长宽高比值 错落度、间口率 建筑退线、贴线率 通风廊道控制 用地兼容比例 功能混合比例	视觉模拟 数字阈值管控 刚性＋弹性管控 人工＋计算机识别
景观眺望体系	景观视廊 城市天际线	景观眺望点 标志性建筑物与构筑物 视域范围内建筑控制	视域视角方位控制 观山可视比 观海可视比 天际线波动率	视觉模拟 数字阈值管控 刚性＋弹性管控 人工＋计算机识别
地下空间体系	地下空间开发 地下交通组织	地下空间边界、形状 地下通道位置、尺寸 地下空间功能	地下开发规模总量 通道最小尺度 空间连通度 交通转换最小距离	数字阈值管控 刚性＋弹性管控 人工＋计算机识别

4.3.2 地块与管控要素编码逻辑与方法

面对海量的管控要素，对要素进行编码成为利用计算机对其展开有效管理的必要手段，编码过程即通过明确的逻辑与规则将管控要素进行重新组织、编号，以赋予各要素在整体要素集群中以明确位置与身份，编码的最终目的是保证计算机能对管控要素进行精确识别与精准计算。整个编码过程类似于军队编制，可将编码体系分成两部分内容，即地块编码与要素编码，呈现出空间层级编码与要素类型编码相结合的逻辑。

空间层级编码是明确管控要素所在地块的具体空间位置，首先通过"片区—街区—地块"的逐级细分逻辑，并结合城市地理空间信息加以实现。其次通过全要素谱系化建构，形成基于要素类别的条块切分，然后以此为基础进行纵向深度的层级切分，并结合空间层级编码成果以"地块—管控要素—要素构件"逻辑拓展，最终形成全要素完整的编码体系

（图 4.8）。在整个体系中，各管控要素通过类别与层级差异进行组织排列，能够实现要素身份的唯一性，进而利用计算机展开有效识别。

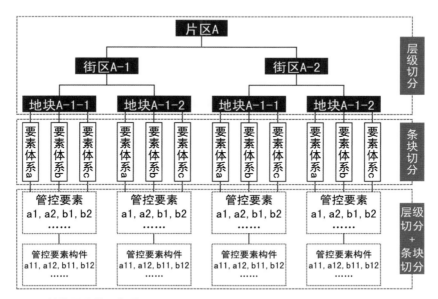

图 4.8 管控要素编码体系

（1）要素编码原则

整个要素编码体系的搭建呈现出以下几点特征：编码唯一性、编码可扩展性，以及编码可操作性与简易性。编码体系的完成是实现计算机定位与识别的基础，同时还需要为后续管控要素的动态变化预留弹性与扩展空间，且注重在实际操作中的可实施性。

编码唯一性。唯一性原则是整个编码体系需要遵守的首要原则，是实现计算机智能化管控的先决条件。也只有在实现管控要素编码唯一的基础上，才能够利用计算机进行自动识别与属性管理、空间计算。归根结底管控要素编码的最终目的，是赋予每个管控要素以特定身份 ID 认证，以便计算机能够通过编码代码快速定位至相对应的要素。

编码可扩展性。管控要素存在动态变化与发展的可能，尤其是随着城市设计管控进入多元综合时代，内涵特征的逐渐丰富也增加了管控要素变化的可能性，编码可扩展性便是为适应城市设计管控动态变化特征而制定的编码原则。在保证整体编码体系完整的前提下，能够实现局部区段的管控编码动态扩展与更新。

编码可操作性与简易性。整体编码体系需要保证逻辑清楚、简易而具有可操作性，避免要素重复编码的可能，基于清晰的编码逻辑使得计算机能够准确、快速定位。可操作性与简易性强调的是编码体系的实际应用价值，有助于城市设计数字化平台的建设与实际运作。

（2）要素编码规则方法

空间层级编码为基础，可与法定的控制性详细规划地块编码基本保持一致，也增加了编码结果与既有工作的融合。在此基础上，依据要素谱系化分类，对各地块内部的城市设计管控要素进行编码，如 XX 地块的 01 号建筑，01 号建筑的屋顶、窗户、广告标识等。在包含数量众多且须进行更加精细化管控时，编码可进一步向下拓展，如 01 号建筑外墙上的 01 号广告标识等。整套编码流程与实际管控需要密切相关，不同地块间的编码精细程度不尽相同，基本的管控与编码边界为建筑外立面中的最小单元构件，如窗框、玻璃、广告标识、建筑檐口、门框、雨棚等会实际影响城市空间形态与空间感受的建筑构件，BIM 建模的应用能够赋予建筑构件以属性信息，有助于开展计算机基于构件属性的组织管理。整体的编码规则方法示意大致如下（图 4.9）：

图 4.9 管控要素编码规则方法示意

4.3.3 规则化：管控规则编写逻辑与方法

管控规则是城市设计意图的凝练与归纳，正如前文所说管控规则的编制是"控下限"的决策过程，其目的是在保证刚性管控规则有效落实的前提下，为后续深化设计保留更大弹性与操作空间。在延续现有、可行的管控逻辑与方法基础上，需要尝试将管控规则数字化、智能化，从而实现计算机辅助的平台建设目标。通过管控规则的编写与转译，实现管控规则与管控地块在计算机内的精准挂接与精确识别，逐步实现管控规则的智能化应用（图 4.10）。

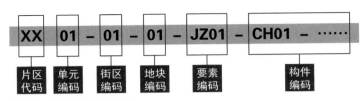

图 4.10 管控规则转译逻辑

（1）城市设计管控规则编写逻辑

管控规则是以地块为基本编制单元，基于标准化、规范化的编制要求，将针对特定地块的所有控制与引导内容通过规则条文的形式逐条明晰，并在数字化平台中实现管控规则与管控地块间的精准匹配。规则编写遵循最小化原则，每条管控规则对应特定地块、特定要素的某些方面特定要求，如 01 地块建筑形态要素中对沿街建筑贴线率的管控要求，为保证沿街商业界面的连续性与良好步行体验、贴线率不宜低于 70% 等。利用数字化平台的计算机空间算法，能够实现针对管控规则要求的智能化应用，如城市设计与建筑设计方案自动审查等。"智能"规则的应用是利用计算机进行辅助决策的过程，其中并非所有管控意图都能实现计算机辅助审查，仍需要通过人为决策加以判断，整个方案审查过程等应用场景也是人机交互模式的体现。

（2）智能规则编写方法

管控规则的编写逻辑与内容基本上是既有城市设计导则管控条文的延续，但也根据计算机组织管理需要，而将编制方法变更为基于管控要素谱系化分类的最小化控制方法，在最小化原则下管控要素与管控规则能够实现精准挂接，便于计算机自动识别、智能化测度等的开展。管控规则的编写主要包含编号 ID、谱系化分类、管控要素指标、管控模型、规则描述、计算机测度参数栏、审查类型、管控强度等内容（表 4.5）。

表 4.5　管控规则编写方法示意（节选）

单元编号 ID	街区编号 ID	谱系化分类	管控要素指标	管控模型	规则描述	计算机测度参数栏	审查类型	管控强度
CMZ03	CMZ03-15-02	城市形态体系	建筑形式	建筑要素空间度量约束	为形成城市界面，街区内新建高层建筑建议沿台湾路布置	临街缓冲区 100 m	计算机识别	弹性管控
CMZ02	CMZ02-75-02	城市公共空间体系	绿地/广场长度	公共空间、要素空间度量约束	为营造体验丰富的滨水公共空间，该公园绿地的南北段总长度不宜小于 300 m	滨水缓冲区 30 m y 轴投影长度 280 m	计算机识别	弹性管控
BH01	BH01-07-01	城市街道体系	建筑后退	自定义模型约束	为提供丰富的公共活动空间，沿 BH01 规划路 03 新建建筑退线禁止小于 6 m		计算机识别	刚性管控

对编号 ID、谱系化分类、管控要素指标的理解较为直观，即是通过管控要素谱系化以及要素编码成果确定的特定地块、特定类别下的特定要素的管控规则。管控要素指标是明确特定管控规则的控制对象与内容，如 AA01-01-01 地块需要对城市公共空间体系中的绿地广场面积进行管控，则相应的三项指标分别对应为"AA01-01-01、公共空间体系、绿地广场面积"。

管控模型是针对各类型管控要素的计算机管理需要而构建的复杂规则模型，以实现管控规则的计算机运算，包括属性约束、空间度量约束、自定义模型约束等类型。属性约束是对要素属性进行规则化测度，如针对建筑立面材质等进行的管控；空间度量约束是对要素间的空间拓扑关系、空间尺度进行控制约束；自定义模型约束主要适用于包括需要进行复杂计算的，或部分具有城市地域特色的管控规则。

规则描述是管控规则编写的最核心内容，由固定的文本语言格式构成，总体结构为"管控目的＋管控对象＋管控具体位置＋测算方法＋管控级别＋管控内容与管控指标"（图4.11）。其中管控目的是规则编制的方向，只针对有管控需求的要素加以展开；不同地块管控目的不同，相应的管控规则数量与管控要素等也存在差异。管控规则的编制也是管控意图与管控要素的筛选过程，通过遴选城市建设中重点、核心的要素与设计意图以进一步落实到管控规则之中。在规则编写中会根据管控意图对管控级别进行分级分类处理，主要包含"必须""禁止""建议""不宜"等四种类型，分别对应着刚性与弹性管控规则。

计算机测度参数栏是通过指标参数来确定计算机进行空间测度的范围边界，主要包括视廊视角、缓冲区、XY投影长度计算等内容，参数栏的确定为计算机的空间测度指明了方向。

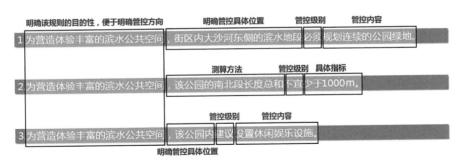

图 4.11 管控规则描述编写语言格式示意

（3）智能规则分类与管控识别方式

管控规则是表述管控意图的表现形式，城市设计意图的属性也会在管控规则中加以落实，形成刚性规则与弹性规则之分。数字化平台的使用，使得部分规则能够通过计算机进行审查验证，因此在识别方式上出现了人工识别与计算机识别之分。

刚性规则与弹性规则。刚性规则与弹性规则的编制是意图的有效落实，管控规则只是管控意图的承载体。刚性规则是后续设计必须严格遵守的规则条文，具有强制性特征；城市设计管控的引导性特征主要由弹性规则表现出来，在规则描述中也常采用"建议""不宜"等字样。管控要素指标并非区分刚性与弹性的内容维度，同一要素指标在不同的管控意图中能够分别对应着刚性与弹性的管控强度。典型的如对建筑屋顶形状与色彩的管控，在一般地区主要为弹性引导，甚至不作具体要求，但是在特定的特色风貌地区，对于第五立面的管控即变成刚性要求。

人工识别规则与计算机识别规则。人工识别与计算机识别的差别在于对管控规则的审核查验方式不同，利用计算机进行"读取""审查"管控规则，是数字化平台的特点与优势所在，也是平台建构与未来发展的明确目标。未来的城市设计数字化管控需要尽可能提升计算机在管控运作中所承担工作的占比，充分发挥计算机特长与优势，积极推动城市设计管控的数字治理进程。通过计算机组织管理功能的应用，逐步使数字化平台向智能化、自动化方向发展。

（4）基于全要素谱系建构的规则差异化分级分类管控

正如前文所述，城市设计管控视角涉及要素类型、空间层级，以及场所特征等三方面内容，各视角下的管控有其自身侧重点。在数字化平台建构时，确定以谱系化的全要素梳理作为平台应用内核，其内在逻辑在于从要素类型视角出发，可基本实现规则差异化的分级、分类管控。

整体的建构逻辑是通过扁平化的全要素谱系化建构，为计算机实现最小单元的要素管控提供基础；利用计算机强大的运算能力，以管控要素类型划分为主导，从而实现对城市中海量要素的精细化管理。管控要素是具有多重属性的"城市构件"，通过对要素的属性管理便能够实现要素多样化组合，形成多元化、特色化的城市空间形态，包括"空间层级管控视角"下的不同管控要求，以及"场所特征管控视角"下的特色化管控要求等，进而实现基于管控要素管理的城市空间形态塑造。

（5）智能规则的迭代演替

城市设计的过程属性决定了在时间序列上，会出现不同城市设计方案的迭代演替。地段设计条件的变化会带来设计方案的变更，进而出现城市设计管控意图的变化。作为管控意图的承载体，管控规则也会随之发生迭代演替。迭代的过程也可看作是管控意图在过程决策中有限理性水平提升的途径。计算机强大的数据处理与存储能力，能够为管控规则的迭代演替提供硬件支撑，实现迭代规则的时间线排序。在时间序列上还会出现管控强度的变化，部分管控规则因为设计条件的变化而发生管控强度变更，但部分在城市结构层面具有决定性影响的核心管控规则，需要通过刚性管控的方式将其固化，以保证城市整体结构的稳定性与延续性。

4.3.4 城市设计管控规则代码化

管控规则代码化是实现计算机"读取"规则的过程，重点在于识别规则中需要明确的管控要点，如管控要素对象、要素运算模型以及相关计算参数等，总体遵循着文本语义解析、提取相关要点、空间单元链接以及管控精准落位的演进逻辑（图4.12）。

　　通过属性约束、空间度量约束、自定义模型约束等模型类型的应用，实现对管控要素的属性、参数以及空间度量关系等方面的综合约束（图4.13）。以建筑要素属性约束为例，在约束模型与参数设置中，需要为计算机明确"建筑图层参数""'建筑类型'属性值""'屋顶形式'属性值"等相关属性约束内容（表4.6），以便于计算机通过代码算法进行智能测度。

图 4.12 管控规则代码化逻辑

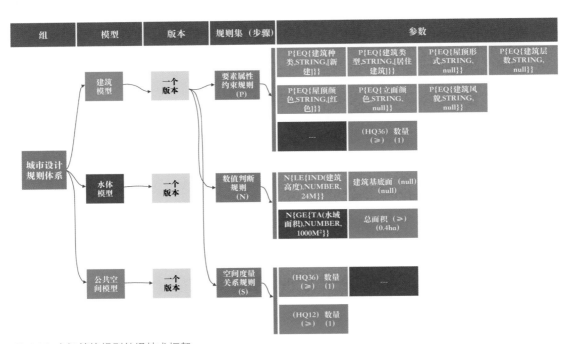

图 4.13 空间管控规则转译技术框架

　　通过对文本语义的解析，将管控规则中的相关要点进行提取，并转译成能够用于空间计算的逻辑语言，进而通过计算机代码语言将要素间的关系测度加以实现（图4.14），构筑城市设计空间规则条文，至空间计算逻辑语言，再到计算机代码语言的规则代码化路径。

表 4.6 约束模型与参数配置示意（节选）

模型	参数
（位置）视点可视分析，环视 360° 范围内是否能看到山	（X 路与 Y 路交叉口、X 路与 Z 路交叉口）视点可视分析，环视 360° 范围内是否能看到山
（位置）等分取点 视点可视分析，环视 360° 范围内是否能看到山 计算可看到山的视点个数比例（　）	（"X 路"）等分取点 视点可视分析，环视 360° 范围内是否能看到山 计算可看到山的视点个数比例（≥）（60%）
建筑图层参数（　） "建筑类型" 属性值 =（　） "屋顶形式" 属性值 =（　） "屋顶颜色" 属性值 =（　） "立面颜色" 属性值 =（　） "建筑风貌" 属性值 =（　） "建筑层数" 属性值（　）（　）	建筑图层参数（"新建建筑图层"） "建筑类型" 属性值 =（null） "屋顶形式" 属性值 =（"坡屋顶"） "屋顶颜色" 属性值 =（null） "立面颜色" 属性值 =（null） "建筑风貌" 属性值 =（null） "建筑层数" 属性值（null）（null）

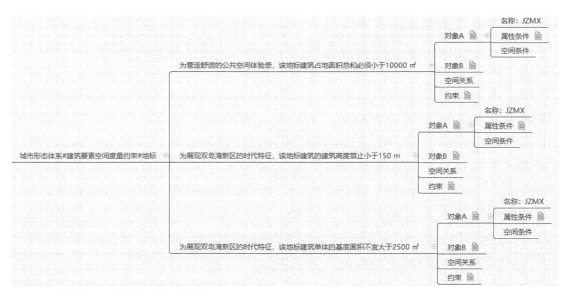

图 4.14 管控规则空间测度逻辑语言分解

采用空间规则引擎技术，将规则模型分解为指标和指标因子、逻辑运算规则等要素，并提供可视化的模型构建支持，通过将管控要求植入系统，以满足城市设计管控复杂规则灵活可实现的要求，实现针对城市设计成果的空间监管。空间规则引擎采用算子、模块、规则项、规则、模板的方式实现规则的编写，组装、配置和复用。

通过空间规则引擎技术，实现模型动态组合编排，支撑城市设计规则管控。随着系统资源的不断积累，管理业务的不断深化，更多的指标和规则会不断涌现，这些新的指标规则可以基于数据共享和传递的思想，以数据为基底，以业务为导向，通过模型动态编排组合，实现新的规则配置。

传统的规则管理有专用的缺点，一个指标往往通过计算机语言编写的应用模型源程序实现，当指标的参数、规则业务变动需要调整时，只能查找源代码进行修改。通过空间规则引擎技术，当指标参数改变时，只需要重新调整配置算法中的各项因子参数、配置规则，从而实现模型的扩展，重复使用。针对复杂的城市设计管控规则，构建规则管理引擎，实现规则的灵活配置，支持自然规划语言到计算机规则模型的转化，落实城市设计的管控（图 4.15）。

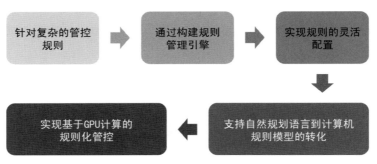

图 4.15 管控规则配置流程
注：GPU（Graphics Processing Unit）指图形处理器。

4.3.5 基于数字化平台的管控规则智能化应用

基于城市设计数字化管控规则传导、转译的"立体空间、二三维结合、管控量化"等特性要求，依托数字化平台构建面向立体空间、三维管控的规则模型体系，结合二三维一体化、分布式空间计算、指标管理、大数据可视化等技术方法，利用空间规则引擎加持，实现三维管控规则模型的灵活可配置、计算可落地。

（1）可计算、可配置的数字化规则体系建设

在数字化平台中，通过构建支撑规划设计数字化编制、传导和实施管控的规则模型库，针对规划编制和基础分析需求，构建土地开发利用强度等计算模型；针对传导管控需求，构建规划传导、实施管控等城市设计管控规则；针对监测评估预警，构建可实时计算的指标模型。利用空间规则引擎，实现计算模型的统一配置、构建与管理，从而实现规则可落实、模型可配置、管控可计算的规则模型体系建设。

基于规划传导管控规则体系，将管控内容进行逐级梳理，并按照计算实现方式进行归类，突出各类的管控要素和管控强度，包括对要素属性进行规则化管控的属性约束类、对

要素的空间拓扑关系和空间尺度进行约束的空间度量约束类，以及对要素进行复杂规则管控的自定义模型约束类，最终形成包含规划业务类别、计算实现类别、管控强度等多层多维的规则体系。通过利用自然语言处理技术自主研发的智能规则配置软件，对自然语言描述的管控要求进行自动化拆解，解析设计的对象、约束条件，并将其转化为计算机可以识别、计算的管控规则，形成数字化规则库（图 4.16）。

　　针对每一类规则进行模型构建研究，构建空间计算模型，对各类空间管控模型、规则模型、评价模型、评估模型进行算法开发实现，通过算法注册、数据源管理及配套可视化工具进行模型构建，实现模型的统一管理和应用（管控规则配置示例详见附录）。

　　基于算法实现、算法管理、数据源管理、模型设计、模型管理等环节，进行模型工艺流程。通过算法实现，对模型涉及的各类算法进行分解，对计算过程进行编程开发实现并进行封装。通过算法管理，对已实现并封装好的 DLL（Dynamic Link Libraries，动态库文件的拓展名）文件进行管理，包含算法注册、算法删除、算法元数据编辑等。通过数据源管理，统一管理算法所需的各类数据源，数据源注册、数据源删除、数据源数据编辑等。通过模型设计，对数据源、算法（含运行参数）、结果存储形式进行配置，构建出模型，并可对已建模型进行编辑修改。通过模型管理，针对模型进行查询、运行和注销管理，支持查询模型的输入输出参数以及接口详情，支持通过运行输入参数启动模型进行计算，支

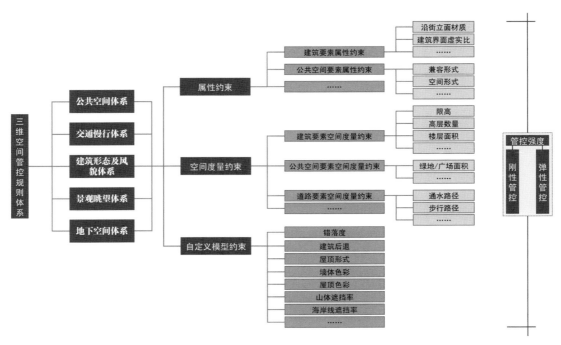

图 4.16　三维空间管控规则体系

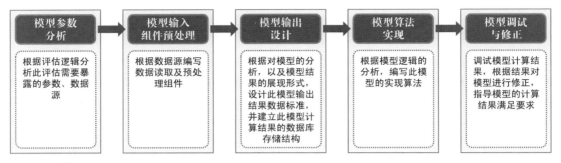

图 4.17 模型工艺流程

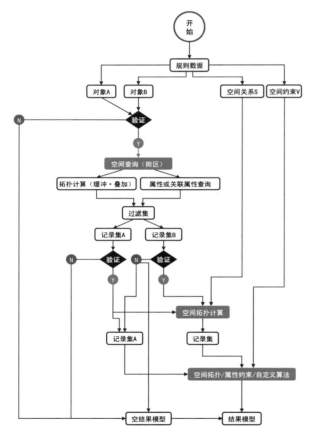

图 4.18 基于空间规则引擎实现三维空间管控规则模型逻辑

持模型注销，也可监测模型运行的情况，提供日志输出功能（图 4.17）。

（2）利用空间规则引擎，实现三维管控规则的灵活配置和算法落地

空间规则引擎对模型的管理与应用由模型管理、任务调度、计算服务三部分组成。模型管理以算法、模型为核心，具有算法注册和管理、模型构建、模型管理和模型计算的能力；任务调度中心响应外部命令和输入数据，调用运行时服务，获取计算模型，将计算任务按资源分发，对作业流进行编排、监管和干预；计算服务通过计算框架集成模型运算的环境，接受调度中心分发的任务，进行逻辑运算，产生相应的输出（图 4.18）。

规则数据转化为计算机识别的对象 A 和对象 B，以及两者的空间关系和空间约束，其中：对象 A 为规划对象，如建筑体；对象 B 为空间约束参与对象，如道路；空间关系，即算子集合，包括属性算子、空间算子等，如语义描述为道路两边 15m 范围内不允许存在建筑的算子实现；空间约束，即算子重组，如约束对象的个数等于 0，符合要求。通过单个算子组合与结果模型约束，返回符合与不符合管控要求的空间实体对象。

三维管控规则算子库可分为属性类、空间关系类、通用类等（表 4.7）。属性类算子是定义管控对象属性值的比较及范围。空间关系类算子是定义空间对象之间存在的与空间特性相关的关系，主要分为空间拓扑、空间方位、空间度量关系。空间拓扑关系指拓扑变换下保持不变的空间关系，如空间对象的分离、相交、包含等。空间方位关系是指空间对象在空间的一种顺序，如上、下、左、右、东、南、北等。空间度量关系是指用某种度量尺度来描述的空间对象间的关系，如距离等。通用类算子，也属于自定义类型，包含如面积统计、数量统计以及错落度计算等。

表 4.7 三维管控规则算子库（部分）

类型		公式代码	含义	示例
属性类		EQ	相等，equal	P{EQ{ 属性名称，数据类型，[参数值数组]}}
		NE	不相等，not equal	P{NE{ 属性名称，数据类型，[参数值数组]}}
		GT	大于，greater than	P{GT{ 属性名称，数据类型，参数值 }}
		GE	大于或等于，greater than or equal to	P{GE{ 属性名称，数据类型，参数值 }}
		LT	小于，less than	P{LT{ 属性名称，数据类型，参数值 }}
		LE	小于或等于，less than or equal to	P{LE{ 属性名称，数据类型，参数值 }}
		RG	区间范围，range，RG[] 表示包括最小和最大值，RG() 表示包括最大值，RG[) 表示包括最小值	P{RG{ 属性名称，数据类型，{ 参数值最小，参数值最大 }}}
空间关系类	空间拓扑	Topology_Equal	相等	如: Topology_Equal (point, point)
		Topology_Touches	仅边界相交	如：Topology_Touches (polygon, line)
		Topology_Within	内部	如：Topology_Within (point, polygon)
		Topology_Contains	包含	如：Topology_Contains (polygon, point)
		Topology_Crosses	相交	如：Topology_Crosses (polygon, line)
		Topology_Overlaps	重叠	如：Topology_Overlaps (polygon, polygon)

类型		公式代码	含义	示例
空间关系类	空间拓扑	Topology_Disjoint	不相交	如：Topology_Disjoint (line, line)
		Topology_Buffer	缓冲	如：Topology_Buffer (O, R)
	空间方位	Orient_Angle (object, object)	对象 A 到对象 B 的角度	
		Orient_East (object, object)	正东	
		Orient_South (object, object)	正南	
		Orient_North (object, object)	正北	
		Orient_ES (object, object)	东南	
		Orient_WS (object, object)	西南	
		Orient_WN (object, object)	西北	
		Orient_Top (object, object)	上	
		Orient_Down (object, object)	下	
		Orient_Left (object, object)	左	
		Orient_Right (object, object)	右	
	空间度量	Measure_Distance	如：点到线的距离	
		Measure_Distance_Centre	如：点到线的中心点距离	
		Measure_Distance_Min	如：点到面的最小距离	
		Measure_Distance_Max	如：点与线最大距离	
		Measure_Distance_Max	如：面与面最大距离	
		Measure_BackLine ()	如：退线距离	
		Measure_IncreaseBackLine ()	如：递增退线距离	
		Measure_Height	如：建筑高度	
通用类		GE_Count (property)	统计个数	计算个数
		GE_SumArea	统计面积	计算面积
		GE_StaggerRatio	错落度	

资料来源：南京东南大学城市规划设计研究院有限公司、上海数慧系统技术有限公司"威海数字化城市设计"项目文本

（3）应用二三维一体化技术，实现数字化规则管控落地

通过将管控规则抽象为对象、空间约束、空间关系三元组，通过算子集合，灵活组合针对三维数据对象的属性、空间、自定义、GPU等各类算子，对三维数据进行三维体空间查询、拓扑运算、缓冲区分析、叠加分析、布尔运算等黑盒运算，生成可计算结果集、GPU 类结果集，通过平台前端二三维融合的场景渲染，对结果集进行转化，直观显示规则的执行情况（图 4.19）。从规则集合、算子计算、算子组合到结果渲染，充分考虑二维与三维的

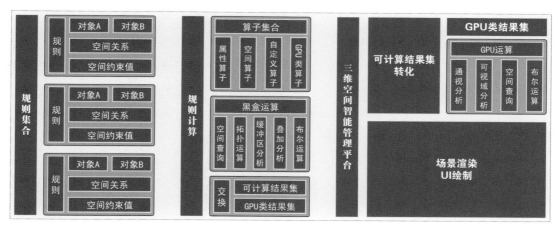

图 4.19 三维空间管控规则落地流程
注：UI（User Interface）指用户界面。

有机结合，实现二维三维的数据一体化、显示一体化、空间分析一体化和服务发布一体化，实现二三维环境下大规模场景数据高性能加载显示及分析计算。

面向立体空间三维管控的数字化规则模型体系构建，突破了过去规划传导管控仅能通过二维平面和属性字段进行实现的限制，实现了对地上地表地下的立体自然资源的规划管控。例如对于建筑高度的管控要求，过去是通过对建筑方案平面图中的建筑高度属性字段的数值判断进行实现；通过规则模型体系构建，可直接在平台场景中生成立体的限高盒子，直观地监测到建筑设计方案是否有超过高度限制，同时也规避了方案总平图和建筑模型之间可能存在的差异隐患。

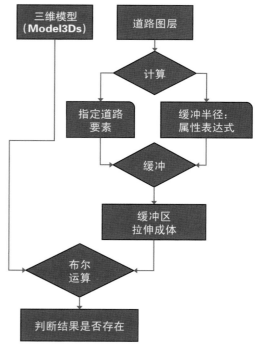

图 4.20 建筑退线管控流程

例如对于建筑后退道路距离的管控要求，过去是通过对建筑方案平面图中建筑基底与道路之间的距离判断进行实现的，但由于建筑三维立体的特性，存在建筑台阶、阳台、屋檐等部分超出建筑墙体，造成与道路距离过近的隐患。通过三维管控模型，可以基于退线的要求拉伸生成立体退线面，并通过与三维建筑模型的三维空间相交查询，落实对建筑全方位的管控（图 4.20）。

传统规划管理只通过高度、密度、容积率等指标来进行管控，缺乏对三维空间形态的考量。例如对地块的管控限高 100 m 建设，就存在开发商会将所有建筑按照 100 m 上限来设计并实施，造成建筑高度"一刀切"的单一空间形态。通过三维管控模型中错落度模型的构建，可实现对建筑高低起伏情况进行计算，并可通过生成天际线直观查看辅助管控决策，规避了过去对着方案设计表进行决策的局限性。

4.4 数字化平台智能化技术应用

智能化是数字化平台追求的发展目标，目标的实现需要借助多样化的技术方法加以支撑，包括三维空间形态分析与计算、多源大数据的耦合研究，以及机器学习、人工智能等技术的应用等。技术方法的支撑为数字化平台的发展提供动力，也能够提高城市设计管控的理性水平与日常管理效率。计算机的智能化分析辅助能为人为决策提供理性参考，实现人机交互机制下的城市设计数字化管控。

4.4.1 基于数字化平台的空间分析与计算

对城市三维空间形态的分析与计算，是发挥城市设计数字化平台开展辅助决策与管理优势的重要内容。平台智能化的体现之一是计算机能够自动承担越来越多的复杂空间计算任务，进而逐步迈向后续的自学习、自反馈阶段。GIS 平台本身就具有强大的空间分析、数据组织管理以及成果可视化、成果制图等方面的能力，能够为城市三维空间形态的规划与设计、日常管理提供强大技术支撑。以 ESRI 公司的 ArcGIS 为例，平台能够提供 750 多种空间分析、地理统计的工具与方法，对于提高城市规划与城市设计的分析决策能力、成果内容质量、工作效率等来说，其作用是显而易见的。

通过将上述空间分析与计算方法运用到数字化平台的智能测度中，能够实现计算机的自主化、自动化空间计算，有助于提升数字化平台的智能化水平。对于空间形态的测度还须以城市设计管控意图为导向，在明确的管控意图指引下，进一步探索三维空间形态的分析计算方法，逐步完善平台智能化测度算法群落，并扩展空间测度的适用范围。本节以城市设计管控中常见的几种空间计算指标为例，简要阐述指标测度的内在逻辑与计算方法。

（1）错落度

错落度是测度城市空间形态丰富程度的指标，主要从建筑高度视角对特定范围内，如某个地块或一组相邻地块内建筑组合的高度变化进行空间计算，以综合反映范围内的建筑高度波动情况。我国的城市建设总体呈现出高强度、高密度特征，大规模的成片开发建设，尤其是中、大型居住用地的统一开发，易形成空间形态"一刀切"现象（图4.21），对城市整体空间形态与风貌特色产生负面影响。错落度测度指标的应用能够缓解上述问题，其在我国特定的空间建设模式下具有一定的实用价值。对大中型建设地块的错落度数值进行区间管控，能

图4.21 城市建设中的"一刀切"现象

够起到在建筑高度视角丰富整体空间形态的设计与管控目标。

在计算方法层面可以单独街区为例，街区的错落度为街区内建筑高度标准差与街区平均建筑高度间的比值，错落度数值越大，表明街区内整体建筑高度的波动程度越大，反之亦然。识别街区内建筑 i 的高度 h_1，h_2，$\cdots$，h_i，并计算街区平均高度 H，n 为街区内所有建筑的数量，错落度的计算公式如下：

$$错落度 = \frac{\sqrt{\frac{1}{n}\sum(h_i-H)^2}}{H}，其中街区平均高度\ H = \frac{\sum h_i}{n} \qquad （式4.1）$$

依托三维空间形态模型能够更加直观地认知错落度的主要管控内涵（图4.22），如图4.22所示，在街区平均高度相同的条件下，错落度变化带来的整体空间形态变化。在数字化平台中，能够实现计算机对特定范围内错落度的自动测算，并与城市设计管控要求进行校审，高效完成对城市设计方案成果的审查。

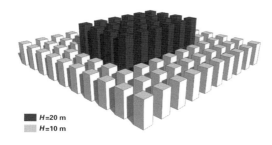

■ H=20 m
■ H=10 m

范围一：建筑平均高度11.8 m，错落度为36%

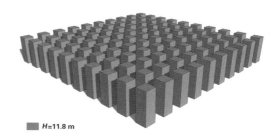

■ H=11.8 m

范围二：建筑平均高度11.8 m，错落度为0

图4.22 错落度空间形态示意图

（2）天际线波动率

优美的城市天际线逐渐成为展示城市特色的重要窗口，典型城市比如纽约、上海、香港等；香港港岛建筑群落高低起伏，并与自然背景的太平山相得益彰，成为城市经典的景观视角。虽然天际线的起伏事关美学原理，可通过均衡、对比、突显等设计手法的运用加以塑造，但是否能够通过量化测度方法对其展开理性认知并进行优化？对天际线波动比率的量化计算，能够为美学评判提供决策基础。3D GIS 技术的发展也为城市天际线的采集与模拟提供了重要手段，能够为天际线评价提供动态、实时场景与量化分析基础。对天际线的量化测度成为定量研究与管控的基础，对天际线曲折度与层次感指标的量化分析能够为天际线评估提供参考[2]。

利用数字化平台的辅助，能够实现对选定视角内城市天际线的自动投影与波动比率实时、定量计算，并且可进行实时交互。在编辑三维建筑模型的同时，相应的比率结果会自动同步更新。虽然最终的优美天际线方案不能完全通过计算机量化测度直接得出，但量化分析的意义在于"控下限"，能够对比率数值明显过高或者过低的情况给出量化预警，也为后续的决策提供参考佐证。

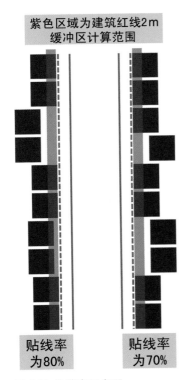

图 4.23 贴线率示意图

（3）贴线率

在我国城市规划体系中，法定的控规中常出现道路红线、地块红线以及建筑红线等边界控制线，而贴线率通常测度的是街区内建筑群或建筑单体与地块建筑红线控制之间的相互关系，描述的是临近道路一侧的建筑物贴建筑红线的边界长度与临路建筑红线长度间的比例关系（图 4.23）。总的来说，比例数值越高，相应的街道空间则显得更加齐整，反之亦然。

贴线率控制是塑造城市街墙的重要手段，也是培育良好街道活力的设计方法。人群活动总体具有连续性与聚集性特征，对于呈带状的街道空间，受限于业态功能的空间进深不足，因此更加需要强调沿街空间与界面的连续性与延展性。基于贴线率控制的城市街墙成为城市设计管控的内容之一。对于贴线率指标的量化测度，能够有效控制引导街道连续性界面的形成，进而依托功能业态组织以营造活力街道空间。从计算方法来看，贴线率的计算公式为：

$$贴线率 = \frac{临路建筑物贴建筑红线长度}{临路建筑红线长度} \times 100\% \qquad （式4.2）$$

判断建筑物是否贴线的计算规则与标准，主要包括以下几点：

一、为了允许建筑物外墙能够在一定范围内作出形体凹凸变化，且不影响最终的街道界面感观，故将建筑红线 2 m 缓冲区内的建筑边界都计入有效长度；

二、若遇底层架空形式建筑，当架空高度小于等于 10 m 时，架空部分的长度可纳入贴线率计算的有效长度；

三、若建筑为骑楼形式，可将骑楼建筑的外轮廓投影线纳入贴线率有效计算长度。

在强调数字化平台智能化发展方向的基础上，借助 GIS 平台中的缓冲区计算，能够实现对特定街道贴线率的自动计算与实时交互测度。本书在此讨论贴线率，并非要探讨其中的评定规则，更主要的论述目的是表明在确定的规则之下，可以借助平台算法，实现对地块指标的自动、实时测度，这也是推进平台智能化发展的重要举措。

（4）间口率

间口率是用来测度街区内特定方向的建筑群落开敞程度的指标，在数字化平台中的计算原理与贴线率类似，均为测度线段的空间长度占总长度的比值。间口率的含义是街区内所有建筑在控制面方向的正投影长度之和与控制面方向街区面宽之间的比值（图 4.24），在确定指标测度方位的基础上，测度该方位的街区所有建筑正投影长度并求和，由平台自动计算得出相应的间口率指标。

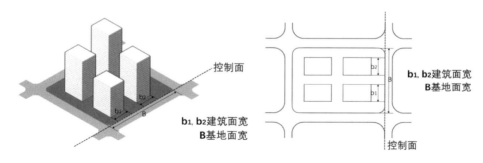

图 4.24 间口率示意图

从计算方法来看，间口率的计算公式为：

$$间口率 = \frac{街区内所有建筑在控制面方向的正投影长度之和}{控制面方向街区面宽} \times 100\% \qquad （式4.3）$$

在指标应用场景方面，需要强调街区通透性控制的情景中，间口率的使用成为其中的选择之一。如对于沿山、滨海地段的开发建设，为了引导城市与自然间的渗透与交融，常常在设计意图中加入对街区通透度的控制引导。在高密度开发的城市片区，为了加强城市内部的通风效果，也会对街区的间口率提出一定的要求。如《深圳市城市规划标准与准则》为满足地块内通风的要求，改善区块内的微气候环境，会提出相关的建筑间口率要求，生成街区垂直于片区主导风向的控制面，并在此基础上对间口率指标进行计算与控制。

（5）观山观水可视比

观山观水可视比测度是在选取的特定视点、视域范围内对城市建设与自然环境间相互关系进行测度并实施管控的空间量化指标（图 4.25）。实际应用中会结合城市视廊控制体系建构展开，测度目的是协调视域范围内的城市建设与自然环境，强调城市中自然的引入与渗透，因此也可将其定义为山水遮挡率，两种定义方法是一体的两面，指标的应用对于提升城市公共空间感受与舒适度具有积极作用。

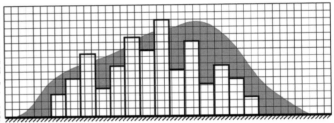

图 4.25 观山观水可视比示意图

在计算方法方面，通过对所选特定视角与视域内的城市景观要素进行自动识别，计算机能够测算得出当前视域中所能看到自然山水要素的总投影面积，进而计算出山水要素投影所占比例，即为观山观水可视比。对公共慢行路径的定点测度，结合序列化测度结果，有助于改善整体步行环境体验，优化城市建设空间布局。从计算方法来看，观山观水可视比的计算公式为：

$$观山观水可视比 = \frac{特定视域内山水要素可见投影面积}{视域范围总投影面积} \times 100\% \qquad （式4.4）$$

除上述简要介绍的空间计算方法之外，还包括空间容量指标，如建筑覆盖率、容积率等的自动计算，路网密度与可达性、用地功能混合度、天空可视域以及绿视率、航空限高管制预警等。新的测度方法也在不断探索之中，如城市网络分析（Urban Network

Analysis, UNA）和形态句法（Form Syntax），纽约大学和 KPF 建筑设计事务所合作开发的 Urbane 工具，以及 Vitalvizor 工具[3]，等等。空间测度方法的应用与城市设计管控目标密切相关，为实现城市设计管控意图，可借由空间分析方法进行量化分析，为方案审查与结果评价提供数值参考。

归根结底，既有空间计算方法的应用都是在明确计算方法与逻辑基础上，通过数字化平台进行自动识别、自动计算且能实现实时交互反馈，通过寻求对空间形态的量化分析，能够为管理决策提供参考。随着后续空间分析，尤其是三维空间分析方法的完善与研究拓展，会有更多的计算方法能够实现对空间形态的量化测度，进而通过数字化平台实现自动、实时、交互的空间量化计算，也为数字化平台的智能化发展提供有效助力。

4.4.2 多源大数据耦合分析与预测

大数据的分析应用为城市设计理性决策提供了新视角，尤其是面对空间尺度范围较大的研究与实践，借助大数据分析能够为设计决策提供理性支撑。城市设计的主要研究对象为空间形态，但又已经超越了纯粹的空间形态研究，需要对更广泛的影响要素进行综合分析与理性研究，而当下蓬勃发展的大数据分析为此提供了重要的应用场景：对人群行为的动态研究，使得城市设计能够"既见物、又见人"，寻求人群活动特征与空间形态间的耦合互动；功能业态 POI 与地理空间区位的叠合，并结合人群空间分布关系，能够从底层视角探讨功能业态、人口分布与地理空间之间的关系，为城市设计中功能业态组织提供参考；基于物理环境定量测度的交互式城市设计途径，也为空间形态的设计与组织提供了新的理性视角等。基于数字化平台的多源大数据耦合分析，随着研究视角的多元化，能够从更加综合的角度把握城市设计管控决策，实现更加理性的城市设计管控运作。

（1）人群行为特征与空间供给耦合

城市设计的人本视角是增强城市设计理性决策的重要方向。人是城市公共空间使用的主体，在进行空间形态设计与布局时，需要充分考虑人的实际需求与使用特征，才能更加科学合理地进行统筹安排。传统的技术方法体系更多地采用观察法、样本法、问卷法等方法来开展人群行为与空间关系研究。传统方法具有直接、直观、可控等优点，同时也存在一定局限性。大数据方法作为传统方法的补充与完善，为人本视角的城市设计研究拓展提供了新思路与方法。

基于动态手机信令与 LBS 数据等的人群行为特征研究，能够依托所采集人群动态数据中的时间信息、空间信息、人群属性特征等，进而探寻人群活动时空行为特点。以 LBS 数据为例，该类型数据来源于基于手机定位的 APP（Application，一般指手机应用软件）采集，能够实现较高精度的空间落位。通过对数据的采集、清洗、落位，进而可依据信息属性切片对所收集的全样本数据进行分析。从时间角度切片，能够实现对一天 24 小时内人群流动规律的探析；从空间角度切片，能够明确城市空间范围内的人群活动情况；从特征属性角度切片分析，能够从中知晓不同性别、不同年龄段人群间相互活动的差异。在此基础上，还能够进行更加深入的挖掘，从时间、空间与属性特征相互耦合的视角来对城市中的人群活动进行数字化综合分析，并将分析结果用于指导后续城市设计，如业态策划与服务设施布局、空间结构优化、交通体系改善等方面。

（2）功能业态 POI 与人群空间分布耦合

人群空间分布与功能业态之间存在着紧密联系，呈现出互动与极化特征，人群集聚催生丰富多样的功能业态，反之业态的多样化也会吸引更多人群聚集。POI 数据作为城市综合服务设施位置、数量与类型的表征，具体表现为业态点的地理坐标、业态名称、关键词等相关信息，具有数据全面、精细化、集成度高、可视化等特点。结合城市地理空间数据，构建功能业态 POI 数据集，能够弥补城市业态空间布局分析中的局限与不足。

人群与业态间的互动关系使得两者间的供求关系会逐渐趋向平衡，但在城市发展中错配现象仍时有发生，或业态类型与规模无法满足人群需求，或出现供过于求的现象。处于动态发展中的城市，需要对服务设施规划进行适应性调整，以匹配人群动态需求，POI 数据的动态更新与采集为适应性调整提供了可操作性方法。POI 数据涵盖了城市各项职能，可划分为以下四类：城市社会服务设施、城市生活服务设施、城市生产服务设施以及城市工业设施。各大类可再细分为若干小类，如社会服务设施包括体育、医疗卫生、社会福利、文化艺术、科研教育等。通过分项解析各类设施的空间分布特征，并与现状人群空间分布进行联动分析，能够发现城市中功能业态与人群集聚错配区域，为优化城市服务设施布局提供重要支撑。结合对各类设施的层级与类型解析，能够探究城市服务设施的空间发展结构与空间演替规律，进而实现对规划服务设施布局的预测。

（3）物理环境模拟与空间形态优化交互

城市微气候是人们感知城市的重要途径，改善城市微气候、提升气候舒适度成为城市设计的重要目标。城市设计是对三维空间形态的设计与谋划，最终目标是塑造精致、宜人的城市空间环境。微气候与物理环境是人们感知空间环境的重要环节，对城市外部环境的风、声、热环境提出舒适性要求。城市的物理环境作为隐性的影响因素，却又实实在在地影响着人们的生活与健康。通过模拟软件的模拟、优化，将隐性要素进行综合分析并可视化，搭建量化分析平台，可以更好地对城市空间与环境品质进行提升与完善。

通过对物理环境的分析、模拟，并与城市设计形成交互反馈，将模拟结果融入城市设计全过程之中，能够为优化城市设计空间布局提供新方向。基于对物理环境的测度、优化、模拟，进而对城市空间布局进行反馈、调整，有助于实现城市设计的最终目标，有效改善城市气候、优化人居空间环境。物理环境模拟与优化主要采取模拟与实测相结合的方法，运用卫星遥感技术、Phoenics 流体计算软件、SoundPlan 软件等对城市或片区的热环境、风环境、声环境进行全范围模拟，分析现状存在的主要问题，进而提出物理环境提升策略和空间形态管制措施，同时在方案比选阶段对多个方案进行验证、反馈，积极应用于方案深度设计与优化阶段。

对于物理环境的模拟分析已经能够在不同尺度的城市设计中展开，从总体城市设计层面，到地段级、街区层面，通过模拟分析以划定城市级别的通风廊道，确定建筑群落朝向与组合形式，调整城市用地功能布局等。借助气候模拟软件的交互、反馈，能够全流程地参与到城市设计方案设计、调整、优化的流程之中，进而将对于微气候的营造全程嵌入设计过程，实现城市微气候与城市设计空间形态的互动与和谐。总结起来，物理环境量化模拟与城市设计空间形态优化交互应用，需要历经数据采集、软件模拟、交互设计与综合集成等研究步骤，在分析与设计的交互中还存在着传导与反馈机制。

4.4.3 机器学习与人工智能的应用

城市设计数字化平台中，机器学习与人工智能的应用仍处于探索阶段。基于街景图像识别的城市街道空间品质提升、图像模拟预测、人群活动组织模拟、人工智能城市设计等技术的应用，对于提升数字化平台的智能化、自动化水平具有显著影响。人工智能高效的自学习、自适应与自组织势必将为城市设计运作、管理、监测、预警带来变革性影响。

（1）图像识别与街道空间品质提升

机器学习与人工智能在图像识别方面的技术应用已经较为成熟，随着研究的深入，分析与应用场景仍在不断拓展中。基于 FCN 全卷积复杂神经网络和深度学习数据集的培养结果，采用神经网络智能识别程序能够实现对街景图像中的多类型要素进行计算机智能识别，并统计要素像素占比、数量等信息；通过对所采集图像数据分类提取，能够实现对街道空间品质展开测度的目标。整个城市范围内主要道路与街道的街景图像资源是蕴含了巨大信息的宝藏，通过有效的技术方法读取图像中的蕴含信息，便能够掌握城市道路与街道中的海量信息资源。

街景图像是"人视角"下的城市影像合集，图像中蕴含着城市街道景观、人群活动、空间活力、建筑形态与装饰、植被、设施小品等多样化的要素信息。通过人工智能图像识别与分析技术，可将图像中的各种要素进行识别、提取，进而能够对城市进行整体分析，包括规模、数量、空间分布等等。在街景图像分析的基础上，结合城市设计管控意图，进而能够优化街道整体空间品质。数字化平台中集成的城市倾斜摄影数据本质属于"立体图像"，在结合街景图像、激光雷达点云数据的基础上能够实现多视角的图像采集与应用。基于机器学习的图像模拟与预测也是未来需要进一步探索的方向，在建筑保护、建筑遗产修复等方面具有积极意义。

（2）人工智能城市设计

理论上看，通过机器学习与人工智能能够使计算机掌握城市设计中存在的规则要点，进而实现城市设计方案的自动生成。当前，在局部地块的三维空间形态设计中已经能够实现计算机的方案生成，但面对城市整体的复杂巨系统，存在众多的影响因素与变量，人工智能城市设计仍处于试验探索过程中。受限于数据与算法，城市设计中的人工智能应用仍充满着不确定性与面临诸多挑战。

人工智能城市设计的逻辑思路。当前人工智能城市设计开展的逻辑思路可分为两个方向："黑箱模式"与"白箱模式"。"黑箱模式"主要通过机器学习的方法，通过对城市设计方案案例库的自学习，掌握内在组织规律，进而实现城市设计方案的自组织。"黑箱模式"通常采用分类、分层的机器学习方式加以展开，如二维平面交通路网信息数据库（表征不同等级的道路网）、二维平面街区空间形态数据库（表征街区内的建筑、广场、绿地等功能划分），以及二维平面建筑功能布局数据库（表征不同建筑功能）[4]。"黑箱模式"通过多类型学习、层级叠合的方法，最终实现人工智能的城市设计方案生成。"白箱模式"主要是为计算机设定明确的运行规则，通过空间算法、规则控制等手段来引导计算机开展相关计算与模拟。

在未来的探索中，可遵循所制定的"道路生成—街廓生成—建筑生成"并逐级优化的基础原则，采取"案例学习—智能生成—方案校验"的智能设计思路。在案例学习板块中，将全国矢量城市空间大数据作为案例库，包含城市 GIS 数据中的地块功能、建筑密度及容积率等属性，并以地块为学习的基本单元与对象而不是图片单元，从中删选剔除掉空间品质较差的地块，形成案例学习板块。在智能生成板块中，通过对矢量城市空间数据的机器学习，采取建筑自适应与建筑智能生成结合的方式，使得生成方案能够满足不同地域及设计条件的真实场地需求。同时，通过置入建筑功能谱系与城市规划基本规范，对生成的智能设计方案进行校验与优化，使得规划设计师利用智能沙盒、VR 眼镜等设备对生成方案进行设计交互。

人工智能城市设计遇到的挑战。挑战一是目前基于"黑箱模式"的研究思路以大量城市规划方案构建案例库的机器学习方法主要以图像学习为主，在道路和建筑的智能生成现阶段成果受限于学习图像的像素尺寸，难以拓展到不同形状与尺度的城市空间基地。此外与学习图像生成人脸不同，单一的图像学习难以让计算机学习到建筑组合图案背后所代表的社会、生态及经济属性等特征（如建筑功能、容积率、绿地率等）。挑战二是基于"白箱模式"的研究思路以进化算法、锚点法及规划控制等算法为基础对城市之路网及内部街廓进行了生成，因为不同类型的规则参数类型过多，目前道路及街廓的生成适应函数及参数化规则数量有限，在矩形等较规则地块智能生成产生的方案形态较好，但一旦拓展到不规则及曲线设计场地中，生成的方案往往难以适应场地条件。

技术方法是支撑城市设计数字化平台运作与应用的有效基础。作为计算机应用的具体形式，其本身就需要基于软件与硬件的相互配合，从基础软件平台、数据管理、交互界面，到空间测度算法、应用场景架构等，才能实现数字化平台的运行与使用，以 3D GIS、倾斜摄影、激光雷达点云、BIM、大数据、人工智能、互联网、云计算等技术的发展，为平台建设提供技术支撑。本书针对当前阶段城市三维空间形态管理数字化平台建设中的特点与问题，为了超越单纯的数据集成、可视化与空间场景展示等应用，在平台中置入城市设计管控要求，进而实现对城市未来空间形态的控制与引导。

数字化技术的应用为城市设计管控提供了新方向、新工具。传统的管控逻辑与方法为数字化应用探索打下坚实基础，也成为数字化平台建构逻辑与流程的起点。数字化管控以管控要素的谱系化建构为出发点，历经谱系化、规则化、代码化以及智能化等程序步骤，基于计算机对城市设计管控要素构件单元的组织与管理，进而实现城市设计意图从宏观到微观、从设计到管理、从方案文本到计算机代码与算法的传导、转译，并能结合实际的城市设计管理需求对应用场景展开多视角谋划。以开发建设地块为最小单元的城市设计"要素构件法则"管控体系，能够在适应计算机组织架构逻辑的基础上，通过属性识别与编辑、空间测度以及构件相互间关系计算等方法途径，落实多元化城市设计管控目标，实现对不同空间层级、不同特色定位、不同空间区位等约束条件下城市空间形态的特色塑造与管控。智能化是数字化平台建设的目标，随着空间分析测度、大数据分析以及人工智能等技术方法在三维空间形态管理等方面应用的逐步完善与成熟，计算机将在城市设计管控中扮演更加重要的角色。

参考文献

[1] 杨俊宴，曹俊. 动·静·显·隐：大数据在城市设计中的四种应用模式 [J]. 城市规划学刊，2017(4): 39-46.

[2] 钮心毅，李凯克. 基于视觉影响的城市天际线定量分析方法 [J]. 城市规划学刊，2013(3): 99-105.

[3] 叶宇. 新城市科学背景下的城市设计新可能 [J]. 西部人居环境学刊，2019, 34(1): 13-21.

[4] 林博，刁荣丹，吴依婉. 基于人工智能的城市空间生成设计框架：以温州市中央绿轴北延段为例 [J]. 规划师，2019, 35(17): 44-50.

我们真正想要的是能够发挥作用的东西，结果技术应运而生。

——道格拉斯·亚当斯（Douglas Adams）

数字化平台辅助决策下的城市设计管控优化

5.1 基于数字化平台的城市设计管控与优化逻辑

　　城市设计管理是规划管理部门对城市设计进行组织、安排、审查、报批等管理行为的总称，是城市设计管控的管理落实阶段。在设计阶段明确管控意图，在控制阶段实现管控意图的传导与转译，在管理阶段主要针对管控意图的落实与实施。以编制完成的城市设计管控意图为核心，用以控制与指导后续地块开发建设成为城市设计管理的重要工作内容。

　　城市设计管控具有明显的过程性，管理阶段的城市设计日常管理也是经由多个连续性步骤叠加组合而成，从设计条件与设计任务书的发布，到城市设计方案审查与审议，再到最终的方案审批入库，等等。借助数字化平台的辅助与整合，能够实现对既有管理流程整条路径的数字化升级与改造，提升日常管理的效率与科学性，打造高效化、程序化的城市设计管控运作流程，因此对于既有管控流程的梳理就显得至关重要。

　　当前的数字化平台建设仍处于数据集成、可视化的初级阶段，如何结合城市设计日常管理需求来谋划平台应用场景，以提升城市设计日常管理效率？未来数字化平台的发展方向是更加集成化、实时化、智能化，如何更大程度的提升数字化平台的智能化水平？如何以更加智能化的姿态融入日常动态管理之中？如何依托数字化平台促进多部门间的协同决策，推动数字化公众参与的有效展开？上述问题也是需要深入讨论的难点。

5.1.1 城市设计管控路径与流程

　　城市设计的管控流程整体可以分为设计阶段、控制阶段与管理阶段三部分，其中包括了专业技术支撑、管控运作组织、设计成果审查、多元主体协同多个具体要求。在城市设计管理运作中，规划管理部门与城市设计师扮演着核心角色，全程参与在管控流程中。设计师为管控提供专业技术支持，规划管理部门负责对管控运作进行组织、审查等，双方的工作相互交织、相互配合（图 5.1），同时其他管控主体协同参与，共同推进城市设计管控的有效开展。

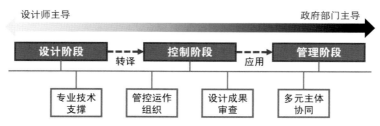

图 5.1　城市设计的"设计、控制、管理"总流程

　　设计阶段以方案合理性、科学性、创新性以及空间审美为目标，通过多视角、多类型分析方法的应用，为城市设计方案决策提供支撑。设计阶段是城市设计管控运作的基础，该过程以设计师为主导，其他多元主体辅助决策。从运作流程视角看，需要经过前期现状调研与项目分析、方案构思与编制、阶段性成果汇报、成果优化、专家评审、规委会审议、成果审查，以及成果审批、成果入库等相关步骤（表 5.1）。在方案编制过程中，鼓励使用大数据分析等辅助方法，以提高城市设计成果编制的理性水平，多专业技术主体的协同设计也能为设计方案的优化提供帮助。在设计阶段，规划管理部门主要负责组织、协调和保障城市设计工作的有效开展，如为设计单位提供设计要求与条件，组织政府部门对方案展开协同决策，对方案成果进行技术审查等，上述工作也是规划管理部门日常管理的重要内容。

表 5.1　设计阶段运作流程

设计阶段	前期分析	方案编制	成果审批
主要流程步骤	现状调研→项目分析	方案构思与编制→阶段性成果汇报→成果优化→专家评审→规委会审议→成果审查	成果审批→成果入库

　　控制阶段与设计阶段的编制流程类似（表 5.2），多数情况下会将两者整合到同一流程中。控制阶段是城市设计管控意图的凝练、归纳，为后续管理提供标准与参照。例如城

表 5.2　控制阶段运作流程

控制阶段	前期准备	转译编制	成果审批
主要流程步骤	确定需转译的最终成果	初步成果编制→多主体、多部门协同决策→成果优化→专家评审→规委会审议→成果审查	成果审批→成果入库

市设计编制内容中会包含城市设计导则的编制，但两者的目标价值导向存在差异，是"争上限"向"控下限"的转译过程。城市设计管控意图转译时，常出现成果内容深浅不一、表达方式多种多样，并未与后续管理工作有效衔接等问题，从而导致成果的可利用价值不足。因此在成果编制时需要规划管理部门的深度介入，从管控内容、表达方式、成果标准与规范、语言组织等方面进行协同编制，结合自身在实际管理工作中的需求与认知，通过协同决策的方式来提升控制阶段编制成果的可操作性与规范性。

管理阶段的主要参与角色是规划管理部门，主要管理流程包括方案组织、方案审查、方案审批等内容（表5.3）。其中设计成果审查与批后成果管理是管理阶段的核心工作，也是保证城市设计意图有效传导与落实的重要手段。审查的依据是控制阶段完成的转译成果，审查的目的是确保设计方案有效落实了既有管控要求，实现"控下限"的既定目标。对于成果的管理是管理阶段的重点，也是当前管理工作中存在欠缺的方面，进而导致城市设计成果与管控意图的"无用与丢失"。城市设计成果缺乏有效管理，或以文本形式呈现而利用困难，或以电子文件形式零散储存而查找困难，更有甚者不同城市设计间可能存在互相矛盾、互相冲突的内容，会严重影响城市设计管控意图的延续性，因此城市设计数字化平台的应用能够为日常管理提供有效手段，数字化平台是保障城市设计管控落实的关键。

表5.3 管理阶段运作流程

管理阶段	方案组织	方案审查	方案审批
主要流程步骤	方案编制评估→发布方案征集要求→提供设计条件与基础资料	多主体、多部门协同决策→多方案比选→阶段成果审查→组织专家评审→规委会审议→设计成果审查	成果审批→成果入库→批后成果管理

5.1.2 基于数字化平台的管控优化逻辑

城市设计数字化平台的建设是以满足日常管理需求为出发点，通过对城市设计管控各阶段运行流程的梳理，并结合实际管理工作中遇到的问题与痛点，能够为数字化平台应用场景搭建提供明确方向，也只有建立在基于实际需求与未来场景预判基础上的平台建设，才能彰显平台的应用价值与实用效果。从城市设计管控的整体视角来看运作流程，其呈现出从宏观至微观螺旋渐进、传导深化的态势（图5.2）。城市设计管控运作是不断螺旋传导的过程，从宏观尺度向微观尺度逐步深化落实。在实际工作中，无法绝对遵循空间尺度的由大到小、自上而下，通常情况是不同尺度层面的设计循环同步开展。通过对既有管控运作流程的梳理，可从中探究数字化平台所能发挥的效能，并为后续应用场景构建奠定基础。基于目标与问题双重导向，谋划数字化平台实际应用场景，以便在城市设计管控数字治理中扮演积极而有效的角色。

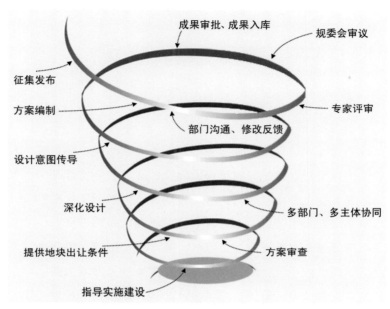

图 5.2 城市设计管控的螺旋渐进、传导深化态势

具体而言，数字化平台针对管控流程的三个阶段分别进行优化。设计阶段通过显性的倾斜摄影与隐性的城市地形 DEM、三维建筑模型共同构成的基础数字沙盘帮助设计者形成完整的城市印象。在此基础上通过城市设计 CAD、GIS 等矢量化数据、多规合一成果、控规成果、POI 数据、LBS 数据等的录入，城市数据集成平台，有助于后续详细且高质量设计的开展。控制阶段通过智能规则的编写实现设计意图向管理语言的转译，并最终集成于城市设计管控平台之中。在协调多元主体的基础上，将设计成果统一表达，同时与相应管控工作有效衔接，提升编制成果的可操作性。还能够针对所有城市建设用地地块，进行特色化、个性化的规划条文管控并精准链接，实现管控规则的数据化与智能化。在管理阶段，集成一体化的成果为规划管理部门审查设计成果提供了便利，对照细化、谱系化的管控指标能够更好地落实设计意图，增强管控意图的延续性。同时，电子化的设计管理成果也有利于后续文件的查找与储存。

总的来说，城市设计的数字化管理与实践具备以下三大特征：一、精确传导。需要保证城市设计意图能够在不同尺度层面进行精确传导。二、无损转译。借助城市设计智能规则的编制，将设计意图无损落位至规划管理之中，实现设计意图至管理条文的转译。三、交互反馈。综合多方诉求，谋求城市设计与规划管理的交互反馈机制，以便有助于优化设计方案、提升管理效率、完善平台功能。

5.2 城市设计管控痛点与问题

城市设计管控意图无法有效落实，不仅是技术层面问题，也与日常管理息息相关。城市设计成果与规划管理内容的脱节、相关部门间的协调沟通障碍、城市设计方案人工审查的烦琐与重复、规划管理人员自身业务水平的限制等方面问题，都为城市设计日常管理带来困扰。面对最终的城市建设结果，城市建设分管领导与规划管理部门也很无奈，城市重点地段的城市设计方案经过多年、多轮次的反复研究，也形成了优秀的设计方案，但最终的实施结果却与最初谋划大相径庭。面对城市中数不清的城市设计、地块开发建设审查方案，规划管理人员需要逐个对其进行人工审核，整个工作烦琐、重复而且容易发生缺项漏项。已经编制完成的大量城市设计成果，不是纸质文本就是零散放置的电子文件，规划管理人员每次给开发商、设计单位整理、提供设计条件，以及相关规划成果时，不仅费时费力，而且还有时会出现相互矛盾的设计要点。烦琐的工作任务大大降低了日常城市设计管理的整体效率，工作中出现诸多问题，也给城市设计管控运行带来挑战。总结来看，主要存在诸如数据标准与数据管理、多专业跨部门协作、城市设计意图转译与传导，以及城市设计管理的动态更新维护等方面的问题。

5.2.1 多专业统筹合作缺乏统一平台与成果标准

各区独立，标准不一。数据与成果标准的缺失，不仅给规划管理部门的工作带来困扰，也会影响多专业团队之间的协同。城市的各自然资源和规划分局实际负责相应辖区的具体城市设计管理工作，市局主要负责统筹安排与监督审查。各片区根据自身资源条件开展相关管理工作，在此情形下就可能出现城市各片区间相互独立、标准不一的现象，包括如空间坐标体系、数据标准、编制要求标准等方面内容。该问题的出现伴随着历史原因，在规划管理部门未强制统一管理标准的情况下，管理活动具有明显的惯性与延续性，基本以保持当前习惯行为与做法为原则，在遇到明显外力作用时才会发生改变，因为对既有做法的延续是保障管理工作平稳运行的最可靠、省力的选择。此现象尤其易在城市进行行政区划调整时，如撤市并区等情况下发生。与此同时，相关部门间的标准不一问题也是城市设计管控中常见现象，如规划、建筑、交通、土地等。各区独立、标准不一为跨区域、跨部门、跨技术专业间的协同决策造成干扰，也对城市设计管控运作产生不利影响。

多专业统筹，整合困难。多专业统筹是城市设计实施的典型特点，故城市设计实施也常面临多专业团队合作缺乏统一工作平台与成果难整合的问题。在城市设计实施中，通常会组建不同专业的团队进行联合攻关，包括综合组团队、城市设计团队、道路交通专项团队、市政专项团队、建筑景观专项团队等。这些团队通常会同时进行规划设计工作，通过协调会等方式进行多专业协同。然而，由于缺乏统一的工作平台，各专项设计之间的协同性无法快速检验，一旦某团队的方案发生修改，其他专项的方案是否需要调整也很难直接判断。

同时，不同专业之间有着相对独立的工作准则，如规划、建筑、交通市政等专业工作各自独立、标准不一。各专业按照自己的专业标准进行设计成果的形成，最后需要由综合组团队进行整合。然而，如果专项设计成果无法满足整合标准，就需要花费大量人力与时间进行优化调整，给跨区域、跨部门、跨技术协同决策带来干扰，也对项目实施运作产生影响。例如，在笔者团队承担的南京中央路城市设计与环境整治项目中，设计团队来自规划、建筑、景观、市政、照明等多个专业。这些团队按照各自的专业标准进行绘制，最后由规划专业进行统一整合。然而，在整合的过程中，大量的时间精力用于统一图纸标准，对项目成果的高质量与高效率完成造成了一定的影响。

统一平台，促进合作。为解决这些问题，需要建立起多专业团队间的统一工作平台，以促进协同合作。这可以通过建立统一的规划设计管理系统来实现。该系统可以提供一个共享的平台，使各专业团队能够在同一环境下进行设计工作，并实时共享设计成果。通过该系统，可以快速检验各专项设计之间的协同性，减少修改和调整的时间和成本。此外，还需要加强不同专业之间的沟通与协调。可以通过定期组织跨专业的协调会议，促进各专业团队之间的交流与合作。在协调会议中，可以共同讨论和解决设计过程中的问题和矛盾，确保各专业设计成果的一致性和协同性。另外，还应加强对专业标准的统一与协调。可以制定统一的设计规范和标准，明确各专业的工作准则和要求。同时，还可以加强对专业人员的培训和学习，提高他们的专业素养和协同能力。总之，多专业统筹是城市设计实施的重要特点，但也面临着多专业团队合作缺乏统一工作平台与成果难整合的问题。通过建立统一的工作平台、加强沟通与协调、统一专业标准等方式，可以有效解决这些问题，促进多专业团队的协同合作，提高城市设计的实施效果和管理成效。

5.2.2 中微观设计繁多传导联动缺乏有效途径

传导不畅，难以落实。城市设计管控的"二次订单"属性，强调的是城市设计管控意图能在不同空间尺度层级间进行有效传导，这也成为规划管理部门日常管理需要重点落实的工作任务。从管控主体视角出发，城市设计团队重点关注问题与目标，即在管理部门提出的明确但有限的要求下去谋划城市空间形态，是编写基于设计条件与管控要求的"命题作文"。规划管理部门作为"作文出题人"，能在城市设计日常管理工作中，为保障管控意图的传导落实而发挥更加重要的作用。当前的城市设计管控中，出现了明显的管控意图传导不畅且难以落实的现象，归根结底在于管控中并未开展有效的"下限控制"，从而导致刚性管控意图传导与落实出现断裂问题。因此，规划管理部门在日常管理工作中需要借助技术专家、城市设计师等多元化外部技术力量，运用数字化技术与方法，以便能够更好地扮演"作文出题人"的角色，有助于城市设计管控意图的有效传导与落实。

编管倒挂，出让过简。在实际的城市设计管控中，常出现如下现象：城市中不同层级、不同地段的城市设计项目如火如荼地开展，不论是参与的城市设计单位还是政府部门都花费了大量心血，对城市整体与局部空间形态进行谋划。城市重点地区还常常会历经多轮次、多视角的反复设计以谋求更加合理、科学的城市设计方案。其中不乏优秀的设计方案，其设计成果全面、设计思路清晰、设计深度精细可行。即便面对如此丰富的城市设计空间构思，规划管理部门在实际地块出让时，已然彻底"忘记"城市设计管控要求，提出的土地出让条件依旧以简单的控规指标为主，对城市设计管控要求简单而缺乏针对性。上述现象出现的原因也是多方面的，有城市设计成果转译不明等方面的问题，也有规划管理人员自身专业素养不足，以及城市设计在规划体系中非法定地位等多元因素的综合影响。

重设计、轻管理。针对重设计、轻管理的城市设计问题，规划管理部门应加强对城市设计过程的监管和管理。建立起设计审查制度，对城市设计方案进行审查和评估，确保设计方案符合规划要求和管控意图。同时，加强对城市设计实施过程的监督，确保设计方案的有效落地和实施。总之，规划设计管控的"二次订单"属性是城市规划实施与管理的重要环节，需要规划管理部门充分发挥作用，推动设计传导体系在城市设计管理中的实践落地，提高城市规划实施与管理的成效，实现城市规划的科学性、可持续性和良好的发展。

5.2.3 空间多要素管控降维为碎片化的单薄指标

城市设计管控客体要素众多，建立在精细化设计基础上的要素精细化管控是塑造高品质人居环境的重要手段。日常管理中，城市设计管控精细化程度不足也是管控失效的原因之一。精细化管控可以从管控广度与深度两方面展开：或增加管控要素门类，或提升管控的精细化程度。若要实现对城市空间形态的精细化管理，需要对相关的客体要素空间组织进行控制引导、审查校核。鉴于管控客体要素繁多、空间尺度变化巨大、项目类型层级多样等客观原因的影响，为日常精细化管理运作带来不小的难度，导致在实际工作中常出现管理粗放、挂一漏万的现象。究其原因，可从两方面进行探究：一方面，精细化管控开展存在难度；另一方面，方案审查能力的不足，导致规划管理部门无法应对精细化管控规则下的城市设计方案精细审查需求，烦琐的审查内容与审查流程为规划管理人员的工作开展带来挑战。城市设计管控具有横向到边、纵向到底的特点，这意味着需要考虑到片区内各个方面的要素和层次。然而，在实际工作中面临着一些问题和挑战。

首先，城市设计的管控要素非常复杂，涉及多个方面的考虑。这些要素包括用地布局、产业经济、生态环境、建筑布局等。在规划设计过程中，管理部门和编制单位需要投入大量的心血来对城市整体和局部空间形态进行谋划。然而，在实际土地出让的过程中，更多的是依据控规成果，提出底线要求，对于丰富的空间要求纳入较少。这导致了管控要素的碎片化，各个要素之间缺乏有效的整合和协调。

其次，管控要素往往被转化为分散化的指标数字，难以直接转化为管理语言。城市空间的立体管控要求被降维为建筑高度、出入口、容积率等有限的几个定量指标。这种指标化的处理方式存在以下问题。①大量关键管控要素可能被忽略或缺失，导致规划设计的控制要求无法完整反映。②这些指标难以完整无损地反映规划设计的要求，容易导致实施过程中的妥协和打折。因此，需要寻找一种更加全面、综合的管理方式，使得管控要素能够更好地反映在规划设计中。

最后，管控要素的立体空间缺位、整合考虑不足。高品质城市空间的塑造需要考虑地上、地面和地下空间的一体化管理。然而，在过去的工作中，规划往往停留在静态蓝图层面，重视地面而轻视地下空间的情况比较普遍。这导致了地上、地面和地下三维空间的脱节和缺乏充分整合。如果继续采用传统的"平面布局＋竖向指标"的规划方式，将无法对地上和地下空间进行综合利用和统筹布局，导致地下空间规划缺位、利用发展无序，并且缺乏局部与整体的协调、空间品质与景观风貌的考量。

为解决这些问题，目前有以下举措思路：首先，应加强城市设计管理的整体性和综合性。管理部门和编制单位需要充分考虑各个要素之间的关系和影响，确保规划设计的完整性和协调性。其次，需要寻找一种更加综合和全面的管理方式，使得管控要素能够更好地反映在规划设计中。可以建立一个统一的规划设计管理系统，提供一个共享的平台，使各个专业团队能够在同一环境下进行设计工作，并实时共享设计成果。通过这个系统，可以快速检验各个专项设计之间的协同性，减少修改和调整的时间和成本。同时，还需要加强不同专业之间的沟通与协调，定期组织跨专业的协调会议，共同讨论和解决设计过程中的问题和矛盾。最后，还应加强对专业标准的统一与协调，制定统一的设计规范和标准，明确各个专业的工作准则和要求。通过这些措施，可以有效解决城市设计管理中的问题，提高规划设计的质量和效率。

5.2.4 多主体建设运营要求脱离规划编制过程与成果

城市设计的实施是一个综合性的过程，涵盖了规划编制、招商、建设和运营等多个环节。然而，在目前的实践中，规划编制与招商运营之间存在着脱节的状态，导致规划实施过程中出现了不合规、不科学和不统一的问题。

首先，在规划编制阶段，往往没有充分考虑到招商运营和市场需求。规划方案一旦不能满足招商或建设运营的需求，就会被迫进行被动调整。这种情况不仅削弱了规划的严谨性和科学性，而且也削弱了规划的管控意图。其次，在建设实施阶段，缺乏智慧化的辅助手段。现有的审批应用系统各自独立，不同管理对象的数据协同性不同，导致资源本底不清晰，管控要求不明确，业务数据重复录入和重复报送的问题也比较普遍。再次，相关业务之间缺乏部门协同和业务联动的闭环管理机制，审批业务的精简和融合还有待进一步加强。最后，规划实施的管控仍然大量依赖人工经验判断，缺乏智能化的管理手段。多维信息的处理难度大、耗时长，不利于审批的提质增效。

为解决这些问题，目前有以下思路举措：首先，在规划编制阶段，应加强与招商运营的沟通与协调，充分考虑市场需求和运营的要求，确保规划方案能够满足实际的需求。其次，在建设实施阶段，需要建立一个智慧化的管理平台，实现各个管理对象之间的数据协同和业务联动。通过统一的平台，可以减少数据的重复录入和重复报送，提高审批的效率和准确性。最后，还需要加强规划实施的智能化管理手段的研发和应用，通过技术手段的支持，实现规划实施的智能化管理，提高审批的质量和效率。

综上所述，城市设计的实施过程中存在着规划编制与招商运营的脱节问题，以及缺乏智慧化辅助的情况。为解决这些问题，需要加强规划编制与招商运营的协调，建立智慧化的管理平台，提高城市设计实施的智能化水平。只有这样，才能实现优秀城市设计方案的有效实施，推动城市的可持续发展。

5.2.5 多频次治理问题需要系统性的实时体检

总体来说，当下的城市设计管控运作程序较为繁杂，需要经过一层层的讨论、审查、修改、再讨论过程，存在程序繁杂、报批低效的问题。对城市设计方案的多主体、多部门协同决策是优化方案的必要途径，但行政管理中明显的层级制度也增加了管控运作的复杂程度。从分局到市局，再到市级领导班子；从科室主任到局长，再到分管市长，逐级的汇报沟通为管控运作带来效率影响。同时通常来看，日常规划管理中最终的决策权主要掌握在市级领导与部门最高领导手中，最终决策权的集中化也会为城市设计管控带来决策风险，进而增加管控的烦杂程度。面对大量的城市设计编制、地块开发建设项目，在管控运作中对设计成果的审查仍然采用人工校审的方式以确定提交的成果是否符合标准要求，烦琐的工作任务导致规划管理人员应接不暇。重复工作不仅会带来繁重而低效的工作体验，同时多轮重复的人工审核也难免会出现工作疏忽与纰漏。

城市设计的实施是长周期、多部门、多专业的协同过程，需要结合片区建设实施情况做出动态调整、实时更新，因此实时评估与及时反馈是城市设计实施过程中保证有效性的重要手段。然而，现有规划评估针对城市发展中的高频次"快问题"与低频次"慢问题"诊断，系统性及实时性不足。

首先，针对低频次"慢问题"诊疗的系统性不足。目前的城市设计实施评估大多以用地功能、建设项目的规划实现程度为标尺，以此作为评价规划好坏的重要标准，然而却缺乏对于规划方案与实施环境的适应性评价。规划方案一旦不能满足实际的需求，往往只能进行被动调整。这种情况下，规划调整往往只是局部的，缺乏将规划调整反馈至规划体系做出系统性应对的机制。其次，针对高频次"快问题"诊断的实时性不足。现有的城市设计实施评估多为规划编制前的被动式，缺乏对城市发展过程中问题识别与状态辨析的能力。随着城市系统中信息和物质要素的流动效率提高，城市发展的速度也越来越快。为适应城市系统不断增强的高频属性，有必要将被动式的体检评估转变为主动式的实时体检，从而实现规划随城市发展变化的动态调优。

为解决这些问题，目前有以下思路举措：首先，建立一个完善的城市设计实施评估指标体系，包括对城市设计方案与实施环境的适应性评价。规划方案的编制应该考虑到实际的需求，能够满足招商运营和市场需求。其次，建立一个主动式的实时体检机制，通过数据分析和智能化的管理手段，实时监测城市发展过程中的问题，及时识别和解决问题。最后，还需要加强规划实施的智能化管理手段的研发和应用，通过技术手段的支持，实现规划实施的智能化管理，提高审批的质量和效率。

综上所述，城市设计实施评估存在着对低频次"慢问题"诊疗的系统性不足和对高频次"快问题"诊断的实时性不足的问题。为解决这些问题，需要建立完善的评估体系，包括对规划方案与实施环境的适应性评价，以及建立主动式的实时体检机制，通过数据分析和智能化的管理手段，实现规划随城市发展变化的动态调优。

5.3 城市设计数字化平台的应对之道

数字化平台的有效运作离不开计算机软硬件的有效支撑。在软件方面，软件集成与运算、系统建构运行、交互场景三维可视化等技术方法，保障数字化平台的正常运转；在硬件方面，数据采集、计算、存储、数据管理等，都需要建立在多类型硬件组合的支撑基础上。应基于核心技术的应用，搭建城市设计数字化平台的整体架构，从多层级视角保障平台建设与运行。

5.3.1 数字化平台整体架构

城市设计数字化平台的建设旨在形成"大平台、轻应用、微服务"的整体架构。应构建以数据仓库、基础软件平台为核心的技术平台体系，夯实并形成技术大平台。大平台搭建的核心主要包括三部分内容：一、采用多源大数据融合技术，引入大数据分析应用方法，满足大数据计算、分析、可视化交互需求；二、引入基于数据仓库的商业智能分析技术，实现对数据的有效整合、挖掘，快速准确地提供分析结果及决策依据；三、建立空间规则引擎，剥离业务规则变化，实现规则的配置、扩展和复用。

总体来看，城市设计数字化平台整体架构可分为六大层级，包括基础环境层、数据服务层、计算服务层、应用支撑层、应用层、设备层（图 5.3）。六层级从底层至顶端是从水下逐渐浮出水面的过程，通过系统、数据、应用等的有效支撑，最终实现数字化平台多元化的应用场景以及多设备、多途径交互的应用体验。

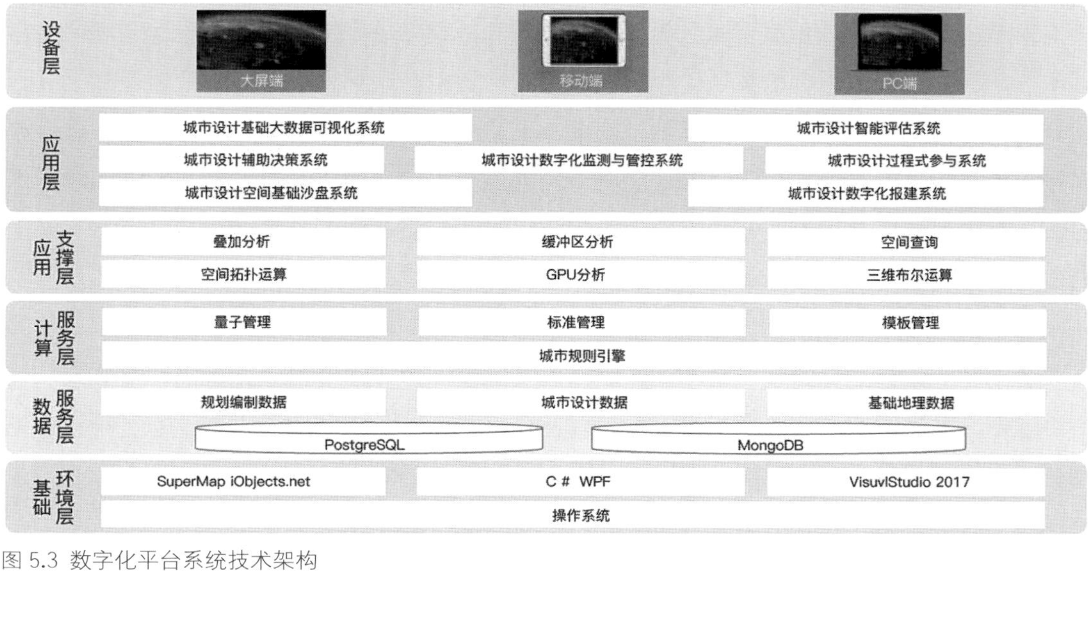

图 5.3 数字化平台系统技术架构

基础环境层。基础环境层作为实现数字化平台功能的基础设施，主要包括三维引擎等底层组件库。通过三维可视化底层、二三维一体化技术、多源三维数据融合技术的应用，以满足城市设计数字化管控多元应用需求。

数据服务层。在数据服务层，根据城市设计与管控工作对数据应用的需求，以及数据自身特性，采用多类型数据库来保障数据和业务规则的存储与调取，包括如常规现状数据、城市设计管控规则以及倾斜摄影等海量瓦片数据等。

计算服务层。计算服务层是数字化平台的运算单元，支撑着数字化城市设计全流程，从采集集成、方案交互设计、城市设计管控以及实施评估监测等过程的核心业务应用。将计算服务独立于应用端之外，旨在减轻应用端计算负担，提高计算效率。

应用支撑层。应用支撑层是实现数字化城市设计业务功能模块的基础。可根据具体实际应用需求，构建面向多类型用户、多应用系统的应用支撑架构，实现应用贯穿城市设计全周期，最大化地落实城市设计管控与指导作用。

应用层与设备层。应用与设备层是最终呈现给使用者的"水上"界面。应用层与实际城市设计管理工作密切相关，多元应用场景的实现能够为管控工作提供明显助力，是实现人机交互城市设计数字化管控的应用支撑。设备层是人机交互的有效途径，通过交互界面实现人为指令的计算机读取，基于视觉、听觉、触觉等多途径交互方式，通过多类型设备、多使用场景以促进数字化平台与人为决策的互动交流。

5.3.2 一体四元的功能场景谋划

针对城市设计规划统筹与实施运营的痛点、难点，通过数字赋能，促进业务管理模式变革，形成设计、管控、运营、评估四个一体化的新工作范式。聚焦实施层面规划，促进各类规划的衔接协调；强化规划引领，落实规划管理内容的全面贯通和有效落地，实现宏中微观层面规划管理和实施的科学化、精细化、智能化，实现空间规划数字驱动，提升国土空间治理能力。

（1）一体化设计

城市设计管控具有横向到边、纵向到底的特点，面临着管控要素在空间尺度和时间过程上的全口径、多维性，并呈现着全过程延伸的发展趋势。基于数字化平台辅助的城市设计管控，以"空间＋"为核心，注重管理对象从物理空间到数字空间、管控要素的全口径和多维性、技术方法的数字化、智能化新内涵，充分融合多尺度详细规划、城市设计、道路交通、排水防涝、建筑景观等多专业规划设计内容，搭建团队协作平台，明确一体化设计机制，统一系统性成果标准，综合统筹、协调优化。通过多专业、多主体间的一体化设计，对片区内各系统、各组成要素进行全面考虑，实现精细管理。

新时期下的城市设计不再只是多张静态蓝图，需要匹配数字化成果从而支持后续规划管理。但规划设计编制过程与成果数字化过程往往是一个在前、一个在后的脱节状态，从而导致信息化、数字化技术仅仅起到非常有限的辅助作用。一体化设计的不同，在于在规划设计的过程中，就与数字化过程产生交互，并双向驱动，在过程中实现陪伴式数字化输出，促进设计方式创新转型。在编制城市设计成果的同时，陪伴式一体化同步进行成果数字化镜像，赋予规划设计成果数字化属性，输出以数字化引导和管理落地为目标的成果集合，结合迭代更新维护机制，构建设计、镜像、建库一体畅通的技术路径，形成多层级、多专业的规划成果与数字成果在空间中一一对应，实现规划成果系统性联控。

面对技术服务咨询与管理团队多元，呈现多部门、多学科、多团队协同运作趋势，需要建立整合机制和协同平台，统筹各方诉求、解决多方面问题、达成一体共识。充分融合规划师、设计师、建筑师、交通工程师、市政工程师、生态景观工程师、产业策划师和经济咨询师等专业技术团队，以及规划管理部门、协同管理部门、实施主体、市民公众等组成的利益群体。依托统一平台，实现跨行业、跨地域的线上协同，支持上下贯通的工作任务驱动，保障资料的有序共享和价值显性化，促成多专业、多利益相关者的充分沟通，明确各方诉求，达到全地域的协同治理、全领域的协同支撑、全数据的协同共享、全部门的协同参与、全社会的协同开放，最终形成规划设计目标的统一共识，实现多元利益主体的共赢。

（2）一体化管控

基于数字化平台辅助的城市设计管控以"空间 +"为理念，对覆盖地上、地表、地下的立体空间进行全时序一体化管控，建立多维立体空间的查看、呈现、感知、分析、设计、管控工作路径，将单薄的"竖向指标"扩展为三维垂直空间上的精准管控要求，通过数字管控驱动，实现规划向下有效衔接规划实施，科学统筹建设管理，形成环节贯通、过程联动的动态规划设计治理模式。在重塑规划实施体系的当下，空间管控与系统治理已经从过去聚焦在平面土地上，转变为对立体空间、多维时间的综合统筹，并且除了对建成空间的管控，还充分融合了景观风貌管控体系，包括自然环境、城乡风貌、历史人文、蓝绿空间等。对空间进行数字化模拟，有效呈现地上、地面、地下各类要素与设施的空间分布与衔接。城市设计管控承接多层级设计意图，空间要素展现出较为完整的系统性和个体性兼容的特点。从地上的产业集群、生态安全、建筑高度、建筑色彩、空间界面等要素，到地面的用地布局、公共服务设施、道路交通、步行系统、绿地广场等要素，再到地下的地下空间、综合管廊、市政工程等要素，全息立体数字承载，并通过全时序跟踪，分析过去、管控现在、筹划未来，通过时空多维为打造高品质的空间环境提供基础支撑。

数字化平台以"空间+"为核心，将精准识别的全要素与空间展开集成，从现状空间分布到规划空间配置，在空间上集成各资源要素的管控内容，形成一体化管控体系，驱动立体空间管控的数字化。以三维数字空间为基础，以多专业融合规划系统成果为依据，梳理空间管控要求，明晰不同要素对象、管控内容、规则算法、管理模式、责任主体之间的衔接与组合关系，通过落实、传导、增补、深化、优化等管控模式，基于法规管制、准入管制、清单管制、许可管制、规模管制、形态管制等不同类管控规则，对于空间布局、用地范围、兼容性质、规模、建筑面积、容积率、建筑后退、建筑高度、景观廊道、净空、出入口、停车配建、地下建筑等不同要素，提升空间数字管控和系统治理能力。

在城市设计实施落地过程中，愈发注重设计的连续性和可实施性，强调伴随"城市设计—建筑设计—施工建设—运维管理"全过程的智能化管控。以数字规则为基础，加强信息要素的多跨协同与数据共享，为面向全过程精细管理提供实施保障，变被动"守地"为主动"实施"。因此，需要延伸规划管理视角，统筹好"规划—建设""规划—运营""建设—运营"的各条线流程，把握规划条件、土地供应、设计方案、施工图监管竣工验收等关键环节，以数字管控为驱动，向综合系统化管理转变，确保规划管控内容与开发建设活动的有机衔接。建立数字规划设计"总控"机制，形成城市设计管理的智能化"组合拳"和"工具箱"，以"多测合一"为基础，推进片区各类建设项目"多审合一"，把控开发建设的管理内容贯通性、指导运营维护的综合效益可持续性，保障规划实施和项目建设的高质量落地。

（3）一体化运营

在现状向愿景的演进过程中，面向保护发展的不确定性问题，需要把规划管理中片区运营的缺口补上。通过规划与运营一体化模式，综合考虑存量提升、产业引进、活力打造、空间政策等策略，以未来空间的前瞻愿景为依托，引导规划设计和项目建设有序实施，才能真正让规划设计成果和建议有效转化为实施行动。具体来说，一体化运营体现在：在规划阶段考虑招商谋划，在规划阶段充分考虑市场需求，将战略和战术融合；同时考虑要素统筹，在规划阶段安排好建设的时空时序，充分考虑落地影响，以及招商互动，形成一体化招商管理平台。在规划设计阶段充分考虑招商运营方向，对区域产业发展、生态保护的方向提出想法，将规划与产业潜力相结合，以招商运营策略为规划设计落地提供可行性的依据，使得规划与市场接轨。利用大数据等技术对区域设施布局、区域可达性、产业结构诊断、产业链分布检索、产业精准分析、企业健康评测、智能投资对接等进行智能分析，服务于规划研究、规划编制、规划管理、管理决策，化"被动衔接"为"主动融合"，形成"发展目标—潜力挖掘—布局优化—空间保障"的全流程精细化路径。同时提高企业群众认知度，进而为树立区域形象、实现招商引资创造有利条件。

依赖数字化平台建设动态管控"一张图"，以规划为引领，在实施层面进行统筹安排，整合时间、财力、组织等运营要素；以市场为导向，以渐进规划的方式对片区的建设运营做出合理的时空安排，明确规划落地的时序，从而实现规划与市场的对接。将运营策略落实到城市设计中，按照不同的时间节点安排规划愿景和规划目标。在经过市场调研、区域发展方向研判、产业链分析等研究后，从市场和实际的角度，在空间维度上进行空间要素科学安排的同时，也在时间维度上进行对应要素的时序安排，分步将运营结果落地。把开发面积、高度、现金流量和时间时序有序结合起来，制定空间分批开发计划，保证开发过程的稳定性、周期性、可持续性，以达到综合效益最大化。

招商运营模式的转变，是基于数字化的思维，对全时段、全要素的各种信息采集，重塑传统的招商模式，所有的流程都是在"数字空间"完成，不再需要"物理空间"的介入。在新技术、新平台的赋能下招商精准触达，通过全面的产业信息、海量的企业数据和专业的招商模型，使招商管理人员能精准定位目标招商企业，解决招商人员和招引企业或项目之间的信息不对称，从而大幅提高招商的转化率。通过"云上招商"的方式完成招商推介和互动，通过数字化展示招商全景图，全面展示区域内产业布局、招商政策、招商进度和招商项目信息，减少招商信息差，同时对招商项目进行统一线上管理，全面提升招商决策的效能。

（4）一体化评估

全周期闭环管理是新时代规划实施工作的特征之一，一体化评估作为整个闭环的"尾端"，是精细化管控效果的"成绩单"，更是规划修编方向的"指南针"。一体化评估的新路径主要坚持一切从实际出发和科学简明原则，强调可操作性，通过分析规划管理和规划实施操作中暴露的各种问题，客观地评估片区规划设计实施情况与建设情况，从项目定位、资源整合利用、用地布局、生态环境等方面捕捉"实施的偏离性""落地的不适应性"和"规划的滞后性"，及时揭示城市治理中存在的问题和短板，并结合新的发展形势要求，对规划设计的定位、发展目标、功能业态和空间布局进行研究，为规划编制与调整工作提供指导和建议，从而提高城市治理现代化水平。

城市设计意图的传导联动是一体化联动反馈评估决策中的基础和重点，主要包括战略目标、机构布局、管控指标、管控边界、风貌形态和管理名录等方面。一方面需要对宏观层面的战略性和协调性进行细化与落实，在承接上位规划的战略意图和指标任务的前提下，结合实际因地制宜地分解落实；另一方面需要注重落地实施与向下传导，明确下位层面规划需要严格落实的建筑范围、生态空间、建筑体态和公共设施等要求，并为微观规划的空间建设方向和布局提供指引。针对纵向跨层级、横向多专业的规划内容，将规划用途、规划指标、控制线的管控内容进行衔接联动，确定以地块为最小单元的精细化管控联动思路，并在此基础上承载多样化、特色化、层级化的管控要求，将不同类型、不同层级的管控要求进行"解译"并与地块融合，保障各类规划意图之间的协调，以及规划要求在城市设计实施过程中的落实。

基于不断动态更新的数据沙盘，规划设计师可通过规划方案比较、实施现状建模、公众反馈等多种途径，评估规划实施结果的"一致性""达标率"和"实施进度"，评估实施过程的"程序合法性""建设合规性"和"期限合约性"等，以解决"规划是否落地"的现实性问题。针对人口发展、土地利用、开发动态、公服设施、市政设施、道路交通等实施方向，可结合各类业务系统数据、物联网设备数据、手机信令大数据、舆情数据等进行准实时的收集新信息，关联空间地块、跟踪规划实施情况。动态决策是精细化管控效果的"成绩单"，也是制作规划修编方向的"指南针"。平台借助新的科技和技术手段，依托数字空间对规划实施成果进行"伴随式"的动态评估决策，生成评估决策报告，并结合可视化智能模型对未来进行模拟推演，为规划设计和管理人员提供辅助决策。

5.3.3 数字化平台智慧运行的技术支撑

（1）云上协同

依托云原生技术构建统一协同平台，为跨领域、跨地域的利益相关者提供开发协同、业务协同、数据协同一体化的协同环境，最终形成统一共识的规划设计目标，实现多元利益主体的共赢。

透过自动化软件交付和架构变更的流程，促进软件开发人员（Dev）和IT运维技术人员（Ops）之间的沟通合作，使得软件构建、测试、发布能够更加地快捷、频繁和可靠，从而使更多的精力可以聚焦在业务创新和价值创造上。通过对全业务资源进行有效的整合与业务融合，对业务运行体系进行梳理和优化，支持上下贯通的工作任务驱动，促成跨部门的协同参与，跨地域的协同治理。通过跨网络、跨系统、跨部门、跨层级的数据流动、共享和交易，保障信息的有序共享和价值显性化。基于多方数据协同产生的数字画像算法模型，不断积累形成行业的知识沉淀，推进行业上下智能化的决策。

（2）数字空间

构建"一图、一谱、一账"的数字空间，为多层级城市设计提供跨尺度规划、全要素统筹、全过程协同的规划能力，使规划更加系统完善。通过逐级细分城市空间要素，构建要素空间账簿，使决策者能有直观的感受，从而对规划各个层面进行全方位、全尺度的把控。将 GIS、BIM、IoT 等多源、多尺度的数据融合到一起，实现覆盖地上、地表、地下的数字孪生空间，实时反映自然空间、人造空间、未来空间的要素状态。通过数字镜像技术，将各类规划要素空间模型镜像成数字化要素和规则，实现片区城市设计数字化谱系的建设，通过数字交流的新模式为规划实施提供理论与实践基础；建立规划与实施双向联动、图数一致的"空间账"，动态沉淀数据流向的空间变化过程，及时掌握每一块空间的动态变化情况，跟踪从过去、到现在、再到未来的发展历程。

（3）智能数据

建立以数据联邦、数据编织、数据决策为核心的智慧大脑，实现数据从虚拟化到网络化，再到智能化的提升和转变。通过多种智能技术，模拟城市规划的理性分析和科学决策，为管理决策者提供科学、可靠、智能化的服务支撑，实现从数据智能迈向知识驱动的决策智能。通过数据虚拟化技术构建数据抽象层，用统一的语法实现不同数据类型间的自动化转换，从而实现分散数据的快速获取，作为数据仓库和数据湖的有效补充。以空间要素信息连接融合为核心，对现有的、可探查和推断的元数据进行持续的分析，发现可用数据之间独特的、与业务相关的关系，形成全空间要素、全时序跟踪、全业务关联的数字关系网络；通过探索和建立丰富的业务应用场景、智能分析模型，发现未知并且有价值的规律，从中挖掘出潜在的模式，实现归纳性的推理、评估以及模拟推演等。

（4）虚拟现实

规划虚拟现实环境是对物理世界进行真实的"再现"，用数字化手段构建集仿真模拟、全息感知、协同交互于一体的智慧空间。通过虚拟现实技术进行规划分析，再具体实施，最终达到谋划城市的合理发展，让人们生活更舒适、更美好的目标。通过虚拟现实的有机融合，让数字世界全细节化还原或超写实呈现，为各类规划数据提供多维感官的真实呈现，让规划决策者、方案设计者和公众对于规划方案有一个直观的感知和认识；通过身临其境的感知体验，让数字世界和真实世界相互连接、映射与耦合，让数字世界和真实世界之间的连接变得更加紧密，人与万物之间的交互体验更加真实，各个领域之间的信息交流更加无阻；通过无距离感的远程虚拟交互技术，打破物理距离限制，建立远程互操作能力，有助于联合各相关部门对空间进行合理的协同规划，减少由于事先规划不周全而造成的无可挽回的损失与遗憾，提升城市设计实施的质量，给规划设计的各个方面都带来切实的利益。

（5）3D GIS 与 BIM 融合技术

3D GIS 和 BIM 技术的发展，为精细化、场景化的城市设计管控提供了发展机遇，两者的有效结合为城市设计数字化管控提供了技术支撑。GIS 和 BIM 处在两个不同的行业领域，二者间的跨界融合是各取所需、互惠互利的"互补之道"，在实际应用过程中，BIM 能够提供精细化、多属性的数据基础，GIS 则可提供地理空间基础与参考。

基于充分信息表达、建筑全生命周期、三维可视化技术、协同作业的特点，BIM 彻底改变了建设工程设计、建造和运维方式，GIS 提供的专业空间查询、空间分析能力及宏观地理环境基础能够深度挖掘 BIM 价值。近年来随着 3D GIS 技术的日渐成熟，基于 GIS 平台的二三维一体化技术体系，有机整合了实用 GIS 空间分析能力与三维可视化效果，为 BIM 提供丰富的地理空间信息。基于云端一体化技术体系，GIS 平台可为 BIM 提供"云＋端"的成熟应用技术，解决 BIM 轻量化运维情景下的技术及管理问题。在 3D GIS 技术的支撑下，BIM 与倾斜摄影、地形 DEM、三维管线等多元空间数据的融合，实现宏观与微观的相辅相成、室外到室内的一体化管理。两者之间的融合需要相关技术方法的支撑，基本包括：

3D GIS 平台数据兼容性高，可便捷导入数据。在数据对接层面，GIS 平台可实现便捷的 BIM 导入机制，支持常用主流的 BIM 数据格式（FBX、IFC、DAE.X、OBJ、3DS、OSGB/OSG），以关键字段"图元 ID"为媒介确保模型与属性一一对应关联，从 BIM 软件到 3D GIS 平台实现模型无缝对接、属性无损集成。

实例化与 LOD 技术保证平台性能。出于性能需求考虑，GIS 平台可采用模型发展等级（Level of Development，LOD）结构和实例化技术，以突破高密度模型的浏览性能瓶颈。LOD 技术可根据距离远近来选择展示不同精细程度的模型，极大缓解显卡渲染压力；采用实例化技术实现复用模型，显著提高渲染效率。

（6）二三维一体化联动技术

城市设计管控不同于城市规划管控的最大特征在于空间维度的增加，需要从三维乃至四维的视角来对城市空间形态加以控制引导，由此带来的数据处理需求即为二三维空间一体化的计算、分析与表达。城市设计管控也不能单纯地只强调三维空间与数据，仍需要借助二维的点、线、面等要素的识别计算来实现对空间的测度，因此在系统中需同时包含二三维 GIS 的功能与优势，通过二三维一体化技术，实现两者之间的无缝切换。一体化技术主要表现在二三维数据一体化、二三维显示一体化、二三维分析一体化以及二三维服务发布一体化等方面。

二三维数据一体化。采用 SuperMap SDX+ 空间数据库技术来高效地、一体化地存储和管理二维三维数据空间数据。二维与三维数据在数据模型和数据结构上保持一体化，三维 GIS 数据不仅兼容二维数据结构，二维数据也做了适当调整，实现了所有的二维数据无需任何转换处理直接高性能地在三维场景中可视化，使得数据更易于更新和维护。

二三维显示一体化。在数据一体化的基础上，支持不经任何转换地将海量二维数据高效地加载到三维场景中显示，同时也支持将三维模型以快照的形式加载到二维窗口中。在制图方面，集成二维专题图的功能，支持在三维场景中制作二维的大部分专题图，例如点密度专题图、分段专题图、标签专题图等，同时还支持制作有立体感的柱状图、饼图等专题图效果。

二三维分析一体化。空间查询和空间分析是 GIS 的基本特征，传统的二维 GIS 系统在这方面已经非常成熟，例如缓冲区分析、叠加分析、表面分析、交通网络分析等。而当前的大多数三维系统由于没有 GIS 引擎的支持尚不具备强大的空间查询和空间分析功能。另一方面，基于真三维的许多分析功能由于算法复杂、效率低下，尚处于研究阶段。在这种情况下，在三维场景中使用基于二维算法的缓冲区分析、叠加分析、网络分析、统计分析等功能仍具有很大的实用价值。如 SuperMap 二三维一体化技术采用与二维一体化的空间分析和算法引擎，二维的大部分查询（包括属性查询、空间查询）、分析功能都可以在三维系统中使用，同时还会提供通视分析、淹没分析、三维量算等一些真三维空间的分析功能。

二三维服务发布一体化。SuperMap iServer 提供了完整的二三维一体化的服务发布方案，二维服务与三维服务采用同样的方法发布，统一的方法和界面进行配置管理。三维场景中可以直接加载二维数据集、二维地图及其二三维缓存数据，二维数据集、地图与加载在三维场景中的数据可保存在同一工作空间中并进行三维发布。

5.4 新技术支撑下数字化平台智能应用扩展

在基础功能的架构上，数字化平台通过可选扩展模块的方式，可扩展多个智慧应用场景模块，主要包括数字交互公众参与、大数据稳态预测、人工智能规划设计、城市空间复杂度测度、人群数字画像等。扩展模块集成了城乡规划学科最前沿的工程分析技术，能够有效提升平台的智慧化水平。

5.4.1 人群行为智能模拟与空间优化

随着城镇化进程急剧加速，人口、空间、生产与消费资料高度聚集，庞大人群以超高密度、高频率动态聚集，推动城市经济蓬勃发展。同时也引发了诸如交通拥堵、环境污染、设施错配，以及"鬼城""卧城"等问题，产生了人群行为时空错配的现象。基于时空大数据的精细化洞察和人群智能模拟（图 5.4）成为解决这一系列问题的关键手段：透过深入分析人群活动规律，深刻剖析城市内潜在问题，模拟人群的活动规律，制定相应政策以调整城市建设，使城市环境更贴近满足人群活动需求[1]。片区城市设计和管控，侧重研究小尺度、更为动态的人地关系，结合人群活动类型与流线，改善空间环境或进行人流仿真，测试拥堵情况，以满足大型活动或事件的疏散需求，从而降低风险。

图 5.4 重庆万州市人口空间分布
资料来源：南京东南大学城市规划设计研究院有限公司"万州总体城市设计"项目文本

　　人群数字画像模块是基于城市多源大数据的获取、分析等数字化技术，来精准、有效、系统刻画出城市人群多维度属性特征及其空间分异的功能模块。该模块既能够从"本体—行为—感知"三大维度，实现城市人群从基本属性到"活动语义、定距、定频、定序"的客观行为属性，再到"行为偏好、心理状态"的主观感知属性的高精度、全类别刻画，分层次、分类别地解析人群的多维属性特征；又能够高效识别当前城市管理区域内的典型群体及其多维空间需求，以及典型空间单元中的群体构成特征，以精准捕捉地区间的群体特征与需求分异，为面向典型人群、典型空间的精准规划提供辅助工具。通过人群数字画像，能够探究城市中人群活动、交往的内在机制，并与空间研究联动，为人群行为智能模拟与空间优化奠定研究基础。人群稳态时空分布预测能够基于城市空间区位、建设容量、功能业态等城市人居环境信息对人群周期性稳定时空分布进行预测，采用机器学习算法构建城市"空间—时间—人群稳态分布"三者之间的内在关联机制模型进行预测。用户在数字平台中输入城市范围内栅格（栅格内须包含该区域的人居环境信息），即可预测出该城市每个栅格一天 24 小时中每小时的大概率人群数量预测。该功能可实现对城市用地调整、交通路网调整等多种规划情景下的人群稳态时空分布预测，也可作为规划多方案结果对比的依据。

　　建立动态人群时空分布预测模型，模拟人群的时空变化，成为解决和规避城市问题、提升城市空间品质的重要抓手。人群行为智能模拟与空间优化常采用多学科的研究方法，涉及地理信息系统（GIS）、社会心理学、计算机科学和工程学等多个领域。常用的模拟技术包括"代理基"模型（Agent-Based Model, ABM）、社会力模型（Social Force Model）以及专业软件如 MassMotion 等。这些方法和技术有助于对人群在特定环境（如城市片区、商业中心、机场、地铁站等）中的行为进行高度精确的模拟。模拟结果可用于进一步的数据分析，以识别人流瓶颈、安全隐患、空间布局限制等问题，最终达到基于人的行为对城市空间进行持续优化。这些模拟不仅可以指导实际的物理布局和组织管理，还能用于制定政策和规则，从而更全面地解决空间和人流管理的复杂问题。

图 5.5 基于人流模拟的城市空间交互优化设计
资料来源：东南大学建筑设计研究院有限公司"南京中央路沿线城市设计"项目文本

　　南京中央路沿线城市设计的实践，通过模拟人流的行为和路径（图 5.5），分析人流对城市形态的影响。基于人流模拟软件的技术支撑，能够实现对城市空间环境内不同人群的活动轨迹与活动方式进行模拟，同时也可以针对特定人群对特定景物的视觉感知度进行分析。该实践发现鼓楼与大钟亭视线通廊不畅、紫峰大厦与地铁出入口人流联系不畅、大钟亭周边人流拥挤、景观视觉感知度低等问题，并相应提出了存量空间的优化建议；将大钟亭与鼓楼间的视线廊道重新连通，优化了非机动车集中停放，将大钟亭外处理为台地花园，疏解人流的同时增加大钟亭的视觉感知度。高架桥下空间通常属于城市中的消极空间，由于设施供给不足、环境品质较差以及可达性不高等问题，桥下空间的利用率较低。该实践通过现状人群分析与活动模拟，对中央路立交桥周边片区的人群进行数字画像，研判特定人群群落特征；对周边地区的服务设施供给进行综合评估，探究服务设施供给不足处和断裂点，结合桥下空间的自身特色，引导在桥下空间设置运动游憩、市民交往等场所空间，实现了人群需求导向下的桥下空间精细化设计（图5.6）。

图 5.6 基于人群数字画像的桥下低效空间精细化设计
资料来源：东南大学建筑设计研究院有限公司"南京中央路沿线城市设计"项目文本

5.4.2 人工智能规划设计方案生成

人工智能城市（规划）设计模块是一款基于人工智能算法辅助城市规划与设计师实现快速方案推敲、方案评估与方案输出的一体化智能云计算平台。平台首创 ABC 数字辅助设计模式：建筑·街区·城市（Architecture to Block to City），开创了从城市到建筑的全面 ABC 方案全尺度设计机制；人工智能·信息模型·云计算（AI+ BIM+ Cloud），开创了以 ABC 多技术集成的方案生成机制；管理者·建造者·使用者（Administration + Builder + Citizen），开创了全社会人群参与的 ABC 城市设计决策机制。

规划设计师可依托模块开展人工智能城市设计实证。利用进化算法 L-System，以步行体系生成的起点为基础进行演化生成街区公共空间，形成基本街坊单元。基于预设的步行体系适应函数进行生长，通过函数约束确保不同街区间的步行体系互通，并避免与上一轮已生成的道路网络产生过多的平行重叠，从而塑造出良好的人行空间，实现行人与车流的分离。在多方案的基础上，进一步通过智能化手段生成街区建筑群落。利用建筑组合案例数据库进行智能匹配，将各街坊交互指标与案例库进行比对，将匹配度达到 90% 的样本建筑组合按匹配度大小排列，选取前 1 000 个建筑组合生成案例学习数据库。整理这些建筑组合，将其作为条件变分自编码器—生成对抗网络（Conditional Variational AutoEncoder-Generative Adversarial Network，CVAE-GAN）模型补图算法和建筑自适应算法的数据库进行机器学习，产生各街坊不同功能的建筑组合大量方案，并与地块控规空间参数（如各街区开发强度、密度、建筑高度、建筑贴线率、建筑退线）以及居住建筑日照间距等技术规范进行核对，排除不符合规范的方案（图5.7）。

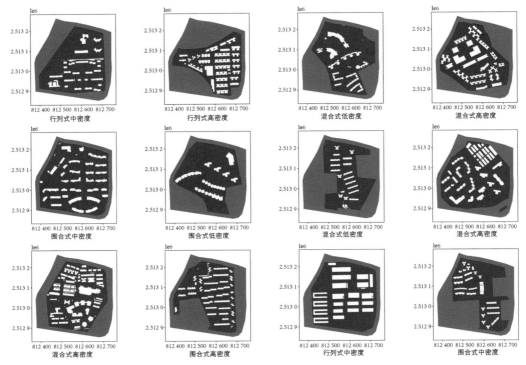

图 5.7 实验地块的街坊建筑组合城市设计多方案智能生成过程图
资料来源：杨俊宴，朱骁．人工智能城市设计在街区尺度的逐级交互式设计模式探索 [J]．国际城市规划，2021，36(2)：7-15.

5.4.3 AIGC 智能设计

生成式人工智能（AI-Generated Content，AIGC）城市设计是一种运用先进计算模型来自动生成和优化城市规划和设计方案的创新方法。这一领域结合了数据分析、机器学习和生成算法，以便在多个层面上解决城市发展和管理的复杂问题。具体内容通常涵盖了基础设施布局、交通规划、公共空间设计、资源分配和可持续发展等方面。例如，生成式 AI 可以通过分析大量的交通数据来模拟并找出最有效的交通路线；它还可以通过评估人口密度、气候和土地利用等多个参数来自动生成更合理、高效和环保的城市布局方案。此外，生成式 AI 还能够考虑社会和经济因素，比如提供更平衡的住房和就业机会，或是优化公共服务和设施。这样的设计方法不仅可以极大地加速城市规划的迭代过程，还能确保设计方案在多个维度上实现最优化，从而带来更高的生活质量、更强的经济活力和更可持续的环境保护。

生成式人工智能经历了多轮技术迭代和发展，生成对抗网络（Generative Adversarial Network，GAN）诞生于 2014 年，是一种基于对抗学习的生成模型，为人工智能领域带来了翻天覆地的变革。它由生成器与判别器组成，通过对抗训练使二者相互博弈，逐步演进，最终生成逼真且令人信服的内容。随后，GAN 迅速崛起成为生成式机器学习的主流模型，诞生了诸如深度卷积 GAN（Deep Convolutional Generative Adversarial Network，DCGAN）和有条件 GAN（Conditional Generative Adversarial Network，cGAN）等变体，广泛应用于图像生成、修复等多领域任务。作者基于对抗网络模型进行了街区形态生成的尝试：首先进行了实际空间到案例样本的映射，通过开放街道地图（OpenStreetMap）网站获取了包括建筑、植被绿地、地块等在内的共计 158 907 条详细地理数据，涵盖了国内多个大都市中心城区。通过对实际街区内的矢量数据进行抽象处理，提取了建筑群落的空间组织模式，即建筑实体空间与景观公共空间的组合关系，作为基础学习样本。处理后的样本图像大小为 256×256 像素。其次，构建了案例库。将基础数据经过处理，得到了建筑强度、建筑密度及用地功能等相关指标。根据不同空间强度与地块功能对不同街区内的建筑群落类型进行人为标签化处理，以构建深度学习的案例库。根据不同属性类别标签，将案例样本分类对应不同的训练模型，其中训练数据集占比 80%，测试数据集占比 20%。随后，进行了深度学习模型的训练。借助 Python 编程平台，选用了 cGAN 作为深度学习模型。在训练过程中，输入地块边界、用地属性和地块强度等信息，模型会输出相应强度的建筑群落结果（图 5.8）。在训练过程中，通过多次迭代可以观察到地块内建筑群落形态逐渐从颜色模糊、形状粘连的状态变为清晰明确的边界。实验证明，保证每个深度学习模型训练次数至少迭代 50 000 次以上，才能使生成的建筑群落结果收敛至最优效果[2]。

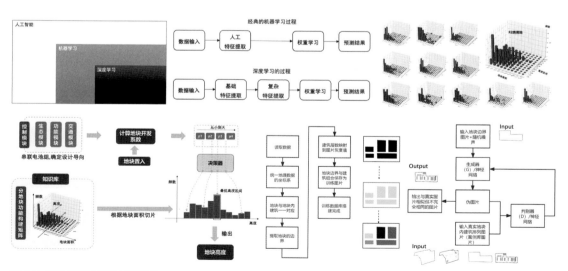

图 5.8 智能化城市设计流程图
资料来源：杨俊宴，朱骁，孙昊成 . 深度学习与特征参数结合的人工智能城市设计方法研究：以城市多类型建筑群落生成为例 [J]. 当代建筑，2022(6)：33-36.

2022 年，扩散模型（Diffusion Model）再次引领了 AIGC 技术革新和内容创新的浪潮。该模型通过前向扩散和反向生成过程，实现了高效的文图生成（Stable Diffusion）是代表性的基于潜在扩散模型（Latent Diffusion Model, LDM）的文图生成模型。潜在扩散模型通过在潜在空间中迭代处理"去噪"数据来生成图像，随后将结果解码为完整的图像，使得文图生成能够在消费级 GPU 上在 10 秒内完成，极大地降低了应用门槛，也掀起了文图生成领域的热潮。笔者在此基础上，利用预训练的大型模型，进行了城市形态线稿到场景效果图的智能渲染尝试（图 5.9）。

图 5.9 基于人工智能技术的中央路空间设计
资料来源：东南大学建筑设计研究院有限公司"南京中央路沿线城市设计"项目文本

5.4.4 虚拟现实和混合现实交互技术

在城市规划和设计方案的展示中，虚拟现实（Virtual Reality, VR）技术提供了一种高度互动和多感官的方式，以促进更广泛的公众参与。可使用 3D 建模软件如 Blender 或 SketchUp 来创建城市的三维模型。这些模型然后会被导入到 VR 开发平台，例如 Unity 或 Unreal Engine，进行进一步的编程和多媒体元素集成。通过高质量的 VR 头盔和交互设备，如 Oculus Rift 或 HTC Vive 可实现全面的多感官体验。此外，基于 WebGIS 和云技术的实施也使得这些虚拟现实方案能够轻易地进行分享和传播，从而进一步扩大了公众参与的范围，使更多的人被吸引参与到城市规划的决策过程中，提供了宝贵的反馈和建议（图5.10）。

图 5.10 基于虚拟现实技术的数字大屏交互展示

多时空视角混合现实（Mixed Reality，MR）能够实现一种全新、交互性极强的设计展示形式，让设计师、决策者和市民更加直观地体验和评估各种城市规划方案[3]。MR 不仅可以将三维模型与实际环境相结合，展示未来建筑或设施在现实世界中的效果，还能通过多时空视角展示城市在不同时间段（如不同季节、日夜或多年时间跨度）的变化。用户可以在同一地点看到历史、现状和未来规划的叠加，进而更全面地评估设计方案的可行性和影响。公众参与也因此变得更为容易，市民可以在 MR 环境中提出自己的看法和建议，让城市设计更加民主和包容。

MR 技术在城市管控方面具有同样重要的潜力。集成各种实时数据，如交通流量、气象信息和环境质量，多时空视角的 MR 可以为城市管理提供一个全局、动态的视图。决策者可以即时看到各种管控策略如交通管制、资源分配或紧急响应在真实环境中的实施效果，从而做出更加精准和高效的决策。特别是在紧急情况或灾难应对中，MR 能够提供多维度、多时空的实时信息，帮助快速评估局势、优化资源并指导救援行动。这不仅提高了城市管理的响应速度，也大大增强了城市系统适应不确定和复杂情况的能力。

在万州的总体城市设计实践中，混合现实技术不仅是一种创新工具，也是一个全新的视角和框架，它在城市设计管控的多个方面发挥了至关重要的作用（图5.11）。混合现实技术将虚拟世界与现实世界融合在一起，让设计师、决策者和市民都能够以前所未有的方式互动与感知城市环境。从建筑立面的设计到城市天际线的规划，混合现实技术能够提供一种极为直观的展示手段。设计者可以实时地在真实的城市背景中嵌入虚拟的建筑模型或元素，让决策者和市民立即感受到新规划对现有环境的影响。这种方式不仅加强了设计的可感知化，也使得非专业人士更容易理解和评估设计方案。同时，该技术大大加强了从人的视角出发的城市设计。例如，通过混合现实眼镜或移动设备，人们可以在走动中看到即将建成的公园、广场或商业设施等如何融入现有的城市纹理中。这不仅增强了设计的人的视角化，还在某种程度上民主化了城市规划过程，使更多的人能参与到决策中。最后，混合现实技术还能对城市设计进行更精细的管控。除了大型建筑和基础设施，甚至连小型的景观小品、街头家具和绿化元素都能在虚拟环境中被细致地模拟和调整。这样的精细化管理不仅提高了设计质量，还有助于实现更为可持续和人性化的城市环境。

图 5.11　城市设计中的混合现实场景展示
资料来源：南京东南大学城市规划设计研究院有限公司"万州总体城市设计"项目文本

5.4.5　数字交互公众参与

数字化公众参与模块包含空间数据、算法分析、人机交互、成果展示四大模块功能，通过数字平台技术辅助公众数据实时采集、集成分析与模拟展示，在调研、分析和设计三个主要阶段实现城市设计过程中的公众意见转译、传导和感知，旨在降低公众参与交互式设计与意见反馈的门槛，提高公众参与度。利用音频、视频等 TMT[①] 和多传感器技术，全面地表达视觉、听觉、触觉等多种感知方式的综合体验，可为公众提供虚拟现实城市展示界面和城市环境，提供人机交互的信息查询功能，使公众产生身临其境的沉浸感。

在二维平面信息交互的基础上，可探寻公众交互设计参与的可能，充分挖掘公众在空间设计方面的潜力，以掌握公众对于场地的诉求。通过数字化工具进行三维公众交互设计

---

① TMT 是"Technology"（科技）、"Media"（媒体）、"Telecommunication"（通信）的缩写。

成为近年来数字化公众参与的探索方向。如 Qua-kit 平台，可基于 3D 可视化效果，并提供可移动的模块化建筑以供参与者对场地展开城市设计，表达自身想法（图 5.12）。通过对有效设计方案的统计与搜集，设计师和决策者能够掌握市民真实意图。市民还可通过参与平台对所有的公众设计方案进行投票打分，互动与趣味性也将扩大市民的参与范围。

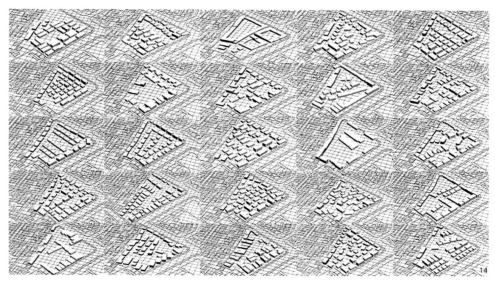

图 5.12 基于 Qua-kit 平台并结合慕课开展的线上公众设计
资料来源：转引自 [德] 格哈德·施密特，徐蜀辰，苗彧凡 . 人工智能在建筑与城市设计中的第二次机会 [J]. 时代建筑，2018(1): 32-37.

在数字化平台中，可通过明确设计场地、建立统一的公众设计规则，在系统中为公众设计的开展准备所需的要素单元并以菜单栏形式呈现，如多样化建筑物、构筑物、公共空间、植被等，以便市民能够进行自主设计。评分与评价系统的应用也能够提高参与设计的良好体验感。基于数字化平台的公众参与能够实现对公众提交有效设计方案的交互分析与设计、实时反馈与评估，可为公众参与的开展提供新途径。在虚拟环境中漫游、连续运动过程能有效串联多视点的景观印象，复合形成城市空间体验的整体，从而使得公众对虚拟的城市空间环境产生真实的评价。通过公众数据实时调研采集与数字平台动态展示、公众数据集成分析与数字平台结构化处理、公众参与沙盘设计和数字平台场景化模拟，实现调研、分析、设计多个阶段的全方位公众参与，能够拓宽数据类型与采集渠道，实现多方诉求整合与多源数据集成，在规划设计各个阶段实现公众参与。

公众参与是城市设计不可或缺的一环，应贯穿于各个设计阶段，包括方案立项、征集、调整以及项目评审审批，必须充分倾听公众意见以了解其诉求和看法 [4]。过去的实践中，公众参与形式多样，但常流于形式。由于城市设计滞后特性，公众难以感知其影响；项目短周期性使得早期参与难以及时收集区域意见，难以影响设计构思。缺乏统一平台也使得公众参与组织面临困难，效果不尽如人意，导致规划管理与设计团队难以深刻理解公众需求。数字化平台技术的应用可以显著解决这些问题，其决策透明、即时反馈和广泛覆盖的特点，将使更多市民能够参与到城市设计的过程中，为城市发展贡献智慧。在南京阅江楼社区更新实践中，建立了一个数据空间基底，为设计前的多方意见表达和整合提供了坚实基础，有针对性地收集居民的意见偏好，并将其与三维空间模型相结合，实现公众建议的可视化呈现。此外，笔者提出了一个层层递进的多方动态营建策略，其涵盖了社区层面、节点层面以及实施层面。在社区层面，规划师发挥主导作用，通过控制结构性要素的提升来确保整体规划的有效实施。在节点层面，居民参与成为主导力量，重点放在重要节点的精细化设计上，以保证社区更新符合居民的实际需求和期待。在实施层面，街道层面主导多设合一的集成项目模式，从而实现各方资源的有机整合，推动社区更新工作的顺利进行。这一综合性策略体系在南京阅江楼社区更新实践中取得了显著成果（图5.13），为未来类似项目提供了有益经验和指导。

图5.13 阅江楼宜居街区更新设计公众参与系统
资料来源：东南大学建筑设计研究院有限公司"南京阅江楼省级宜居街区更新设计"项目文本

参考文献

[1] 杨俊宴, 史宜, 孙瑞琪, 等. 基于卷积神经网络的城市人群时空分布预测模型: 以南京为例 [J]. 国际城市规划, 2022, 37(6): 35-41.

[2] 杨俊宴, 朱骁, 孙昊成. 深度学习与特征参数结合的人工智能城市设计方法研究: 以城市多类型建筑群落生成为例 [J]. 当代建筑, 2022(6): 33-36.

[3] 姚敏峰, 王世沛, 翟值俊杰, 等. 基于混合现实空间体验的叙事性城市更新设计: 以厦门沙坡尾为例 [J]. 中国名城, 2023, 37(3): 61-68.

[4] 杨俊宴, 程洋, 邵典. 从静态蓝图到动态智能规则: 城市设计数字化管理平台理论初探 [J]. 城市规划学刊, 2018(2): 65-74.

理论所不能解决的那些疑难，实践会给你解决。

——费尔巴哈（Feuerbach）

威海城市设计数字化平台实践探索

6.1 威海城市设计数字化平台建构需求与框架

6.1.1 威海城市设计数字化平台建构需求

正如前文所述，城市设计管控是理论与实践并重的研究方向，理论研究是为了更好地指导实践应用，而实践需求也为理论研究明确方向。理论与实践的有效衔接能够搭建正向循环路径，推动整体研究的持续发展。城市设计数字化平台的建设，是建立在对管控内涵、主客体、管控边界以及本质属性等清晰认知基础上，以满足多视角综合管控为导向、基于数字化技术应用所开展的研究探索。实际管理中各城市的特色化需求，为数字化平台最终的应用场景谋划奠定基础。不同城市由于在功能定位、管控要求与内容、管理水平、管理人员素质等方面存在差异，导致数字化平台在管理中所扮演的角色亦不尽相同。

威海作为我国典型的中小城市，在城市建设与管理中彰显自身特色，也存在着普遍的问题，如管理人员技术水平不足、三维空间管控粗放、整体层面协调统筹缺失等。因此威海城市设计数字化平台实践正是基于城市特点与问题，以提高城市三维空间形态管控"有限理性"水平为目标，通过数字化技术的应用以提高管控效率、提升管控成效、优化管控流程、落实管控要求。基于多源大数据的采集、集成与耦合分析，为城市设计管控意图制定提供了有力支撑，也成为数字化平台沙盘建构的数据基础。城市设计管控意图的制定、传导、转译与应用成为威海城市设计数字化平台的重要内容，从宏观到微观、从片区到地块、从结构到要素等，形成以"五城体系"为核心框架与脉络的管控意图数字化应用途径，并最终以实际管理需求为导向谋划数字化平台应用场景。

威海城市设计数字化平台中集成的与开发地块精准挂接，数量繁多的城市设计管控规则，是在多源大数据耦合分析的支撑下，以宏观视角下明确的城市结构框架为引领，所形成的地块特色化管控要求。数字化平台的应用能够有效弥补城市设计管理水平不足的短板，提升日常管理工作效率；平台三维空间可视化及空间计算、分析工具的使用，能够有效促进管理中多元主体间的沟通协同，提高城市设计管控与落实效果，在实际应用中取得良好反响。威海数字化平台的建设也是在整体理论架构的基础上，依据城市特征需求而开展的实践探索，也成为验证理论框架可行性的试验案例。

城市设计数字化平台的建构逻辑与流程在前文已经阐述清楚，本章的威海数字化城市设计实践（简称"威海实践"）也基本参照上述逻辑展开，从基础数字化沙盘建构到多源大数据置入，进而以"五城体系"为脉络实现城市设计意图的传导与转译，经过谱系化、规则化、代码化、智能化等阶段，最终实现基于数字化平台的城市设计管控。在数字化技术的支撑下，城市设计逐步展现出全流程数字化的发展趋势，尤其是在城市设计的管理与实施方面，从数字化报建、数字化管理再到数字化监测，正逐步脱离传统纸质文本，进入全面数字化阶段。

6.1.2 威海城市设计数字化平台框架

在理论建构的基础上，实践是验证、修正理论的重要方法与过程。威海数字化城市设计实践，通过数字化技术的应用，寻求城市设计全流程的数字化升级，从现状调研、基础数据的采集与集成，到数字化技术交互下的城市设计方案编制，再到基于数字化平台的城市设计管理，开创性地将总体城市设计和城市设计全覆盖在数字化平台支撑下，进行统合构建并一体化编制，实现了"规划—设计—管理"的全流程数字化，能够有效改善城市整体空间品质，提高城市设计管理的运行效率和服务水平。

"三部曲"是威海实践的整体框架，包括宏观层面的总体城市设计、中微观层面的城市设计全覆盖，以及管理层面的城市设计数字化平台建构，能够实现城市设计运作从宏观到微观、从系统到局部、从设计到管理的传导与整合，也为探索基于数字化平台的城市设计管控提供了试验场（图6.1）。本章通过"三部曲"实践以寻求城市设计管控的三阶段：设计、控制与管理的有效衔接与转译，并进一步验证与改进城市设计数字化管控的理论架构与方法应用。在对数字化城市设计整体脉络梳理的基础上，明确威海数字化城市设计的整体结构框架（图6.2），实现城市设计管控全流程的数字化探索。

总体城市设计梳理结构、敲定框架、明

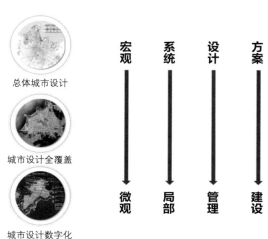

图 6.1 数字化城市设计"三部曲"

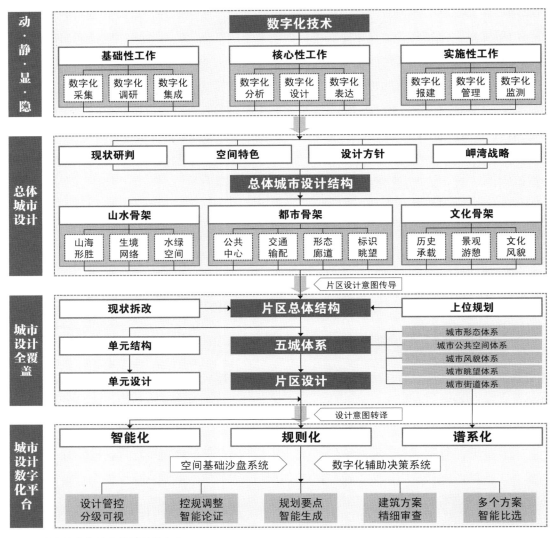

图 6.2 威海数字化城市设计整体框架

确体系，为后续城市设计全覆盖工作的开展奠定基础。宏观层面的体系建构更多地采用弹性引导方式，在保有充分论证理由的前提下，可对制定的规则进行调整、优化，为后续城市设计留有操作空间。部分明确的刚性管控规则也是后续设计需要绝对延续的要点。为保证城市设计意图的有效传导，在对管控要素进行梳理与谱系化的基础上，威海实践明确采用"五城体系"的管控传导策略，从城市形态体系、公共空间体系、风貌体系、眺望体系与街道体系等五方面展开。"五城体系"向上衔接总体城市设计框架性管控内容，将对山水骨架、都市骨架以及文化骨架的设计意图通过"五城体系"向下传导至城市设计全覆盖，成为各片区、各单元的结构性框架。同时，"五城体系"谱系中纳入的管控要素、管控内容、管控指标等，也成为管控规则编制、要素精细化管控的实现途径。因此可认为基于城市设计管控要素谱系化建构而来的"五城体系"，是实现城市设计意图上下传导的重要手段与载体。

6.2 威海数字化城市设计"三部曲"

6.2.1 设计阶段：管控意图制定

（1）框架性总体城市设计

总体城市设计是以城市整体作为研究对象，具有综合性、系统性、全局性、指导性特点的城市设计，一般在城市整体建成区或者形态功能相对独立的片区展开，且具有鲜明的服务于规划管理的技术导向[1]。归纳起来，总体城市设计的主要研究内容包括城市人口、生态、空间、产业与特色等方面，对城市的空间形态、历史格局、文化特色、生态格局、景观体系、活力分布等内容进行整体分析与优化。总体城市设计是基于宏观视角，对城市或分区进行全局、结构性规划设计的策略方法，主要目标是统筹与协调，为城市空间发展制定结构性框架，并为后续规划、设计提供明确指导意见。

总体城市设计的结构性框架主要通过多层面、多要素的城市骨架体系加以展现（表6.1），从自然山水到空间形态，从人文要素到动态活力，通过多元要素的耦合分析，共同完成对城市整体空间的框架安排。基于城市骨架体系的拆解、分析与优化，可在总体层面凝练城市特色、优化城市空间布局，进而通过城市设计意图传导，落实到下层级城市设计之中，并结合规划管理工作，用以指导城市开发建设。

总体城市设计阶段强调大数据分析方法的应用，通过分析与设计的多循环交互，构建"功能—容量—形态"一体化规划控制体系[2]，为设计决策提供研究支撑，提升城市设计理性水平。威海数字化城市设计实践，充分运用LBS、手机信令、人工智能大数据交互平台等大数据类型与分析方法（图6.3），从历史、交通、空间、景观、产业等方面对威海现状进行深入研究，确定"岬湾战略"核心设计理念；进而提出威海新"48字"方针，从山海形胜、生态建设、景观视廊、都市轴线、空间形态、城市风貌等六大方面，塑造精致威海精气神。宏观层面的框架设计为后续设计开展指明方向，成为整体数字化城市设计的总纲。

表 6.1 总体城市设计骨架体系内容框架

骨架类别	山水骨架		都市骨架		文化骨架	
体系内涵	山海形胜体系	重点关注城市所在地域的自然山水格局，通过城市设计手法保护、强化城市的自然格局特征	公共中心体系	整体把握城市各片区组团的功能定位与等级，构建分工明确、结构清晰的公共中心体系	历史承载体系	梳理城市历史文化资源，并对其进行串联、彰显，构筑整体、系统的历史文化展示脉络
	生境网络体系	从生境角度出发，对核、斑、廊、岛等生境要素进行调查梳理，并采取规划措施进行连接、提升	形态廊道体系	重点关注城市三维空间形态，结合城市轴线、廊道、功能组团、特殊意图区等布局，打造城市独特景观形象	景观游憩体系	串联自然山水景观、都市文化景观、人群活动节点等诸多景观游憩资源，构筑多元化、活力的游憩体系
	水绿空间体系	重点对城市的水网、绿地公园体系进行系统化分析，以构筑整体、多样化的水绿空间网络	交通输配体系	对交通路网体系进行梳理，重点强调交通疏散体系与活动慢行体系的构建与连接，打造等级分明、快慢有致的交通体系	文化风貌体系	结合片区、组团功能与定位进行城市风貌控制与引导，形成特色彰显、协调统一的城市风貌体系
			标识眺望体系	结合自然山水、标志性建筑、地标节点等要素，统筹考虑景观等，构筑山水城互望的眺望体系		

资料来源：作者参照"威海数字化城市设计"项目文本编制

a. 人群动态流向分析

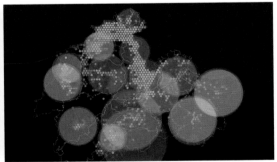
b. 人群活动板块分析

图 6.3 总体城市设计阶段的 LBS 大数据分析方法应用
资料来源：南京东南大学城市规划设计研究院有限公司、上海数慧系统技术有限公司"威海数字化城市设计"项目文本

（2）精细化城市设计全覆盖

总体城市设计定框架、明结构，并向下传导至中微观城市设计全覆盖中。依托城市设计数字化平台，通过对设计意图的矢量化、数字化，将总体城市设计中"三副骨架、十大体系"管控要求向下传递至后续设计阶段，以保证整体结构与意图在设计过程中的延续性，

并有利于明确片区与单元层面的城市设计空间结构。在对城市设计管控要素谱系化梳理的基础上，建立"五城体系"管控传导与转译逻辑方法，进而开展对设计范围内所有街区、地块的城市设计空间布局谋划。归根结底，城市设计全覆盖是在承接总体城市设计意图的基础上，以空间形态、公共空间、景观风貌、观景眺望、慢行街道等五个方面内容为抓手，对划定的中心市区内管理片区与管理单元，实现整体、统一精细化设计的过程。全覆盖承担着承接、传承、延续、深化、明确城市设计管控意图的任务，精细化的城市设计为后续管控奠定基础，也只有在精细化设计的前提下，才能实现对城市地块的特色化、精细化管控与引导。

基于"五城体系"的城市设计管控意图自上而下传导，为城市设计全覆盖的开展明确了结构框架。精细化城市设计也是对结构框架的优化与修正过程，是设计方案逐步由结构控制向实施落实方向深化的步骤。实际的土地权属、开发建设的可行性、远期发展与近期建设之间的矛盾、开发建设单位诉求以及利益相关人的想法等方面，都会对方案设计，乃至确定的设计结构产生影响，因此需要建立反馈机制，以根据实际情况对总体城市设计、"五城体系"框架进行调整优化。在保证全局、整体视角下高定位、高水准的同时，也能与实际情况充分结合以增强管控意图的落地性与可实施性，实现城市设计方案的"顶天""立地"。

城市设计全覆盖工作的开展也寻求与既有规划管理工作的有效衔接。通过与控规规划管理单元划分的协调，将威海中心市区切分成 16 个片区、63 个管理单元。最终以管理单元为最小编制单位来完成城市设计全覆盖工作，在数字化平台建设中形成"城市—片区—单元—街区与地块"的空间层级关系。

精细化管控是建立在精细化设计的基础上，在片区与单元层面开展的城市设计首先需要落实与延续上位设计的管控要求，并根据实际情况、多元主体诉求等进行方案深化设计，从总体层面的结构管控逐步向地块层面的要素管控推进。以"五城体系"为主脉（图 6.4），实现城市设计管控的深化、细化、特色化。在结构框架的指导下，对地块层面的建筑组合形式、建筑高度、公共空间布局、建筑景观风貌、步行流线组织等进行精细设计，以谋求全覆盖方案的落地性、系统性与合理性。开展城市设计全覆盖的目的不在于将其作为实施型方案加以落地，而是通过街区、地块层面的精细化布局与设计，凝练出地块层面针对管控要素的城市设计管控规则，发挥管控型城市设计的功效。城市设计管控的目标并非追求最佳设计方案，而是通过规则制定以防止最差方案的出现，具有明显的"控下限"特征；但也需要通过精细化设计来提升城市设计管控的理性水准，在设计过程中基于多元主体间的协同设计、协同决策，共同推动设计意图的有效落实，实现地块精细化管控。

图6.4 威海中心市区片区"五城体系"示意

片区层面设计中，在保证总体城市设计意图有效落实的基础上，设计需要进一步对接规划管理部门，包括市自然资源和规划局、分局，以及其他相关政府部门、开发商与市民公众、利益相关人等，建立多元主体协商机制，以明确地区发展诉求与现实困境；进而在充分梳理现状建设与意向方案的前提下开展后续城市设计工作。片区层面的设计内容主要包含两部分：其一是对总体城市设计框架的深化，强化片区的产业引导策略、空间塑造策略、生态提升策略等；其二是基于"五城体系"主脉的管控意图延续与细化，结合数字化城市设计特点，将片区城市设计的结构性要素以"五城体系"形式加以落实，形成矢量化、精确化的意图传导体系，并为后续的单元层面设计提供设计指导与管控依据。

单元层面是威海数字化城市设计全覆盖的最小范围，在该层面城市设计方案谋划的指导下，能够实现基于街区、地块视角的城市设计特色化管控。单元层面设计重点在于强调结构框架约束下的设计方案可实施性，对城市设计空间形态进行详细设计，细化单元"五城体系"成果并实现空间精准落位。开发建设视角更加接近实施型方案设计，因此在单元层面设计面临着更多主体间协同决策、博弈需求，需要基于对现状建设情况的评判、多元主体间的诉求，明确设计方案布局，为后续管控规则编写奠定基础。

单元层面城市设计方案向上承接总体城市设计需求，并结合现状条件，细化"五城体系"控制要素。细化城市形态体系，明确地块内的建筑组合形式与整体空间形态，确定建筑高度、高层数量与位置控制、标准层面积、建筑体量与形态组合、建筑装饰以及构筑物等形态指标要求；细化风貌体系，在充分考虑现状建设情况的基础上，结合总体布局要求，明确各街区、地块中的风貌管控要求，落实到建筑屋顶与颜色、建筑色彩以及植被色相等管控要素中；细化公共空间体系，在体系化建设的框架内统筹落实各街区与地块的公共空间建设，重点关注公共空间设置的面积、空间位置、形状控制等内容，同时强调相互间连接关系的梳理，保证相互间的有效联系，促进不同类型公共空间的连通与整合，进而实现体系化、整体化的公共空间布局；细化眺望体系，结合街区与地块详细设计，以及总体城市设计要求，对标志性建筑、观景点、眺望类型等管控要点进行精准落位，进而实现对视域范围内城市建设的有效管控；细化街道体系，以现状资源特色与规划设计定位为出发点，综合谋划城市中多类型特色街道、景观大道的空间位置、长度，以及沿街服务设施及功能业态的管控要求；细化公共服务设施布局，强化服务设施布局原则，完善基本公共服务体系，优化公共服务设施空间布局并针对城市设计管控要求提出具体形态设计要点；细化特色设计意图，结合威海城市空间特色化塑造需求，落实城建"48字"方针与总体城市设计管控要求，重点对滨海地区建设、沿山低层带以及时令花化路径展开详细设计。

归根结底，城市设计全覆盖是承接总体城市设计意图，并对其进行深化落实的过程，是从宏观结构性管控向微观要素性管控的传导、转译过程，是多元主体间开展协同设计与协同决策的过程，也为后续管控规则编写奠定坚实基础。依托街区、地块的详细设计，能够以城市设计管控要素为抓手，通过规范化、标准化的管控规则编制，进而实现基于城市设计数字化平台的街区、地块层面精细化管控。

地块是城市设计管控的最小单元，在详细城市设计的基础上，可对每个地块的管控规则进行总结、凝练。凝练出来的管控规则是针对每个地块的特点、要求所作出的个性化、特色化管控，是落实总体城市设计、详细城市设计成果与要点的有效途径。

6.2.2 控制阶段：管控意图转译

为了保证城市设计意图的有效传导，控制阶段将宏观城市设计意图，如山水格局、轴线骨架、眺望视廊、高度分区、风貌引导等，按照要素谱系化进行重新组织与梳理，构建城市设计"五城体系"以承接宏观设计意图，并将其用于指导城市设计全覆盖的工作开展。

（1）城市形态体系

城市形态体系是对城市三维空间形态的整体性设计，管控内容包括城市轴线、重点高度意图区、沿山低层控制区、城市地标等。在大尺度宏观设计中，需要重点把握城市整体三维空间形态关系，确定城市空间结构，依据多样化城市空间要素与特色化管控需求，打造城市特色控制轴带（图6.5）。在本次威海总体城市设计中，通过对城市形态体系的控制引导，塑造城市三大特色空间带。为塑造"精致岬湾"的城市形态，建筑组合布局强调

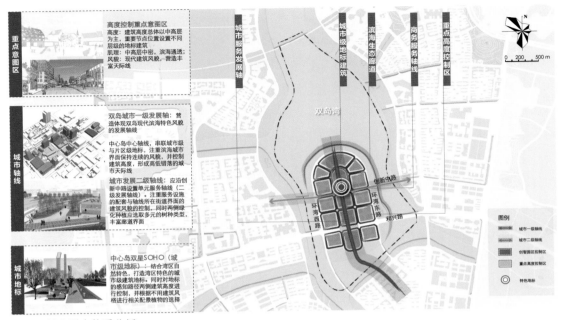

图 6.5 城市形态体系分析

资料来源：南京东南大学城市规划设计研究院有限公司、上海数慧系统技术有限公司"威海数字化城市设计"项目文本

垂海通透，营造活力宜居的岬湾特色滨海风情带；以重点高层控制区为核心枢纽，通过城市发展轴线串联，整体形态通山达海、高低错落，形成具有现代化都市特色的集中建设区；归还因城市扩张对生态环境造成破坏的欠账，限制沿山地区开发规模，形成随坡就势、错落有致的沿山低层建设带。此外，统筹安排城市整体高度关系，明确建筑肌理形态等，也是城市形态体系在中微观城市设计中需要研究的重要内容。

（2）城市公共空间体系

城市公共空间体系是对公共空间位置、规模、形态以及相互间关系进行的设计组织，管控对象包括绿地公共空间、都市公共空间、滨水公共空间等（图 6.6）。公共空间体系的塑造强调连贯性与多样性，通过对城市多类型公共空间、开敞空间的梳理、组织与设计，塑造完整的公共空间体系；基于对城市公园、广场、水系河道、绿地、生态廊道等公共空间产品提出设计要求与管控意图，进而实现对公共空间体系的整体塑造。城市公共空间的体系化成为管控的首要目标，需要以整体视角对其加以控制引导，强化滨海、沿山地区的公共性与开放性，通过垂海公共空间串联山海城，打造多样化、网络化的公共空间体系。

（3）城市风貌体系

城市风貌体系是对城市风貌分区、类型组织的整体性考虑，针对威海特征需要共形成滨海特色、都市文化、胶东居住、沿山低密、园区创智等五种风貌类型（图 6.7）。在城

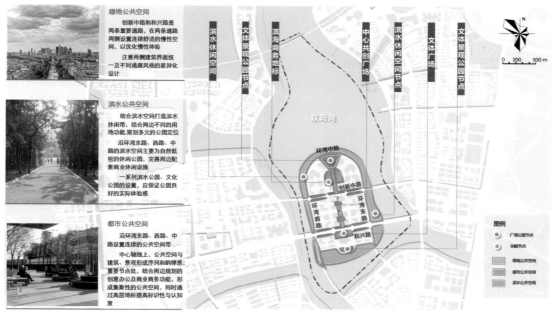

图 6.6 城市公共空间体系分析

资料来源：南京东南大学城市规划设计研究院有限公司、上海数慧系统技术有限公司"威海数字化城市设计"项目文本

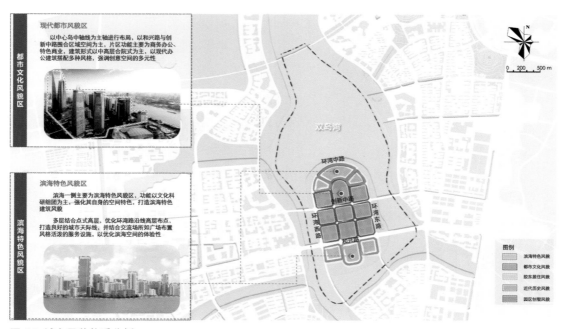

图 6.7 城市风貌体系分析

资料来源：南京东南大学城市规划设计研究院有限公司、上海数慧系统技术有限公司"威海数字化城市设计"项目文本

市三维高度、体量形态的管控基础上，需要进一步对建筑外表皮进行设计引导，包括建筑材质、色彩与装饰、屋顶形式与色彩等。具体来看，老城片区延续以传统胶东居住为主、历史文化为辅的风貌格局，在片区公共中心形成现代都市风貌的集中展示区；新城建设或城市主要开发区，保持相应的现代化风貌特征，形成胶东居住、园区创智、都市文化等风貌的有机结合；滨海地带强化海湾风貌景观，沿山地区落实低密度开发，并对其进行相应的控制引导，以彰显城市风貌特色。

（4）城市眺望体系

城市眺望体系是对城市内视廊建构与景观互望关系的整体性考虑，针对视域范围内所涵盖的城市设计管控要素进行控制与设计，进而展现丰富的城市特色景观（图6.8）。城市眺望体系的建构可从人眼、鸟瞰与城市核心眺望点等视角展开。基于人眼视角打造观山平眺、观海平眺，以及都市平眺等视廊体系，以此优化、协调城市沿街界面、山城关系以及滨水建筑立面；基于高层建筑地标、景观制高点设置鸟瞰视廊点，并打造城市鸟瞰视廊体系，以此优化城市天际线、山海城关系以及城市整体形态格局；基于重点地标和景观节点打造城市核心眺望点，以海岸线遮挡率、山脊线遮挡率等关键指标为依据，确定城市沿山、滨海地段高度控制上限，确保山海城一体的空间景观格局得以充分彰显。

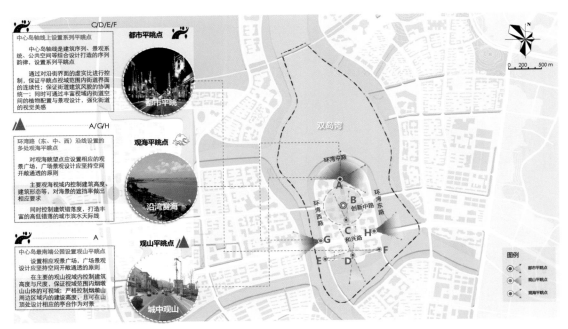

图6.8 城市眺望体系分析
资料来源：南京东南大学城市规划设计研究院有限公司、上海数慧系统技术有限公司"威海数字化城市设计"项目文本

（5）城市街道体系

城市街道体系是对城市街道的功能定位、临街风貌与建设规范所进行的管控（图6.9）。具体包含街与道两个层面，主要对城市交通路网体系、街道界面，以及街道界面内所涵盖的要素进行设计引导。针对威海街道塑造需求，共形成五大特色街道体系：依托滨海公共空间，结合旅游服务设施在沿海地区设置快慢结合的滨海特色街道；依托沿山低层带与绿地公共空间，建设以慢行为主、展现临山景观特色的沿山街道；连接山海的城市街道，以次干路或支路为主导，打造垂海通透、山海城一体的垂海街道；依托城市轴线，结合特色绿植、时令花卉打造彰显城市形象的都市景观大道；为展现威海地域文化特征、民俗文化特色，打造与地方生活、文化特色、民俗活动等紧密结合的特色休闲娱乐街道。

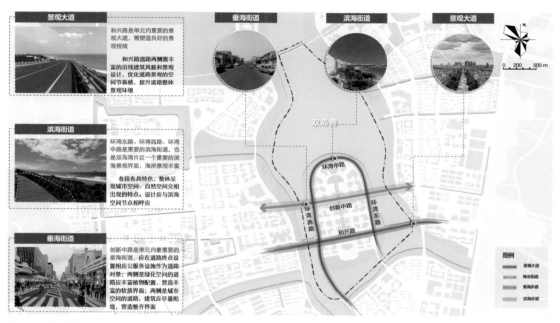

图6.9 城市街道体系分析

资料来源：南京东南大学城市规划设计研究院有限公司、上海数慧系统技术有限公司"威海数字化城市设计"项目文本

"五城体系"承载的管控要素成为管控规则编写的物质载体，通过对具体管控要素的细化、控制指标的落实（图6.10），实现城市设计意图向管控规则的转译。

"五城体系"作为本次数字化城市设计确定的城市设计意图传导、转译核心手段，是承接城市设计方案，并通过管控要素传导至管理阶段的核心策略。谱系化方法为管控规则编制，以及平台数字化应用奠定基础，是"谱系化—规则化—代码化—智能化"核心路径的起点。针对威海城市特点与建设管理需要，确定本次实践的管控要素谱系化建构体系（图6.11），完成控制阶段的管控意图转译目标。

体系	内容	管控要素				备注			
						限高	限低	虚实比	遮挡率
城市形态体系	重点意图区（沿山低层控制区）	最高高度	组合模式（A/B/C/D）	肌理		12m	75m	小于20%	小于30%
	重点意图区（重点高度控制区）	最低高度				24m	100m	20%-50%	30%-50%
	重点意图区（滨海特色控制区）	基准高度				30m	150m	大于50%	大于50%
	城市轴线（一级）	沿街立面	裙房高度			50m			
	城市轴线（二级）	沿街立面	裙房高度						
	地标门户	基底面积	最高/低高度	审核级别	建筑形式	100m			
城市公共空间体系	都市公共空间	广场面积	位置（中心/满铺/沿街）			150m			
	绿地公共空间	广场面积	位置（中心/满铺/沿街）						
	滨水公共空间	绿地/广场面积	位置（中心/满铺/沿街）			建筑肌理	建筑形式	屋顶形式	建筑材质
城市风貌体系	都市文化风貌区	屋顶色彩	墙体色彩	屋顶形式	建筑材质	行列式	综合体	平屋顶	石墙
	胶东居住风貌区	屋顶色彩	墙体色彩	屋顶形式	建筑材质	点式	门楼	坡屋顶	玻璃幕墙
	近代历史风貌区	屋顶色彩	墙体色彩	屋顶形式	建筑材质	联排式	塔庙	屋顶花园	砖混
	园区创智风貌区	屋顶色彩	墙体色彩	屋顶形式	建筑材质	自由式	雕塑		灰砖
	沿山低密风貌区	屋顶色彩	墙体色彩	屋顶形式	建筑材质		等		木构
	滨海特色风貌区	屋顶色彩	墙体色彩	屋顶形式					
城市眺望体系	鸟瞰视廊（一级）	海岸线遮挡率	山体遮挡率	天际线错落度		颜色			
	鸟瞰视廊（二级）	海岸线遮挡率	山体遮挡率	天际线错落度		白色			
	平眺视廊（滨海平眺）	天际线错落度	地标			暖灰色			
	平眺视廊（都市平眺）	街道高宽比				淡黄色			
	平眺视廊（观山平眺）	山体遮挡率				黄褐色			
城市街道体系	滨海街道	建筑后退线	建筑界面虚实比	街墙虚实比		淡蓝色			
	垂海街道	建筑后退线	建筑界面虚实比	街墙虚实比	植被颜色	砖红色			
	沿山街道	建筑后退线	建筑界面虚实比	街墙虚实比		淡灰色			
	景观大道	建筑后退线				深灰色			
通则	模式A	合院住宅				灰绿色			
	模式B	小进深花园住宅				蓝灰色			
	模式C	大进深花园住宅（四跃五）							
	模式D	大进深花园住宅（三跃四）							
	A级审核	市级规划部门组织专家评审会进行审核							
	B级审核	区级规划部门组织专家评审会进行审核							

图 6.10 "五城体系"内容、管控要素与控制指标

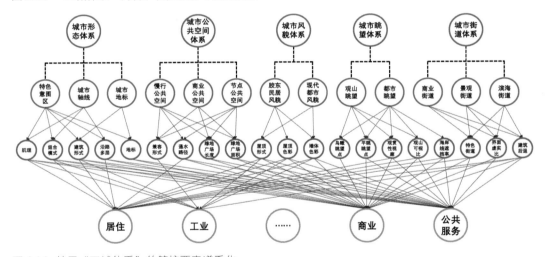

图 6.11 基于"五城体系"的管控要素谱系化

总体上看，基于"五城体系"的管控要素谱系化建构，基本能够满足威海日常城市设计管理需要，但若从全要素谱系建构视角对其进行重新审视，其中仍存在部分值得商榷与讨论反思的内容，主要包括以下几方面：

第一，管控要素缺项，内容不全。"五城体系"主要包含城市形态、公共空间、街道、眺望以及风貌体系等五大板块，基本能够涵盖城市设计管控的核心内容，实现对城市三维

空间形态的控制与引导。但随着管控价值导向的逐步多元化，管控对象与内容的增加成为必然，也是实现精细化管控的主要手段。"五城体系"建构中缺少对城市地下空间、立体慢行交通、用地功能混合度、地面交通组织与停车设施布局等方面内容的管控，从而造成了管控体系的缺项。威海作为海滨城市，在城市地下空间开发方面保持着较为审慎的态度，外加城市发展对于地下空间建设的需求不强烈，是导致要素谱系化建构时未纳入地下空间内容的主要原因。城市设计与控规所关注内容与要素的部分重叠，也是在体系建构时出现缺项的可能原因，如控规对于土地利用类型、停车设施配给等方面的重点关注，使得城市设计管控的可操作性较小，从而导致对该部分内容的忽略。其实城市设计与控规对于同一管控要素的关注重点是存在差异的，控规重点关注指标的合理性与规范性，而城市设计则更加具体化、场景化，从人本视角对要素展开特色化管控。如对街道功能业态的控制引导，纽约城市设计管控中为提升城市街道活力与交互性，会强制沿街设置以零售业为主的积极功能，并对建筑退线距离与街墙贴线率进行管控。城市设计管控中对于停车设施更多地关注流线组织以及对城市视觉景观影响等方面。

第二，谱系建构并未遵循管控构件法则。基于数字化平台的城市设计管控，需将最终落脚点聚焦于管控要素构件，通过计算机对管控构件的识别与空间计算而实现对其属性及空间关系的管理。正如本书前文中所论述与梳理的管控逻辑与要素谱系建构，可从中探究出威海数字化城市设计"五城体系"建构中存在的问题。主要表现在城市街道体系与景观风貌体系中，针对上述两体系的管控并无明确的管控要素与构件加以落实，其最终落脚点仍然为建筑形态、建筑色彩、建筑装饰、屋顶形式与色彩，以及沿街功能业态等，涉及的管控要素属于城市形态大类。因此可认为街道体系与风貌体系建构缺乏相应的管控要素支撑，进而导致两体系在管控规则编写时明显缺乏管控深度，更多地以结构性、定性描述为主，反之也证明未遵循管控构件法则可能带来的运作问题。

6.2.3 管理阶段：管控规则应用

管控型城市设计编制的最终目标是为后续管理、为实施型设计制定框架、明确方向；在城市设计全覆盖的基础上，通过对管控意图的凝练、提取、转译，通过谱系化、规则化、代码化、智能化的渐次流程，以确保设计意图无损传导至数字化平台之中，进而实现规划管理平台的全数字化、智能化，落实精细化管控要求。数字化平台的建构是建立在城市设计意图从宏观到微观有效传导、转译的基础上，并通过 GIS 平台实现对管控意图读取与测度的应用过程。

现实的管理需求是平台应用开发的目标导向之一，在目标与问题的双重价值导向下谋划平台应用场景，以增强平台实际应用价值，提升城市设计管理成效。最终形成空间基础沙盘系统、数字化辅助决策系统等"两大系统、多应用场景"的总体应用框架。数字化平台建设完成后，经过短暂的熟悉、培训，已经在威海的日常城市规划与设计管理中实现落地应用，总体来说能够有效提升日常管理效率，并提高城市设计管控的科学理性。

（1）城市设计管控意图数字化传导与转译

基于"五城体系"的管控要素谱系化、管控要点规则化、管控规则代码化以及管控代码智能化，是实现城市设计管控意图自上而下传导、转译的完整路径。首先，在总体城市设计阶段明确设计结构框架，进而在片区设计完成结构深化，谋划片区整体空间形态，最终落实到地块层面的精细化城市设计，完成设计阶段工作；再基于要素谱系化的编码管控、规则编制，在数字化平台中实现计算机辅助决策（图6.12）。

a. 总体设计结构框架　　　　b. 片区设计结构深化　　　　c. 片区整体形态谋划

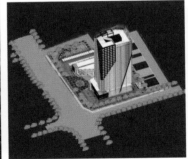
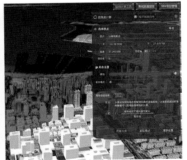

d. 地块精细城市设计　　　　e. 设计要素编码管控　　　　f. 计算机辅助决策

图 6.12 设计意图数字化自上而下传导转译路径

资料来源：南京东南大学城市规划设计研究院有限公司、上海数慧系统技术有限公司"威海数字化城市设计"项目文本

（2）城市设计管控规则智能应用

在上述管控意图传导与转译的逻辑下，以城市设计全覆盖方案设计为蓝本，进行城市设计管控规则编写，以落实"控下限"目标，在保证管控意图有效传导的前提下，为实施型设计保留空间与弹性。针对全威海中心市区的 16 个片区、63 个单元，以及 7512 个管

理地块、约 236 000 个建筑体量，共编写约 113 000 条智能规则，较为全面地落实了总体城市设计与详细城市设计意图。基于管控要素与规则的城市设计管理逻辑，主要通过规则数量、要素与规则内容以及规则强度等的变化，来实现对不同空间尺度（如宏观、中观、微观）、不同特色定位（如滨海地区、沿山地区、历史风貌保护区等）、不同能级地区（城市重点地区、城市一般地区等）的多目标、特色化管控。通常来看，重点地区涉及的管控要素与规则数量大、类型多、内容复杂，且刚性管控规则数量更多，一般地区以弹性引导为主；在需要进行特色化管控的地区，则主要基于规则内容的控制与引导，以实现空间的特色化塑造，如对历史风貌保护区内的建筑组合形式、建筑风格、色彩，乃至建筑外墙装饰、灰空间、植被绿化树种与色相等内容进行的控制引导，以实现整体风貌环境的协调统一。

从管控内容与层级来看，城市设计管控要素与谱系化建构可大致分为四个层级：首先确定"五城体系"，然后在其基础上明确需要管控的对象与内容，进而确定管控对象中需要具体管控的城市设计要素，最后确定各管控要素的控制指标，以便于计算机平台的精准测量与计算。如在城市形态体系中，需要对沿山低层带的重点意图区进行管控，在管控要素中需明确建筑最大高度、肌理形式等内容，进而在控制指标中明确限高 12 m、围合式院落肌理为主等控制指标。

平台的逐步智能化是未来发展的重要趋势，智能化的优势在于充分挖掘计算机数据处理与计算能力，有效地提升整体的工作效率与精准度。如结合威海城市特色与实际空间管理需要，可进行海岸线遮挡率的计算机智能测度（图 6.13）：首先选定海岸线遮挡率计算

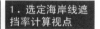

图 6.13 海岸线遮挡率计算机测度
资料来源：南京东南大学城市规划设计研究院有限公司、上海数慧系统技术有限公司"威海数字化城市设计"项目文本

视点；其次导入报建规划设计方案，针对所选视角进行海岸线遮挡率的智能测度；再次计算机对所选视点的视域范围进行自动分析与计算；最后计算机自动测度出视域范围内的可见区域，并计算出方案影响下的相应海岸线遮挡率，为规划管理决策提供理性支撑。实际需求孕育出应用场景，场景谋划也需要以需求与应用为导向，才能充分发挥数字化平台的实用价值。

6.3 威海城市设计管理应用场景

威海城市设计数字化平台的建构目标可分为三部分：首先，针对当下城市设计管理中存在的诸多问题与难点，谋求通过数字技术的支撑以更加有效地对城市三维空间进行管控，塑造城市整体空间形象；其次，通过人机互动协作，提升城市设计规划管理效率、强化与保障城市设计意图的传导与落实；最后，利用数字化平台集成的多源大数据进行耦合分析，探究城市内在运行机制。

数字化平台由1套标准规范、1个城市设计数据库及1套应用系统共同构成（图6.14）。标准规范主要包括城市设计的数字化谱系与数据库标准；城市设计数据库主要包括城市设计的二三维库、基础地理空间数据库以及规划编制空间数据库等；应用系统则由城市设计空间基础沙盘与辅助决策系统两部分组成。数字化平台在融合二三维数据的基础上，为多规合一、控规、其他多源大数据提供接口，强调平台的可扩展性，形成"业务＋技术"双轮驱动的八大特性；能够为设计单位、城市决策者、规划管理部门、公众等提供设计、审查、实施评估、公众参与等多方面的技术服务，推动城市设计成果的全链条数字化管理。

平台的应用功能主要可分为"看""查""用"三个方面（图6.15）。"看"主要

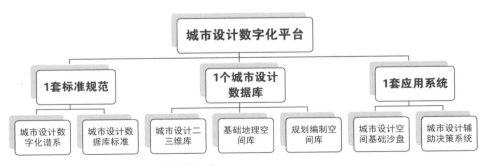

图 6.14 城市设计数字化平台功能构成示意

是对平台集成数据类型与图层的调取、查看，威海数字化平台建设将多规合一、控规、城市设计、城市风貌保护规划等相关数据都集成到同一系统之中，因此最终形成3大类、50多个图层的集成数据库（图6.16）。"查"主要为城市设计管控要素的属性查询，且可以通过计算机进行相对复杂的指标测度与计算，如数据属性查询、错落度计算、天际线生成

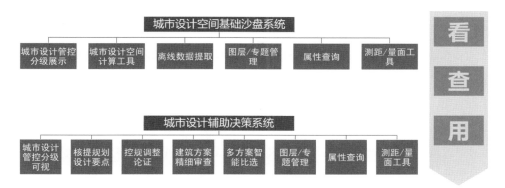

图 6.15 数字化平台应用功能分解构成

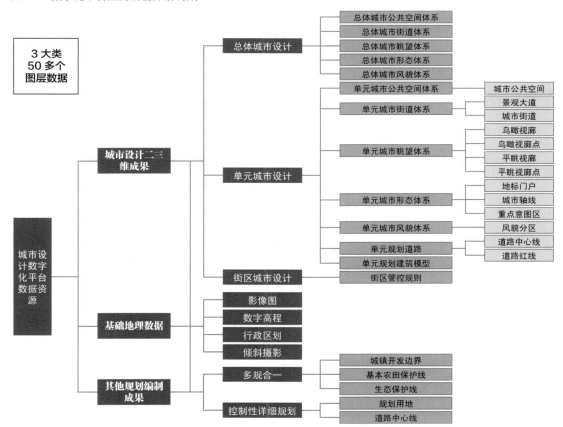

图 6.16 数字化平台集成数据库类型汇总

与分析等。"用"主要以实际管理需求为导向，有针对性地构建智能化应用场景，以提升规划管理工作的准确性与效率，从规划设计条件的生成，到报审方案的精细审查，再到多方案的智能比选，等等。

总体来说，威海城市设计数字化平台能够为城市设计日常管理提供高效辅助，在提高效率的同时也可提高管理的精细度、精准度，但平台建设仍处于探索阶段，对于计算机优势的挖掘还不充分，人工审查所占比重偏高；在计算机空间测度以及后续应用场景开发等方面仍需要依托实际管理需求进行更加深入而广泛的探索，以进一步完善平台优势，提升城市设计管控的科学理性。基于数字化平台的公众参与、协同设计与协同决策等应用场景，也需要在实际的管理工作中加以实践。

根据实际城市设计日常管理的流程优化需求（图6.17），按照程序化运作步骤，构建数字化平台六大应用场景，分别为设计管控的分级可视、控规调整的辅助审查、离线数据的一键提取、规划要点的智能生成、设计方案的精细审查、多个方案的智能比选，以便为日常城市设计管理全流程提供决策辅助与技术支撑。

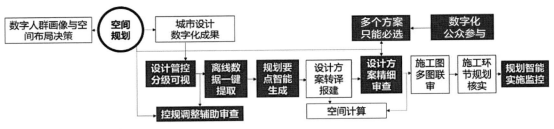

图6.17 城市设计日常管理流程图

6.3.1 设计管控的分级可视

城市设计成果的管理与利用是日常管理工作中需要重点应对的事项。传统的组织管理方式，或通过纸质文本，或零散地存储于硬盘中，不仅无法对其进行统筹管理，而且成果的利用难度较大。碎片化的管理方式容易出现遗漏、缺项、丢失等问题，"只见局部、未见整体"的隐患也同时存在。

数字化平台的集成化属性能够实现对城市设计成果的高效管理，结合成果的范围边界与地理空间坐标从而保证精准落位、成果挂接，为成果调取及有效使用奠定基础（图6.18）。城市设计管控意图主要通过图文并茂的形式加以表达，在数字化平台中主要表现为矢量化图纸与文字管控规则，两种形式都能够基于计算机进行管理、识别。

数字化平台集成、高效的管理方式能够有效建立宏观与微观管控意图间的联系，实现

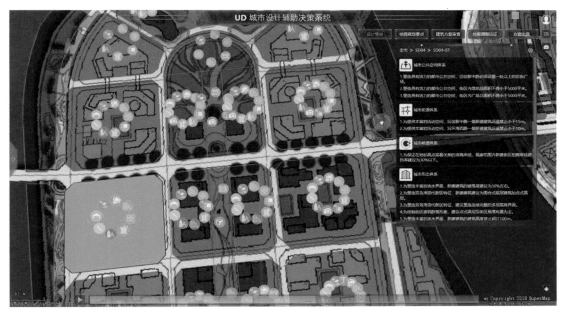

图 6.18 设计管控的分级可视
资料来源：南京东南大学城市规划设计研究院有限公司、上海数慧系统技术有限公司"威海数字化城市设计"项目文本
注：实现管控规则与地块的精准挂接，强化地块空间形态管控。

对管控意图的整体把握。结合空间区位可直观地查看城市设计数字化成果和管控要求，提取城市中任何一个空间管理单元或街区的数字化信息，包括宏观的上位规划、土地利用，中观的公共空间体系、城市街道体系、城市眺望体系，以及街区尺度的三维建筑形态等相关信息。通过"总体—单元—街区"多层级、多类型城市设计成果的无极缩放，使得城市设计管控要素与要求一目了然。

通过建立全尺度下的城市设计大模型，能够实现宏观、中观、微观层面的城市设计要素分级显示，以及不同空间尺度下城市设计意图的无损传导与联动。与传统方法相比，数字化平台整体的管理与利用成效、成果可读性与可视化等方面均具有明显优势。

6.3.2 控规调整的辅助审查

控规编制的局限性导致基于城市设计方案的控规调整成为日常规划管理中较为常见的控规调整类型。单纯从二维视角编制控规，而不纳入三维空间形态布局与谋划，在实际管理中常出现较大问题。作为法定规划的控规，用地类型与指标规模等与编制单元内的人口规模、设施配给等紧密相关，因此局部地块的方案调整会影响整个编制单元的指标配置。传统的控规调整方案论证需要对相关指标进行多轮人工的计算审查、反复校核，工作烦琐耗时。

在数字化平台的辅助下，通过平台的指标计算能够自动识别出城市设计指标与控规指标出现明显差异的地块，标识出需要进行调整论证的地块边界。基于数字化平台的控规调整辅助审查功能，可实现对控规调整方案进行基本信息、规划影响和设施影响等分析与评估，动态调整模型参数以分析不同情境下的影响结果，并自动生成初步论证报告，为业务人员进行控规调整论证提供辅助支撑。

6.3.3 离线数据的一键提取

在实际的城市设计日常管理工作中，政府部门经常需要提供给设计单位相关基础资料，以便于后续设计工作的有效开展。某片区由于发展条件变更，需要重新编制城市设计方案，规划管理部门需要给设计单位提供相关、上位的规划成果。如何将与该片区相关的大大小小、不同尺度、种类繁多的 37 个规划成果整理归纳出有用信息，一次性提供给设计单位？这是规划管理工作中遇到的重点与难点。

离线数据的一键提取是建立在城市设计成果有效管理的基础上，充分发挥数字化平台集成化特点，在平台建构过程中，结合实际规划管理工作需求，从多方视角综合评估，对既有城市设计成果内容进行有效信息的筛选、转译，并将相关规划需要落地与传导的管控要求与成果精准转译、录入平台，实现规划有效信息的集成与综合。在后续提供基础资料时，可在数字化平台中划定选取范围，平台将自动链接与所选取范围相关的规划成果，生成相关规划要求的 Word 文档与基础数字沙盘矢量 GIS 文件、CAD 文件等，并可一次性提交给城市设计单位。在新开展的城市设计编制过程中，以数字沙盘为基础的城市设计方案成果，包括过程与最终审查方案都需要录入平台并与地理空间坐标进行精准匹配，亦可实现数字化平台集成方案数据的动态维护与更新。

6.3.4 规划要点的智能生成

规划要点的出具在日常城市设计管理工作中扮演着重要角色，是城市规划管理的重要环节。在现行的城市规划体系下，作为法定规划的控规仍是土地开发管理的主要工具，规划要点仍以控规指标为基础，主要包括高度、密度、强度等相关指标。控规对于城市三维空间形态的管理与控制力度较小，管理方式简单粗暴，管控力度不强，易造成城市设计管控意图的衰减与缺失。与此同时，不同的规划类型与设计方案，在方案编制时的出发点与思考角度不尽相同，如何将多方案、多视角的管控要求进行凝练、总结，并落实到规划设计要点中，也是规划管理需要考虑的重要内容。

在数字化平台的构建过程中，通过专家学者、设计团队、规划管理部门、平台开发团队、市民公众等多方校核与协同决策，对需要管控的规划设计意图与管控要素进行梳理，将管控内容与规则条目进行细化，以实现对各个地块的精细化管控。通过计算机编码方式，赋予城市中的每个地块、建筑以独特身份 ID，并将管控要点精准链接到相应地块。在数据库中可以提取城市中任何一个空间管理单元或街区的数字化信息，因此在规划要点出具时，只需在数字化平台中选定某一特定出让地块，计算机将自动一键生成 Word 格式的设计要点文档。设计要点可以包括上位规划信息、土地使用性质、交通路网系统、三维建筑形态、历史文化遗存等传统控规指标；同时还增加了城市设计精细化管控要求，如对公共空间、建筑形态与风貌、景观廊道、地下空间分布、综合管廊布局、市政设施布局、公共停车场规模等方面的管控意图。

6.3.5 设计方案的精细审查

设计单位在已出具的规划要点要求下开展方案设计，并提供编制完成的方案成果至规划管理部门进行成果审查、校核，以确保审查方案符合设计要点中的相关要求。在传统的工作流程与方法应用中，报建成果需要经过多部门的会商审核，主要是通过人工审查的方式展开，对审查方案的指标、成果内容等进行计算校核。但考虑到相关专业管理人员的技术水平参差不齐，且人工审核工作量较大，容易产生遗漏和错误。

在充分发挥数字化平台计算优势的基础上，设计单位根据事先提供的数字化报建标准完成相关设计成果准备，并将成果提交给规划管理部门。审查方案基于标准数据格式、统一坐标体系等导入平台，能够实现方案在地理空间的精准落位。整个审查过程采用的是人机交互模式，既能发挥专业管理人员的技术水平，又能挖掘计算机在数据处理、计算方面的效率优势，大大提升审查过程的效率与精准度。计算机审查主要通过数字化平台的高速测算，对审查方案与提供的设计要点要求进行校核、比对，并实现精准报错。计算机审查的内容主要包括高度、面积、退线、错落度、可视域比值等可量化分析的测度指标。人工审查则主要基于规划管理人员的专业判断，对审查方案进行专业评判。人工审查的内容主要包括规划结构、通水路径、公共空间形状等相关内容。

在数字化平台建设中，针对设计方案的精细审查场景还采用了刚性与弹性相结合的审查模式，且通过可视化标签处理，以实现精准报错。对于审查方案违反刚性管控要点的情况，主要包括建筑高度、容积率、建筑退线等，数字化平台中会显示红色点状标记，标记点的数量与违反要点的数量相一致且能够精准落位到相应的建筑单体，甚至建筑构件。同理，对于违反弹性管控要点的情况，数字化平台中会显示黄色点状标记；当符合管控要点时，会显示绿色点状标记。通过对三种审核结果的可视化处理，能够精准、直观地展示审查结果。针对设计方案的审查结果，数字化平台将自动生成审查报告提交给报建方，以便于设计成果的后续调整、优化。经过多轮的上报、审查、反馈、调整全流程互动，最终实现设计方案的精细化审查与设计成果入库。

与传统规划审批模式相比，数字化平台具有两项突出的优势：一方面，它能够无限次地对设计方案（包括阶段性成果）进行对比及模拟评估，并提供反馈意见。数字化的审查平台能够有效保证设计不突破上位规划和城市设计确定的底线，使新的城市设计在协同的框架范围内进行创新。同时由于数字化城市平台中储存了海量的城市三维空间数据，是一种更全面更高维的多规合一平台，通过其强大的计算分析能力，可以有效预测设计对城市局部地区的影响以及可能产生的各种问题。比如局部地块开发强度过高导致交通拥堵和活动绿地供给不足，或者过高的建筑遮挡重要城市观山视廊，过大的体量破坏历史文化保护区内的建筑肌理等问题。另一方面，它能够全方位具体的推进设计方案的审查工作，使审查过程更加高效、综合、透明、规范。专家利用数字化平台对设计方案的初步评价意见，能够形成对设计方案全面系统的认识，减少很多重复性与基础性的调查核算工作，也减少了过于主观的判断过程。

6.3.6 多个方案的智能比选

在实际规划管理过程中，为了更加全面、综合、理性地对待城市特定片区或地块的开发建设，通常都会对其进行多轮规划方案的编制，试图从不同的规划视角，聘请不同专业规划团队来展开方案谋划，因此对编制的多方案进行比选也成为规划管理工作中的重要内容。传统做法通常是召开项目专家评审会，展示方式主要通过方案文本、多媒体、动画等成果形式逐一呈现，方案间的比对效果并不直观，成果制作亦可对设计方案扬长避短。此外，评审专家由于受到时间、精力等方面限制，只能简要地浏览比选方案的大致内容，无法做到精细化、深度把控。

数字化平台的分析支撑，能够为评审专家提供更加理性的决策基础。平台可采用多屏、同步展示的方式，对多个比选方案的整体空间形态、核心节点、重点片区等进行直观展示与比对（图6.19）。平台结合城市360°全息仿真场景，在充分展示各设计方案自身特点的同时，也能充分考虑其与周边地块间的相互关系，实现全方位展示。通过对多方案的测度与计算，平台将生成方案比对雷达矩阵图、体征报告等分析结果，对方案进行多角度、多方面内容的测度评估，如控规管控指标、城市设计管控要点等，并进行多方案的评价打分，为专家决策提供理性参考，实现多方案选择时的理性决策。

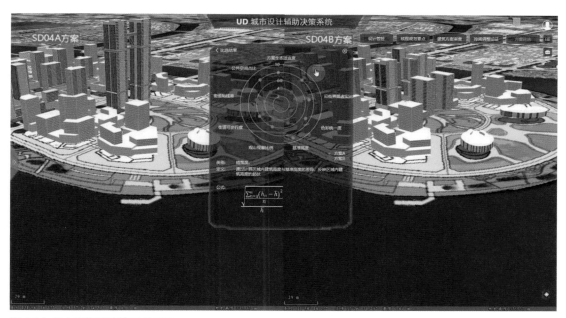

图 6.19 多方案智能比选场景展示
资料来源：南京东南大学城市规划设计研究院有限公司、上海数慧系统技术有限公司"威海数字化城市设计"项目文本

6.3.7 管理应用场景总结

在日常城市设计管理中，数字化平台的使用能够有效提升管理效率与精准性，同时扩展管控要素边界，实现更加精细化的管控目标。从设计管控的分级可视，到多个方案的智能比选，再到整条流程与多步骤的数字化升级，平台带来了优化提升与较之传统方式的比较优势（表 6.2），故而能在日常管理中发挥积极作用。

表 6.2 城市设计管控应用场景汇总

场景	传统方法	数字化平台	平台优势与改进
设计管控的分级可视	传统场景中对城市设计成果的管理利用成效较低，呈现出碎片化、局部性隐患	城市设计成果的高效管理、精准落位、成果挂接，实现多层级尺度下管控要素的分级显示、与管控意图的无损传导与联动	数字化平台在成果管理与利用成效、成果可读性、可视化等方面具有比较优势
控规调整的辅助审查	需要进行多轮人工的计算审查、反复校核，工作烦琐耗时	自动识别城市设计与控规指标的差异地块，可动态调整模型参数以分析不同情境下的影响结果，并自动生成初步论证报告	在数字化平台的支撑下，可大幅提高调整工作的推进效率，并可通过人机交互方法实现多情景模拟与讨论比对

场景	传统方法	数字化平台	平台优势与改进
离线数据的一键提取	需要从大量文本中查询相关规划要点，效率低下、费时费力（如大量文本图片、零散电子文件等）	在城市设计成果有效链接的前提下，在平台中进行点选或框选，自动生成相关资料包	成果有效管理、高效提取；可实现审查方案的精准匹配，与动态维护与更新
规划要点的智能生成	依托控规指标，逐个地块进行核对、出让规划要点，效率低下、费时费力；对城市三维空间管控能力不足	对规划要点进行规则化，在平台中实现管控规则与地块的精准挂接，通过点选或框选，可自动生成要点 Word 文件，并可加以编辑	管控规则的多元化能够满足综合管控需要，提高管理效率，可实现对地块的精细化、特色化管控
设计方案的精细审查	人工审查方式对方案进行计算校核，工作量较大，容易产生遗漏和错误	平台中精确落位，计算机审查测度并精准报错，红、黄、绿预警显示；进行空间指标分析以增强审查理性，并自动生成审查报告	刚性与弹性相结合、人机交互的审查模式，可提升审查效率与精准度
多个方案的智能比选	通过文本、多媒体、动画等形式逐一呈现，主要依据专家主观判断，缺乏精细化、深度把控	360°全息仿真场景展示，空间计算理性打分、同步双屏展示，为人为决策提供理性参考	平台具有直观展示、动态交互、仿真体验、空间测度辅助等内在优势，可提高多方案比选决策理性

随着平台建设与在实际工作中应用的开展，自 2019 年 4 月份以来，威海城市设计数字化平台共进行了三批次集中现场部署与试运行，试运行对象包括市自然资源和规划局各业务科室及各分局等。现场部署共解决问题 50 多个，进行了多次系统培训与反馈调研。在试运行期间，对华发四期（图 6.20）、恒大御龙天峰等实际项目进行数十次的方案审查及反馈修改，之前需要 15~20 个工作日的工作量，在借助数字化平台辅助的基础上，1~2 个工作日即能完成，大幅提升了规划管理部门的工作效率，同时审查结果更加准确而全面，真正满足威海实际情况，可用、好用、管用。

例如在九龙湾地块方案出让、审批过程中，利用数字化平台辅助决策，在开发商确定拍地成功后，受委托的设计单位到自然资源和规划局经济技术开发分局索取地块相关资料以及详细的规划设计要点，由于数字化平台中已经录入和集成了诸多的设计要求，因此只要选定九龙湾地块，平台即可自动链接，生成较为详尽的规划设计要点，在原有的控规指标基础上，新增精细化的城市设计管控要求。自动生成的要点文件为矢量化的 GIS 文件、可编辑的 Word 文件，便于规划管理工作人员、设计单位加以修改、使用，上述实际应用

图 6.20 华发四期方案审查中的数字化平台应用

资料来源：南京东南大学城市规划设计研究院有限公司、上海数慧系统技术有限公司"威海数字化城市设计"项目文本

场景即为平台的相关规划的要求核提、规划要点的智能生成两大智能化应用。在设计单位按照事先要求的成果编制标准完成设计成果，并提交规划管理部门审查后，即进入方案报批与审查阶段。利用数字化平台辅助，可以实现设计方案的无缝精准落位，平台自动审查80 余项管控要点，保证精准无遗漏；同时通过人机交互机制，留有 30% 的人工审查指标，保持规划的弹性管控。方案在经过多轮的审查、反馈、修改后，最终符合全部规划要点要求，并将最终成果入库，完成一整套土地出让、方案审批的管理流程。据威海自然资源和规划局各分局统计，之前每个土地出让和项目审批中需要阅读几十个规划设计文本来提炼规划要点，审核各项软硬指标，庞大工作量需要 2 个以上工作日来处理，在数字化平台中5 分钟即能完成，大幅提升了规划管理部门的工作效率，同时审查结果更加准确、全面。

总体来看，威海城市设计数字化平台依托数字化技术与方法，有效实现了从设计到管理的无损传导，将静态三维空间设计蓝图转译为智能化管控规则，将城市设计对空间品质提升的各项要求真正落实到管理层面，是数字化技术在城市规划与设计管理领域的一次重要探索，对于城市设计管理的转型与提升具有重要现实意义。

在前文理论阐述与方法介绍的基础上，本章通过威海数字化城市设计实践探索以验证应用逻辑的有效性。总体来看，威海实践是相对特殊的项目探索经历，其特殊性在于整个过程的内容不仅涵盖规建管全流程、宏观至微观的全尺度，还能以其为依托开展城市设计管控中数字化技术方法的应用尝试，搭建数字化方法全流程应用的整体框架。

从现状分析，到总体城市设计，再到城市设计全覆盖以及城市设计数字化管理平台的建设与实际管理应用，能在威海实践中，基于清晰的运作脉络一次性实现城市设计管控全流程探索实属难得。从宏观到微观、从系统到局部、从设计到管理的传导与整合历来是城市设计管控研究的主要内容。威海实践中稳定的设计团队、多专业协同设计、多部门协同决策等手段策略，为梳理整体运作脉络并保障工作开展奠定良好基础，威海政府部门提供的大力支持也是促进实践有效展开的必要条件。项目运作以政府部门、城市设计团队为核心主干，整合建筑、交通、产业、生态景观、历史、大数据分析、平台软件服务商以及地方设计团队等，共同为优化城市设计方案、保障城市设计管控落实提供助力。稳定的主干团队为城市设计管控意图明确、方案制定、意图转译等工作开展打下坚实基础。

城市设计管控意图从总体层面向地块层面的传导落实、细化深化，是实现科学理性、精细化管控的基础。基于管控要素谱系化建构的"五城体系"成为意图传导的重要抓手，而数字化平台的建设也是在此建构逻辑基础上的应用拓展。数字化技术的应用在威海实践中特征与作用明显，从设计阶段一直延伸至平台建设与日常管理阶段，在城市设计管控的设计、控制与管理阶段都扮演着重要角色。随着数字化平台的建设与实际应用，其能大幅提升威海城市设计日常管理的工作效率与精准程度，多源异构、多部门数据的有效集成也成为主体间开展协同决策的沟通平台，具有重要的实践探索价值。

参考文献

[1] 杨俊宴 . 总体城市设计的实施策略研究 [J]. 城市规划，2020, 44(7): 59-72.

[2] 王世福 . 城市设计建构具有公共审美价值空间范型思考 [J]. 城市规划，2013, 37(3): 21-25.

·结 语·

CONCLUSION

7.1 概要回顾

城市设计管控作为政府干预城市空间发展与建设的重要手段，在城市空间环境塑造中发挥着越来越重要的作用，彰显出明显的公共政策属性。我国的城市设计管控在充分借鉴欧美经验的基础上，取得了长足进步，也根据自身特点与需求展开了地方化探索，基本能够实现对城市三维空间形态的有效管控与意图落实。但面对复杂多变的市场环境、动态化管控实际需求、城市空间治理的综合价值导向，以及精细化、高品质建设的营建目标等条件与诉求变化，需要寻求更加科学理性、综合有效、便捷高效的管控方法加以应对。数字化时代的来临为城市设计运作全流程的数字化变革带来历史发展机遇，从数据采集、设计分析、成果表达，到设计管理、实施评估以及设计监测等全流程，都能够实现基于数字化技术的优化提升，这也成为本书论述的主要方向，即探讨基于数字化技术的城市设计管控机制与方法的变革。

城市设计管控历来是城市规划师、规划管理部门所关注的重点，城市设计成果如何真正有效地落实到规划管理之中，也是学界与业界一直在探索的主要方向。由于长期以来我国城市设计的非法定地位，城市建设管理主要基于法定的控制性详细规划展开，通过间接的用地指标对三维空间形态实施管理，进而导致城市建设中在空间形态塑造方面出现了多样化问题。《城市设计管理办法》的发布实施，为理顺城市设计与法定规划体系间的关系，促进城市设计意图的有效落实提供了制度保障。在理清制度框架的同时，新技术、新方法的应用也为推动城市设计管控明确了方向，制度创新与技术革新成为带动其发展的双重动力。伴随着科学技术的飞速发展，尤其以大数据、云计算、地理空间分析、人工智能等新技术的涌现，数字技术革新为城市三维空间管理提供了强大工具。借助数字技术的支撑，通过对多源大数据的集成，构建数字化平台，可探讨城市设计的管控与实施新逻辑。

随着我国城市空间建设目标体系的逐渐丰富，城市设计管控也经历了从空间弱管控，到空间强管控，再到多视角综合管控的发展迭代，未来的城市设计管控将成为城市空间治理的重要手段。城市设计管控的空间直接性能够有效弥补控规基于用地指标的间接管控弊端，通过对管控要素的直接、具体设计与引导，从而实现对空间环境的精细化营造。从管控流程视角看，可将城市设计管控切分为设计、控制与管理三大阶段，各阶段都包含着不同的工作重点与特征属性。设计阶段通过精细化的协同设计以确定城市设计管控意图，属于管控意图梳理与制定阶段；控制阶段的工作重点在于对设计意图进行凝练、归纳并将其转译为管理语言，是管控意图凝练与转译阶段；管理阶段强调对城市设计管控意图的落实、反馈与实施，属于管控意图的实施与反馈阶段。三阶段相互配合，共同实现从城市空间谋划到指导实施建设的城市设计管控全流程。

决策理论为重新认知城市设计管控提供了新视角，"有限理性说"与"过程决策说"清晰地阐述了管控运作的内涵价值，并明确提出依托计算机开展城市设计管控辅助决策，建构人机交互的"双通道"管控机制，实现基于数字化平台的设计意图自上而下传导，以及管控要素管理的自下而上归集。数字化平台的建设与应用不仅与管控技术机制密切相关，同时还与管控治理机制联系紧密，彰显出城市设计管控的专业技术与行政管理属性。以数字化技术应用为导向的城市设计管控，需要在当前相对成熟的管控理论与方法基础上进行调整优化，以适应计算机管理需要。城市设计管控意图的传导、转译与空间要素审查测度，是利用数字化平台开展管控运作的先决条件，也是实现平台建设、管理与应用的基础。

在统筹考虑既有城市设计管控逻辑与方法的前提下，本书提出基于城市设计管控要素的"构件法则"建构逻辑，通过对开发地块与要素构件的层级编码，能够实现以开发地块为基本单元的管控要素及构件组织与空间管理，并以此为基础对数字化平台的整体框架及建构逻辑进行梳理。在城市设计管控视角，管控要素构件是形成与塑造城市物质空间环境的最小单位，通过对要素构件的属性管理、空间关系测度等，能够从底层视角对整体空间形态进行管理与谋划。以此逻辑为基础所形成的管控要素谱系化建构、管控意图规则化、管控规则代码化，以及管控代码智能化应用是平台建构的核心主脉。与此同时，平台建设还需要依赖多样化技术方法的支撑，包括多源数据采集与集成、数据标准与数据库管理、大数据耦合分析与反馈交互、计算机空间分析与计算、人工智能模拟预测、多通道的人机交互媒介，以及数字化平台的三维空间可视化等。

实际应用是平台建设的出发点与落脚点，智能化是平台发展的目标导向。数字化技术的应用能够为城市空间数字治理提供手段，数字化平台在管控治理中能够重塑治理机制，强化专业技术管理，推动跨部门、多主体间的协同治理，推进民主决策进程，实现对层级化政府权力的分解，并强化日常管理的程序化决策且实现管理效率的有效提升。能够为应对当前城市设计管控中的现实问题，基于问题与目标双重导向以谋划数字化平台应用场景，能够为城市设计日常人机交互管理、多主体协同决策、数字化公众参与，以及基于数字化平台的管控实施评估与监测反馈等应用提供科学理性辅助与技术支撑。

最后本书以威海数字化城市设计实践探索为案例，以验证整体逻辑与框架的有效性。威海实践有其特殊性，能够基于单次实践实现城市设计运作从宏观到微观、从系统到局部、从设计到管理的传导与整合，也为探索基于数字化平台的城市设计管控提供了试验场。威海实践通过宏观层面的总体城市设计、中微观层面的城市设计全覆盖，以及管理层面的城市设计数字化平台建构"三部曲"，寻求城市设计管控的三阶段：设计、控制与管理的有效衔接与转译，并进一步验证与改进城市设计数字化管控的理论架构与方法应用。数字化平台的建设与使用为威海城市设计日常管理效率与科学理性的提升带来明显改善，多元主体间协同决策沟通平台的应用角色彰显，具有重要的实践探索价值。

总体来说，本书主要通过对城市设计管控的理论思辨奠定数字化管控探索基础，并从决策理论视角强化计算机应用的理论价值，通过对城市设计管控技术机制与方法、管控治理机制与方法等内容的详细阐述，明确数字化平台从建构逻辑、建构流程、技术方法支撑、核心主干脉络以及应用场景谋划等方面内容，并以威海实践为主体以验证整体应用逻辑的有效性与可行性，进而形成本书论述的整体框架与脉络。

本书的总体研究思路遵循理论到实践、机制到方法、概念到应用的论述逻辑，通过对城市设计管控的理论思辨，结合现状问题、发展目标以及时代特征等综合因素考虑，明确管控中涉及的多元主体与客体，梳理城市设计管控的发展演替规律，阐明数字化时代背景下技术革新为其带来的重大发展机遇。决策理论与数字治理框架为数字化平台的建设与应用指明方向，技术机制与管理机制成为数字化平台建设的两条主线。技术方法的应用为数字化平台的有效运转提供支撑，管理场景则是平台实际使用的主要载体，两者相辅相成、互为统一。在两条主脉的体系框架下，寻求数字化平台从建构逻辑、建构流程、技术应用、日常管理等方面内涵。最后基于威海数字化城市设计与国内外既有平台建设案例，以佐证本书整体的论述逻辑与脉络。

7.2 研究结论

城市设计的实践与应用形态决定了对城市设计管控进行深入研究探讨的价值，在实践层面，整个工作开展的根本逻辑还在于"有用、好用"，使得最终编制的城市设计成果能够有效指导后续开发建设，并落实设计意图，营造人本活力与高品质的人居空间环境。也正是在此实用主义思想的引导下，并结合当下数字时代的特征、现状管控所遇到的问题等基础，本书试图寻求基于数字化技术与方法，建立高效、实用、智能、民主的城市设计管控"工具"与"平台"，为推动城市三维空间的数字治理贡献自身力量。数字化平台的建设是对既有管控逻辑与方法的拓展，也是数字化时代背景下发展的必然趋势。城市设计管控在技术与制度创新的"双轮驱动"下，不断发展并实现迭代演替，而本书讨论的重点在于以数字化平台为代表的数字化技术应用对城市设计管控所产生的影响，包括机制、方法以及应用等方面内容。通过全文的研究阐述，可得出以下主要结论：

（1）明确城市设计管控属性特征与发展迭代历程

正如前文所说，技术与制度在城市设计管控中扮演着重要角色，技术进步与制度完善都能够实现城市设计管控的有效运作。自城市设计引入我国，到当前如火如荼地开展，其发挥的作用、重要性、实效性等均有了明显改善，从最初的空间弱管控，到空间强管控，再到当前的多视角综合管控，推动城市设计管控向城市空间综合治理方向发展。社会的进步、人们生活水平的提升、城镇化特征的转变等，都对城市空间环境建设提出了更高要求，精细化管控、精细化治理成为城市建设的明确目标。城市设计管控的空间直接性促使其成为营造高品质城市空间环境的重要手段，进而实现空间环境建设的多元、综合价值。

（2）基于决策理论视角提出计算机辅助城市设计管控的必要性与机制方法

决策理论框架下的"有限理性说"与"过程决策说"，都可依托计算机与数字化方法的应用而实现更科学、更高效的运作。决策理论认为计算机的使用能够有效优化组织的管理与决策行为，尤其是在当下数字化时代背景下，城市设计管控的数字化探索成为必然选择。数字化技术的应用与实现，需要依托与之匹配的逻辑机制与技术方法，同时新技术的革新势必会带来管理体制方面的优化与变革。通过对既有管控逻辑的梳理调整，明确基于数字化平台的城市设计管控意图传导与反馈、转译机制是实现依托平台进行管控的主要脉络，也是实现计算机空间测度与模拟预测的重要基础。

（3）明确以管控要素"构件法则"为依托，建构谱系化、规则化、代码化以及智能化的城市设计意图传导、转译与应用主脉络，并以此为基础实现数字化平台建设

为匹配计算机组织与管理需求，本书最终确定以管控要素逻辑展开数字化平台核心脉络搭建，明确管控要素"构件法则"，通过计算机对要素构件的属性管理与空间关系测度，以实现基于数字化平台的城市设计管控。管控要素谱系化、管控要点规则化、管控规则代码化、管控代码智能化等程序步骤所形成的核心主脉，是实现城市设计意图数字化、传导与反馈、转译与应用的重要支撑。在此基础上谋划数字化平台的建构逻辑与流程，其间还涉及数据标准与数据库管理、数据集成与基础沙盘建构、空间分析与计算方法应用、多源大数据耦合分析与预测、二三维一体化联动等技术方法的支撑，以实现数字化平台的有效运作与辅助决策。

（4）落实数字化平台的管控治理前景与应用场景谋划

数字化平台的建设初衷是以现实管理需求为导向的，实际应用是平台建设的首要目标。城市设计管控作为政府干预城市空间发展的手段，具有公共政策属性，政府部门的行政管理影响在其中占据明显地位。平台应用在实现技术创新的基础上，也会对既有的管控治理路径与行为产生积极影响，如提高整体运作效率，提升管理的科学理性与精准性，促进多部门与多主体间的协同决策，等等。我国当前的城市设计管控运作仍需要寻求与法定规划体系间的协同，通过纳入法定规划以获得法律效力，整体运作流程呈现出程序性特征。本书在梳理既有流程基础上，明确数字化平台在日常管理中的六大应用场景，以优化日常管理路径。本书同时还探讨了数字化平台在多主体与多部门协同决策、全流程数字化公众参与，以及管控实施评估与监测反馈等方面的应用可能性与潜在优势，为有效推动城市空间综合治理工作开展提供新方向、新机制、新方法。

平台应用是落脚点，数字化平台的应用场景谋划强调实际接轨、多元集成、智慧效用，应用场景的有效开展是建立在计算机对管控要素构件进行识别、组织与空间计算基础上，"水面"之上的交互场景需要"水下"的技术支撑。应用场景的谋划是满足现状需求，并引导未来需求的过程，系统化的应用场景能够为城市设计管控带来积极影响，提升工作效率，优化管理程序，促进协同决策，推动理性分析，实现动态管理，等等，因此可认为应用场景的谋划是数字化平台实际应用的集群化创新。

近年来，数字化技术在城市空间治理中的探索与应用正重新展开，借助人工智能、大数据、移动互联网等新兴技术的发展，数字化城市设计正迎来新的重大发展机遇。时代大潮推动着新技术、新方法的不断涌现与应用，为城市空间数字治理提供多样化可能。为应对现状问题，寻求基于数字化技术的城市设计管控意图无损传导，实现城市空间高品质建设综合目标而开展相关研究，因此本书可认为是笔者结合自身认知与实践工作经验，对当前数字化趋势所作的回应、尝试与探索，也可为后续工作开展提供讨论与参考，以共同推动城市设计数字化变革、城市空间数字治理发展进程。

　　智能化是平台建设自始至终所追求的目标，平台需要通过智能化逐步摆脱当前重在数据集成与三维可视化的"窘境"，在城市设计管控中承担更加重要的工作，充分发挥计算机自身优势，实现高效、理性的人机交互决策。未来发展中平台建设亟须加强智能感知、科学评估与精准预测能力，依托人工智能与机器学习技术的应用，实现平台"智能化"水平的不断提升。2017年国务院印发的《新一代人工智能发展规划》，明确提出了以人工智能"推进城市规划、建设、管理、运营全生命周期智能化"的要求，也为数字化平台的智能化发展奠定了基调，因此平台建设的智能化成为后续工作开展与探索的重点方向。

　　城市设计数字化平台的建构可认为是未来智慧城市建设的数字空间基础，平台本身具有良好的可扩展性，随着人工智能与机器学习等技术在城市研究层面的广泛应用，更加广泛的多源大数据接入，使得数字化平台本身的应用场景将成倍增加。物联网时代的来临，数字孪生城市建设逐步完善，虚拟数字空间的全息模拟、有效反馈、模拟预测，能够为城市物质空间环境营造提供强大技术支撑，科学探索城市内在发展规律，实现数字化平台的功能与应用拓展，从而逐步向城市空间治理平台、智慧城市平台演变。

·附录·

附录

附录 A 典型城市设计管控要素与分类标准梳理

对城市设计管控要素的分类与梳理，是本书研究开展与数字化平台建构的重要内涵，通过对当前国内外较为成熟的分类方式及标准的总结，能够为本书工作开展奠定良好基础，主要包括上海附加图则控制指标（表附录 1）、纽约城市设计管控要素（表附录 2），以及武汉分类标准（图附录 1）等。

表附录 1 上海附加图则控制指标一览表

分类		公共活动中心区			历史风貌地区			重要滨水区与风景区		交通枢纽地区		
控制指标 / 分级		一级	二级	三级	一级	二级	三级	一级	二/三级	一级	二级	三级
建筑形态	建筑高度	●	●	●	●	●	●	●	●	●	●	●
	屋顶形式	○	○	○	●	●	●	○	○	○	○	○
	建筑材质	○	○	○	●	●	●	○	○	○	○	○
	建筑色彩	○	○	○	●	●	●	○	○	○	○	○
	连通道 *	●	●	●	○	○	○	○	○	●	●	●
	骑楼 *	●	●	●	○	○	○	○	○	○	○	○
	标志性建筑位置 *	●	●	●	○	○	○	●	○	●	●	●
	建筑保护与更新	○	○	○	●	●	●	○	○	○	○	○
公共空间	建筑控制线	●	●	●	●	●	●	●	●	●	●	●
	贴线率	●	●	●	●	●	●	●	●	●	●	●
	公共通道 *	●	●	●	●	●	●	●	●	●	●	●
	地块内部广场范围 *	●	●	●	●	○	○	○	○	●	●	●
	建筑密度	○	○	○	●	●	●	○	○	○	○	○
	滨水岸线形式 *	●	●	●	○	○	○	●	●	○	○	○
道路交通	机动车出入口	●	●	●	○	○	○	●	●	●	●	●
	公共停车位	●	●	●	○	○	○	●	●	●	●	●
	特殊道路断面形式 *	●	●	●	○	○	○	●	●	●	●	●
	慢行交通优先区 *	●	●	●	○	○	○	●	●	●	●	●
地下空间	地下空间建设范围	●	●	●	○	○	○	○	○	●	●	●
	开发深度与分层	●	●	●	○	○	○	○	○	●	●	●
	地下建筑主导功能	●	●	●	○	○	○	○	○	●	●	●
	地下建筑量	●	○	○	○	○	○	○	○	●	●	●
	地下连通道	●	●	○	○	○	○	●	○	●	●	●
	下沉广场位置 *	●	○	○	○	○	○	○	○	●	●	○

续表

分类		公共活动中心区			历史风貌地区			重要滨水区与风景区		交通枢纽地区		
生态环境	绿地率	○	○	○	○	○	○	●	●	○	○	○
	地块内部绿化范围 *	●	○	○	●	●	○	○	○	○	○	○
	生态廊道 *	○	○	○	○	○	○	●	○	○	○	○
	地块水面率 *	○	○	○	○	○	○	●	○	○	○	○

资料来源：《上海市控制性详细规划技术准则》

注：①"●"为必选控制指标；"○"为可选控制指标。②带"*"的控制指标仅在城市设计区域出现该种空间要素时进行控制。

表附录 2 纽约城市设计管控要素

分类		内容
步行道设计	步行道尺度	分区规划中的城市设计规范不涉及车行道空间，步行道的拓宽根据建筑退线的要求来实现
	步行道交互程度	积极型：有街墙及街墙部分的建筑功能。在规范鼓励交互性与活跃度的街道，会限制非积极功能（如办公楼、酒店、住宅入口及大堂），强制以零售业为主的积极功能 消极型：无沿街商业及其他公共服务界面，若要求建筑有整体退线，则退线区域要求有绿化将建筑与城市步行道进行隔离
	步行道设施	包括绿化、休息座椅、地图标识、路灯等公共设施。对于人流量大的街道，规范要求存在一定量的设施，并以不影响步行通行空间及车行道使用为前提，限定其空间位置及尺度
城市广场设计	公共城市广场	公共广场的可达性（包括人、自行车和残障人士）、设施（路灯、绿化、可移动及固定桌椅）、广场铺装
	城市滨水空间	水岸空间的可达性，码头、栈道等水中设施的开放性、功能性及空间尺度。城市中对水系的视线可达性，周边可建设街区与水岸及滨水公共空间之间的联系
公共交通设施设计	轨道交通连接与入口	当开发用地地下存在轨道交通站点时，城市设计管控联合大都会运输署（Metropolitan Transit Authority, MTA），规范轨道交通站点连接的方式、站点出入口的尺度及设计细节
	公交站点	公交站点设立在城市公共空间的步行道上，城市设计规范其与步行空间的相互关系，以及公交站点本身的设施（雨棚、照明、座椅、信息）
	城市公共自行车站点	城市公共自行车站点设立在城市公共空间的步行道或车行道上，城市设计管控联合纽约市交通局（Department Of Transportation, DOT），规范其与步行空间或车行空间的相互关系

分类		内容
私人拥有的公共空间设计（Privately Owned Public Space，POPS）	街角广场	室外公共广场，城市设计规范其位置、尺度、可达性及其相关设施
	柱廊	只在某些特定区域鼓励或允许出现柱廊，廊下为公共空间，城市设计规范其尺度（高、深、沿街比例、与建筑入口的关系）
	室内通道	在某些大街区的特殊区域，以奖励型规划的方式，鼓励连接不同街道或穿越整个街区的室内通道。城市设计规范其空间尺度及出入口关系
	室内公共空间	作为城市公共空间的一部分，城市设计规范室内公共空间的位置、空间尺度、可达性、与建筑其他出入口的关系和内部设施
建筑体量设计	街墙	街墙是指建筑面对城市街道，非塔楼部分的建筑墙面。为保证城市风貌的整体性，城市设计在特定区域规范街墙的沿线率、街墙高度以及街墙是否可以／必须进行一定的退线
	塔楼	塔楼指建筑基座上部空间。城市设计要求塔楼必须进行一定的退距，并且随着塔楼高度的增加，退缩距离逐渐增加（天空曝光面）。同时规范塔楼的最大体量、塔楼高度及塔楼与周边建筑的关系
	出入口	建筑沿街面出入口的数量、位置、宽度、高度以及退进深度
	门窗及装饰	在特殊目的区及特殊风貌区，城市设计与历史保护条例共同要求改造或新建建设的门窗及装饰（包括阳台、建筑装饰线等）与周边环境一致
	标识	标识的数量、高度及形象。在特殊区域（如特定目的区），规范强制要求建筑设立符合一定尺度与设计要求的标识系统

资料来源: 上海市规划和国土资源管理局，上海市规划编审中心，上海市城市规划设计研究院. 城市设计的管控方法: 上海市控制性详细规划附加图则的实践 [M]. 上海: 同济大学出版社，2018.

图附录 1 武汉城市设计核心管控要素生成过程

资料来源：姜梅，姜涛 . 武汉市城市设计核心管控要素库研究 [J]. 规划师，2017，33(3)：57-62.

附录 B 管控要素谱系化

管控要素谱系化作为数字化平台建构流程中的核心环节，对城市设计意图的传导与转译具有重要意义。本书依据最小管控要素构件原则，以物质要素为最终落脚点，并展开要素谱系化建构，最终罗列出 5 大体系、29 条管控内容、94 个最小管控要素的整体框架，奠定数字化平台全要素管控基础，具体内容如下：

表附录 3 公共空间体系管控内容

谱系	管控内容	管控要素（区分刚弹）	具体管控指标（示例）
公共空间体系	环境小品设施	植被种类	灌木名称、乔木名称等
		地面铺装	大理石、瓷砖等
		绿化比例	25%、30% 等
		城市家具位置	沿路、沿建筑等
		城市家具形式（包含遮阳、避雨设施）	遮阳设施、避雨设施等
	公共通道	公共通道的数量	1 条、2 条等
		公共通道端口形式	—
		公共通道宽度	10 m、15 m 等
	绿地 / 广场	绿地 / 广场设置	是、否
		绿地 / 广场位置	—
		绿地广场类型	街头绿地、社区公园等
		绿地 / 广场数量	—
		绿地 / 广场面积	200 m^2 等
		绿地 / 广场宽度	10 m、15 m 等
		绿地 / 广场长度	20 m、30 m 等
		绿地 / 广场入口	1 个、2 个等
	特色文化空间	特色文化空间位置	—
		特色文化空间类型	—
		特色文化空间连接路径	

表附录 4 交通慢行体系管控内容

谱系	管控内容	管控要素（区分刚弹）	具体管控指标（示例）
交通慢行体系	通水路径	通水路径数量	1 条、2 条等
		通水路径宽度	5 m、10 m 等
	山前空间	与通山路径的衔接位置	—
		与通山路径的衔接形式	—
	通山路径	通山路径数量	1 条、2 条等
		通山路径宽度	5 m、10 m 等
	滨水空间	滨水岸线类型	—
		滨水步道设置	是、否
		滨水步道宽度	5 m、10 m 等
	慢性骑行路径	慢性骑行路径设置	是、否
		慢性骑行路径位置	—
		慢性骑行路径形式	空中、地下等
		慢性骑行路径宽度	5 m、10 m 等
	人行天桥	人行天桥设置	是、否
		人行天桥端口位置	—
		人行天桥宽度	3 m、5 m 等
	二层连廊	二层连廊设置	是、否
		二层连廊连接位置	—
		二层连廊宽度	5 m、10 m 等
	垂直交通节点	垂直交通设置	是、否
		垂直交通位置	—
		垂直交通数量	1 个、2 个等

表附录 5 建筑形态与风貌体系管控内容

谱系	管控内容	管控要素（区分刚弹）	具体管控指标（示例）
建筑形态与风貌体系	建筑群体组合	肌理	行列式、围合式等
		组合方式	合院住宅等
		建议容积率	具体数值
	建筑后退	建筑退线	根据规定的具体数值
		轴线建筑退线	根据规定的具体数值
	建筑控高	限高	根据规定的具体数值
		限低	根据规定的具体数值
		错落度	20%、30% 等
	高层建筑	高层建筑数量	1 个、2 个等
		高层建筑高度	50 m、80 m 等
		塔楼楼层面积	根据规定的具体数值
		裙房基底面积	根据规定的具体数值
	标志性建筑	标志性建筑位置	—
		标志性建筑高度	根据规定的具体数值
		标志性建筑墙体颜色	冷灰、暖黄等
		标志性建筑形式	—
		标志性建筑基底面积	根据规定的具体数值
	建筑功能	建筑业态类型	—
	建筑界面	建筑立面形式	玻璃幕墙等
		建筑墙体色彩	冷灰、暖黄等
		建筑材质	砖、木等
		建筑屋顶形式	坡屋顶、平屋顶等
		建筑屋顶色彩	冷灰、暖黄等
		建筑界面虚实比	20%、30% 等
		建筑界面贴线率	50%、60% 等
		沿面多层高度	4 m、8 m、12 m 等
		沿面多层长度	50 m、60 m、70 m 等
		沿面多层形式	底商等

表附录 6 景观眺望体系管控内容

谱系	管控内容	管控要素（区分刚弹）	具体管控指标（示例）
景观眺望体系	鸟瞰眺望点	鸟瞰眺望点位置	是、否
		鸟瞰眺望点面积	$100\,m^2$、$200\,m^2$ 等
	平眺眺望点	平眺眺望点位置	是、否
		平眺眺望点面积	$100\,m^2$、$200\,m^2$ 等
	视线通廊	视线通廊位置	—
		视线通廊宽度	$10\,m$、$20\,m$ 等
		公共空间箱体	—
	望山视廊	观山可视比	70%、80% 等
		山体遮挡率	15%、10% 等
	观海视廊	海岸线遮挡率	15%、10% 等
	城市天际线	天际线轮廓度	30%、40% 等

表附录 7 地下空间体系管控内容

谱系	管控内容	管控要素（区分刚弹）	具体管控指标（示例）
地下空间体系	地下开发空间	地下开发空间位置	—
		地下开发空间面积	根据设计的具体数值
		地下开发空间业态	—
	垂直转换节点	垂直转换节点设置	是、否
		垂直转换节点数量	1 个、2 个等
		垂直转换节点位置	—
	地下公共步行通道	地下步行通道设置	是、否
		地下步行通道位置	—
		地下步行通道宽度	根据设计的具体数值
		地下步行通道端口位置	—
	地下车行道	地下车行通道设置	是、否
		地下车行通道位置	—
		地下车行通道宽度	根据设计的具体数值
		地下车行通道端口位置	—

附录 C 城市设计管控规则配置示例

表附录 8 管控规则配置表示例（节选）

UNIT CODE	STREET CODE	RULE CLASS	CONTROL CLASS	CONTROL INDICATOR	NAME	PARAMETERS	对象 A	约束	对象 B	空间关系
CMZ03	CMZ03-16-02	城市街道体系	自定义模型约束	建筑后退	为提供丰富的活动空间，沿舟山路建筑高度24m以上的新建建筑高度每增加5m后退距离建议在10m的基础上增加1m		{"name":"JZMX_QT","ands":[],"ors":[]}	{"ands":[{"type":"property-expression","formula":"VOID","property":"Measure_IncreaseBackLine","propertyAlias":"DY_DLZX_LN","dataType":"LINE","nature":"建筑高度24m以上的新建建筑的建筑高度每增加1m，在10m的基础上增加1m","values":[24,10,5,1],"filters":{"ands":[{"type":"property","formula":"EQ","property":"DLMC","propertyAlias":"道路名称","dataType":"STRING","nature":"道路名称为舟山路","values":["舟山路"]}]}}],"ors":[]}	{"Name":null,"Ands":[],"Ors":[]}	[{"Formula":null}]
BH01	BH01-22-02	城市风貌体系	自定义模型约束	屋顶形式	为体现海滨区域特色空间风貌，新建建筑屋顶建议为平屋顶		{"name":"JZMX_WD","ands":[],"ors":[]}	{"ands":[{"type":"property-expression","formula":"LE","property":"Style_Roof","propertyAlias":"屋顶形式","dataType":"INTEGER","nature":"屋顶必须为平屋顶","values":[1]}],"ors":[]}	{"Name":null,"Ands":[],"Ors":[]}	[{"Formula":null}]
BH01	BH01-22-03	城市形态体系	建筑要素空间度量约束	限高	为丰富城市建筑高度形态，该街区内部新建建筑高度禁止大于60m		{"name":"JZMX_QT","ands":[],"ors":[]}	{"ands":[{"type":"property-expression","formula":"LE","property":"Measure_Height","propertyAlias":"建筑高度","dataType":"DOUBLE","values":[60],"filters":[{"ands":[]}]}],"ors":[]}	{"Name":null,"Ands":[],"Ors":[]}	[{"Formula":null}]

资料来源：南京东南大学城市规划设计研究院有限公司、上海数慧系统技术有限公司"威海数字化城市设计"项目文本

附录 D 城市设计管理办法

第一条 为提高城市建设水平，塑造城市风貌特色，推进城市设计工作，完善城市规划建设管理，依据《中华人民共和国城乡规划法》等法律法规，制定本办法。

第二条 城市、县人民政府所在地建制镇开展城市设计管理工作，适用本办法。

第三条 城市设计是落实城市规划、指导建筑设计、塑造城市特色风貌的有效手段，贯穿于城市规划建设管理全过程。通过城市设计，从整体平面和立体空间上统筹城市建筑布局、协调城市景观风貌，体现地域特征、民族特色和时代风貌。

第四条 开展城市设计，应当符合城市（县人民政府所在地建制镇）总体规划和相关标准；尊重城市发展规律，坚持以人为本，保护自然环境，传承历史文化，塑造城市特色，优化城市形态，节约集约用地，创造宜居公共空间；根据经济社会发展水平、资源条件和管理需要，因地制宜，逐步推进。

第五条 国务院城乡规划主管部门负责指导和监督全国城市设计工作。

省、自治区城乡规划主管部门负责指导和监督本行政区域内城市设计工作。

城市、县人民政府城乡规划主管部门负责本行政区域内城市设计的监督管理。

第六条 城市、县人民政府城乡规划主管部门，应当充分利用新技术开展城市设计工作。有条件的地方可以建立城市设计管理辅助决策系统，并将城市设计要求纳入城市规划管理信息平台。

第七条 城市设计分为总体城市设计和重点地区城市设计。

第八条 总体城市设计应当确定城市风貌特色，保护自然山水格局，优化城市形态格局，明确公共空间体系，并可与城市（县人民政府所在地建制镇）总体规划一并报批。

第九条 下列区域应当编制重点地区城市设计：

（一）城市核心区和中心地区；

（二）体现城市历史风貌的地区；

（三）新城新区；

（四）重要街道，包括商业街；

（五）滨水地区，包括沿河、沿海、沿湖地带；

（六）山前地区；

（七）其他能够集中体现和塑造城市文化、风貌特色，具有特殊价值的地区。

第十条 重点地区城市设计应当塑造城市风貌特色，注重与山水自然的共生关系，协调市政工程，组织城市公共空间功能，注重建筑空间尺度，提出建筑高度、体量、风格、色彩等控制要求。

第十一条　历史文化街区和历史风貌保护相关控制地区开展城市设计，应当根据相关保护规划和要求，整体安排空间格局，保护延续历史文化，明确新建建筑和改扩建建筑的控制要求。

重要街道、街区开展城市设计，应当根据居民生活和城市公共活动需要，统筹交通组织，合理布置交通设施、市政设施、街道家具，拓展步行活动和绿化空间，提升街道特色和活力。

第十二条　城市设计重点地区范围以外地区，可以根据当地实际条件，依据总体城市设计，单独或者结合控制性详细规划等开展城市设计，明确建筑特色、公共空间和景观风貌等方面的要求。

第十三条　编制城市设计时，组织编制机关应当通过座谈、论证、网络等多种形式及渠道，广泛征求专家和公众意见。审批前应依法进行公示，公示时间不少于 30 日。

城市设计成果应当自批准之日起 20 个工作日内，通过政府信息网站以及当地主要新闻媒体予以公布。

第十四条　重点地区城市设计的内容和要求应当纳入控制性详细规划，并落实到控制性详细规划的相关指标中。

重点地区的控制性详细规划未体现城市设计内容和要求的，应当及时修改完善。

第十五条　单体建筑设计和景观、市政工程方案设计应当符合城市设计要求。

第十六条　以出让方式提供国有土地使用权，以及在城市、县人民政府所在地建制镇规划区内的大型公共建筑项目，应当将城市设计要求纳入规划条件。

第十七条　城市、县人民政府城乡规划主管部门负责组织编制本行政区域内总体城市设计、重点地区的城市设计，并报本级人民政府审批。

第十八条　城市、县人民政府城乡规划主管部门组织编制城市设计所需的经费，应列入城乡规划的编制经费预算。

第十九条　城市、县人民政府城乡规划主管部门开展城乡规划监督检查时，应当加强监督检查城市设计工作情况。

国务院和省、自治区人民政府城乡规划主管部门应当定期对各地的城市设计工作和风貌管理情况进行检查。

第二十条　城市、县人民政府城乡规划主管部门进行建筑设计方案审查和规划核实时，应当审核城市设计要求落实情况。

第二十一条　城市、县人民政府城乡规划主管部门开展城市规划实施评估时，应当同时评估城市设计工作实施情况。

第二十二条　城市设计的技术管理规定由国务院城乡规划主管部门另行制定。

第二十三条　各地可根据本办法，按照实际情况，制定实施细则和技术导则。

第二十四条　县人民政府所在地以外的镇可以参照本办法开展城市设计工作。

第二十五条　本办法自 2017 年 6 月 1 日起施行。

附录 E 住房和城乡建设部、国家发展改革委关于进一步加强城市与建筑风貌管理的通知

各省、自治区住房和城乡建设厅、发展改革委，直辖市住房和城乡建设（管）委、规划和自然资源委（局）、发展改革委，新疆生产建设兵团住房和城乡建设局、发展改革委：

城市与建筑风貌是城市外在形象和内质精神的有机统一，体现城市文化素质。为贯彻落实"适用、经济、绿色、美观"新时期建筑方针，治理"贪大、媚洋、求怪"等建筑乱象，进一步加强城市与建筑风貌管理，坚定文化自信，延续城市文脉，体现城市精神，展现时代风貌，彰显中国特色，现就有关事项通知如下。

一、明确城市与建筑风貌管理重点

（一）超大体量公共建筑。各地要把市级体育场馆、展览馆、博物馆、大剧院等超大体量公共建筑作为城市重大建筑项目进行管理，严禁建筑抄袭、模仿、山寨行为。直辖市、计划单列市、省会城市的超大体量公共建筑设计方案，经审定后报住房和城乡建设部备案，如确有必要，住房和城乡建设部会同有关部门组织复核。其他城市超大体量公共建筑设计方案，经审定后报省级住房和城乡建设部门备案。

（二）超高层地标建筑。严格限制各地盲目规划建设超高层"摩天楼"，一般不得新建 500 米以上建筑，各地因特殊情况确需建设的，应进行消防、抗震、节能等专项论证和严格审查，审查通过的还需上报住房和城乡建设部、国家发展改革委复核，未通过论证、审查或复核的不得建设。要按照《建筑设计防火规范》，严格限制新建 250 米以上建筑，确需建设的，由省级住房和城乡建设部门会同有关部门结合消防等专题论证进行建筑方案审查，并报住房和城乡建设部备案。各地新建 100 米以上建筑应充分论证、集中布局，严格执行超限高层建筑工程抗震设防审批制度，与城市规模、空间尺度相适宜，与消防救援能力相匹配。中小城市要严格控制新建超高层建筑，县城住宅要以多层为主。

（三）重点地段建筑。各地应加强自然生态、历史人文、景观敏感等重点地段城市与建筑风貌管理，健全法规制度，加强历史文化遗存、景观风貌保护，严格管控新建建筑，不拆除历史建筑、不拆传统民居、不破坏地形地貌、不砍老树。对影响重点地段风貌的建筑设计方案，报省级住房和城乡建设部门备案；国家级各类保护区及影响区域内、对景观和风貌产生重大影响的建筑设计方案，报住房和城乡建设部备案，如确有必要，住房和城乡建设部会同有关部门组织复核。

二、完善城市与建筑风貌管理制度

（一）完善城市设计和建筑设计相关规范和管理制度。完善城市、街区、建筑等相关设计规范和管理制度，加强对重点地段、重要类型建筑风貌管控。强化城市设计对建筑的指导约束，建筑方案设计必须在形体、色彩、体量、高度和空间环境等方面符合城市设计要求。全面开展城市体检，及时整治包括奇奇怪怪建筑在内的各类"城市病"。2020年，住房和城乡建设部将开展《城市设计管理办法》落实情况的调研评估。

（二）严把建筑设计方案审查关。各地要建立健全建筑设计方案比选论证和公开公示制度，把是否符合"适用、经济、绿色、美观"建筑方针作为建筑设计方案审查的重要内容，防止破坏城市风貌。对于不符合城市定位、规划、设计要求的，或专家意见分歧较大、公示争议较大的，不得批准建筑设计方案，不得核发建设工程规划许可证。大型公共建筑设计方案要按照重大建筑项目管理程序进行审议和审批。

（三）加强正面引导和市场监管。加大优秀建筑设计正面引导力度，引导建筑师树立正确的设计理念，注重建筑使用功能以及节能、节水、节地、节材和环保要求，防止片面追求建筑外观形象。表彰为建筑设计传承创新做出突出贡献、取得突出成绩的设计单位和优秀建筑师。组织开展建筑评论，促进建筑设计理念交融和升华，推进优秀传统建筑文化传承和发扬。各地要加强建筑设计市场规范管理，取消地区保护政策和准入限制，促进公平有序竞争。探索建立建筑设计行业诚信体系和黑名单制度，加大对建筑设计市场违法违规行为处罚力度。

（四）探索建立城市总建筑师制度。住房和城乡建设部制定设立城市总建筑师的有关规定，加强城市与建筑风貌管理。支持各地先行开展城市总建筑师试点，总结可复制可推广经验。城市总建筑师要对城市与建筑风貌进行指导和监督，并对重要建设项目的设计方案拥有否决权。

三、加强责任落实和宣传引导

各级住房和城乡建设部门会同有关部门加强对城市与建筑风貌管理工作的指导。省级住房和城乡建设部门要抓紧完善城市与建筑风貌管理相关制度和管理，各城市规划建设管理主管部门要加强城市与建筑风貌管理。发展改革部门要加强和完善固定资产投资项目管理，严把技术经济可行性、强化造价控制。

住房和城乡建设部会同有关部门对城市与建筑风貌管理情况进行监督，对于建筑设计方案突破底线、风貌管理工作不力，建设面子工程、形象工程、造成恶劣社会影响负有责任的领导干部，按照干部管理权限向相关党组织或者机关、单位提出开展问责的建议。

　　各地要采取多种形式宣传普及城市及建筑文化相关知识，提高全社会的文化自信和建筑审美。引导建设单位增强文化自觉，发挥建筑师的聪明才智，设计建造符合文化传承、功能优先、融合环境、环保节能等要求的建筑产品，满足人民群众日益增长的美好生活需要。

中华人民共和国住房和城乡建设部

中华人民共和国国家发展和改革委员会

2020 年 4 月 27 日

内容简介

数字化技术的应用为城市设计运作全流程带来发展机遇，城市设计管控承担着设计意图从宏观到微观，从设计到管理，从方案到实施的传导、转译与管理应用等作用，对于有效落实城市设计意图，塑造高品质城市空间环境具有重要意义。本书重点关注基于数字化平台的城市三维空间精细化管控的基础理论、内在机制、技术方法和场景应用等方面的研究，是融合城市设计、规划管理、地理信息系统、人工智能等多学科方向的交叉探索。通过管控要素谱系化、管控意图规则化、管控规则代码化以及规则智能化应用，最终实现利用数字化平台对城市地块、管控要素构件的精细化、特色化管控。城市设计管理中可借助平台辅助，推动多主体与部门协同决策、全流程公众参与、城市设计评估与监测等工作开展，成为现有方法的有效补充，也能够完善城市设计管控整体框架。

本书的适用对象主要包括建筑师、城市规划师、城市规划管理人员、相关工程技术人员，以及相关专业的院校师生。

图书在版编目（CIP）数据

实施：城市设计数字化管控平台研究 / 杨俊宴，
章飙著. -- 南京：东南大学出版社，2024.3
（城市设计研究 / 杨俊宴主编. 数字·智能城市研究）
ISBN 978-7-5766-1060-4

Ⅰ. ①实… Ⅱ. ①杨… ②章… Ⅲ. ①城市规划—建筑设计—研究 Ⅳ. ①TU984

中国国家版本馆CIP数据核字（2023）第246683号

责任编辑：丁 丁　　责任校对：张万莹　　书籍设计：小舍得　　责任印制：周荣虎

实施：城市设计数字化管控平台研究
Shishi: Chengshi Sheji Shuzihua Guankong Pingtai Yanjiu

著　　　者	杨俊宴　章 飙	
出 版 发 行	东南大学出版社	
社　　　址	南京市四牌楼 2 号　　邮编：210096　　电话：025-83793330	
出 版 人	白云飞	
网　　　址	http://www.seupress.com	
电 子 邮 件	Press@seupress.com	
经　　　销	全国各地新华书店	
印　　　刷	南京爱德印刷有限公司	
开　　　本	787 mm × 1092 mm　1/16	
印　　　张	17	
字　　　数	329千字	
版　　　次	2024年3月第1版	
印　　　次	2024年3月第1次印刷	
书　　　号	ISBN 978-7-5766-1060-4	
定　　　价	168.00元	

本社图书若有印装质量问题，请直接与营销部联系，电话：025-83791830。